"十四五"职业教育国家规划教材

高职高专土建专业

建设工程招投标与合同管理

第五版

主　编　宋春岩
副主编　史永红　杨淑芝　于　珊
　　　　郭文娟
参　编　康　峰　田　原　樊金枝
　　　　刘　刚　任铁凤
主　审　杜志坚

内容简介

本书反映了我国建设工程招投标与合同管理领域的最新动态，以国家相关部委颁布的现行法律、法规及示范文本为依据，以全真项目为样本，系统地介绍了建设项目及建筑市场的基本概况、工程建设项目招投标基本程序及相关文件的编制、合同基础知识、建设工程施工合同管理与施工索赔及政府采购等专业知识。

本书注重基本理论的讲解和实际技能的培养，内容注重实用性、科学性和时代性。本书附有大量工程案例，并编排了知识链接、特别提示及能力拓展等模块供不同需求的读者使用。 每章还附有单选题、多选题、案例题及实训题等多种题型供读者练习。 此外，本书运用“互联网+”信息化教学模式，突破时空限制，贴合时代需求，把大量的全真项目样本和相关延伸专业知识以视频、图片、文档等形态呈现；根据教材建设要求，融入思政元素；针对实用性需求，恰当采用“活页式”形式；每章附有思维导图，便于读者统揽整章内容。

通过对本书的学习，读者可以掌握工程项目招投标、政府采购、合同与索赔的基本理论和操作技能，具备自行编制工程项目招投标文件和拟定相关合同文件的能力。

本书既可作为高职高专院校建设工程类相关专业的教材和指导书，也可作为土建施工类及工程管理类执业资格考试的培训教材，还可为备考从业和执业资格考试的人员提供参考。

图书在版编目(CIP)数据

建设工程招投标与合同管理/宋春岩主编．—5版．—北京：北京大学出版社，2022.9
高职高专土建专业“互联网+”创新规划教材
ISBN 978-7-301-33284-9

Ⅰ.①建… Ⅱ.①宋… Ⅲ.①建筑工程—招标—高等职业教育—教材 ②建筑工程—投标—高等职业教育—教材 ③建筑工程—合同—管理—高等职业教育—教材 Ⅳ.①TU723

中国版本图书馆CIP数据核字(2022)第153253号

书　　名　建设工程招投标与合同管理(第五版)
JIANSHE GONGCHENG ZHAOTOUBIAO YU HETONG GUANLI (DI-WU BAN)
著作责任者　宋春岩　主编
策划编辑　杨星璐　刘健军
责任编辑　伍大维
数字编辑　蒙俞材
标准书号　ISBN 978-7-301-33284-9
出版发行　北京大学出版社
地　　址　北京市海淀区成府路205号　100871
网　　址　http://www.pup.cn　新浪微博：@北京大学出版社
电子邮箱　编辑部 pup6@pup.cn　总编室 zpup@pup.cn
电　　话　邮购部 010-62752015　发行部 010-62750672　编辑部 010-62750667
印 刷 者　河北文福旺印刷有限公司
经 销 者　新华书店
787毫米×1092毫米　16开本　18.25印张　438千字
2008年7月第1版　2012年8月第2版
2014年9月第3版　2019年1月第4版
2022年9月第5版　2025年1月第5次印刷(总第48次印刷)
定　　价　56.00元

第五版前言

《建设工程招投标与合同管理》自2008年7月出版以来，内容根据行业和规范发展持续更新，外在形式紧跟时代需求，至今已出版至第五版，一直受到读者和教育同人的好评，第四版曾获首届全国教材建设奖全国优秀教材二等奖。本书以“互联网+”模式开发了配套的信息化资源，内容突破时空限制，紧密贴合时代需求；根据教材建设要求，融入思政元素；针对实用性需求，恰当采用“活页式”形式；每章都附有思维导图，便于读者统揽整章内容。

随着我国招投标市场的不断发展和完善，相关部委根据市场需求及经济发展，也不断完善相关法律法规和行政规范性文件。为紧跟我国招投标制度的发展步伐，应广大读者的需求，我们在第四版的基础上完成了本书的修订编写。本次再版仍延续前四版的编写特色，即理论紧密联系实际，同时更注重思想性、立体性、实用性、前瞻性、科学性和时代性。

本次再版，依据2021年1月1日正式实施的《中华人民共和国民法典》，以及招投标领域实施和修订的最新法律法规及规范性文件修订了相关内容，并结合近年来使用该教材的实际需求重新编写了部分内容，此外本书在修订的过程中还融入了党的二十大报告内容，突出职业素养的培养，全面贯彻党的二十大精神。本书共分8章，包括建设项目与招投标法律体系，工程建设项目招投标概述，工程建设项目施工招标具体业务，工程建设项目施工投标具体业务，工程建设项目施工开标、评标和定标，合同法律概述，建设工程合同，以及政府采购。此外，为便于读者学习和使用，书中还附有大量真实项目案例和行政规范性文件。

本书内容可按照36～78学时安排，推荐学时分配：第1章2～6学时，第2章6～10学时，第3章4～12学时，第4章4～12学时，第5章8～12学时，第6章2～6学时，第7章6～10学时，第8章4～10学时。教师可根据不同专业灵活安排学时，课堂重点讲解每章节的主要知识模块，章节中的知识链接、应用案例、能力拓展和习题等模块可安排学生课后阅读和练习。

本书配套资源丰富，包括相关法律法规和示范文本的资源包、课程思政教学设计方案、整体课程设计、精美的PPT及试卷等，作为本课程的教学素材提供网络下载，读者可以登录http://www.pup6.com进行下载。

资源索引

法规资源包

本书由内蒙古建筑职业技术学院宋春岩担任主编；内蒙古建筑职业技术学院史永红、杨淑芝、于珊、郭文娟担任副主编；内蒙古建筑职业技术学院康峰、田原、樊金枝，内蒙古机电职业技术学院刘刚及内蒙古瑞德项目管理有限责任公司任铁凤担任参编；中咨工程建设监理公司杜志坚担任主审。全书由宋春岩负责统稿。本书具体编写分工为：宋春岩编写第2章、第6章、第7章和第8章，史永红、于珊、郭文娟、康峰共同编写第1章和第5章，杨淑芝、田原共同编写第3章，樊金枝、刘刚、任铁凤共同编写第4章。

本书是在前四版的基础上修改完成的，在此，对参与本书前四版编写的各位同人表示由衷的感谢和敬意。

在编写过程中，本书参考和引用了许多国内外文献资料及网络视频，在此谨向相关资料作者和视频出品人表示衷心的感谢。另外，本书的很多实例来自某项目管理公司的真实范本，在此也一并表示感谢。

由于编者水平有限，书中难免存在不足和疏漏之处，敬请各位读者批评指正。

编　者

目录

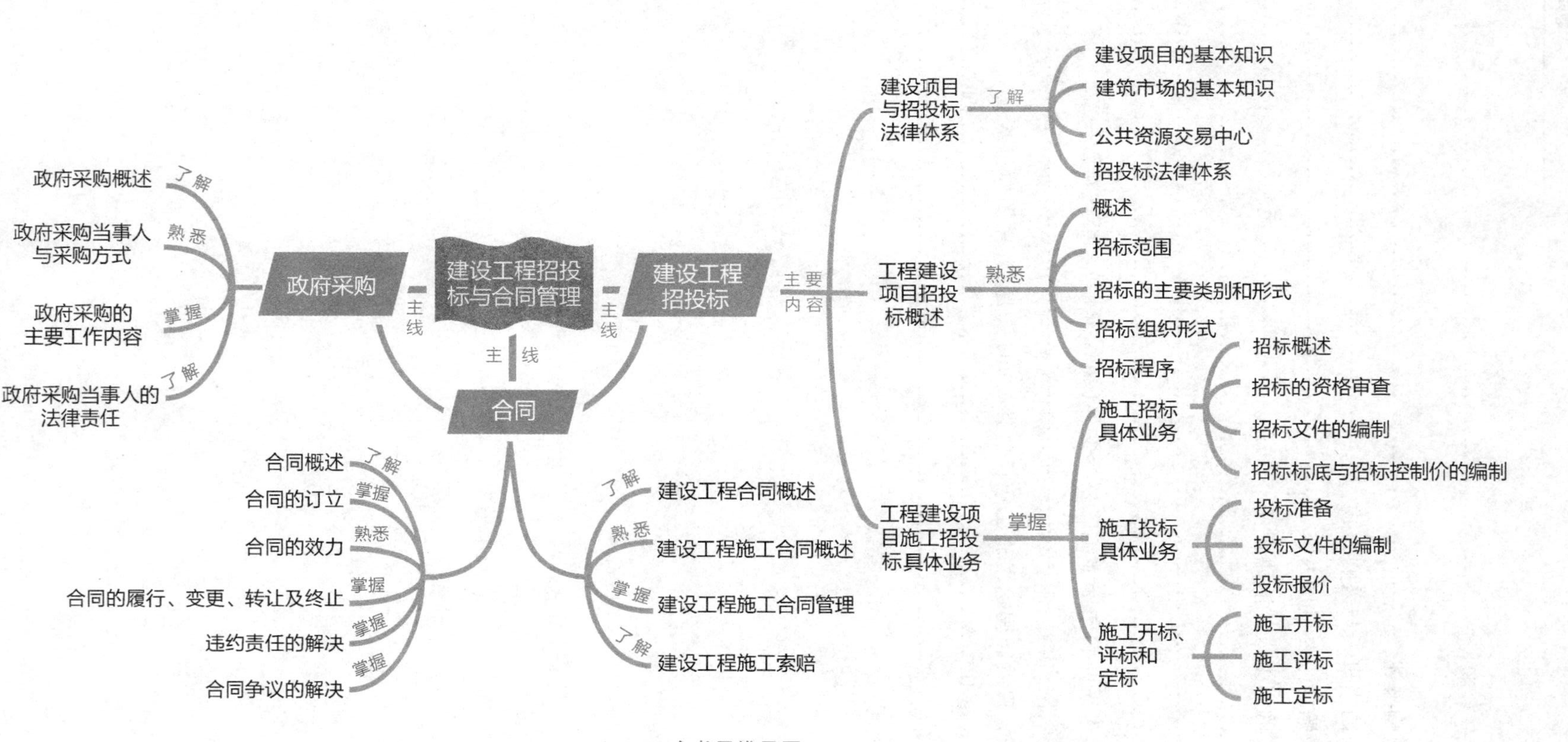
建设工程招投标与合同管理
主线
政府采购
建设工程招投标
合同
了解
政府采购概述
熟悉
政府采购当事人与采购方式
掌握
政府采购的主要工作内容
了解
政府采购当事人的法律责任
主要内容
建设项目与招投标法律体系
了解
建设项目的基本知识
建筑市场的基本知识
公共资源交易中心
招投标法律体系
工程建设项目招投标概述
熟悉
概述
招标范围
招标的主要类别和形式
招标组织形式
招标程序
工程建设项目施工招投标具体业务
掌握
施工招标具体业务
招标概述
招标的资格审查
招标文件的编制
招标标底与招标控制价的编制
施工投标具体业务
投标准备
投标文件的编制
投标报价
施工开标、评标和定标
施工开标
施工评标
施工定标
合同概述
掌握
合同的订立
熟悉
合同的效力
掌握
合同的履行、变更、转让及终止
掌握
违约责任的解决
掌握
合同争议的解决
了解
建设工程合同概述
熟悉
建设工程施工合同概述
掌握
建设工程施工合同管理
了解
建设工程施工索赔
全书思维导图

第1章 建设项目与招投标法律体系

教学目标

本章介绍了建设项目与招投标法律体系的相关基础知识。通过本章的学习，学生应了解有关建设项目和建筑市场的基本知识，熟悉公共资源交易中心设置的目的、主要职能、服务范围及工作程序，掌握招投标法律体系的构成、效力层级及《中华人民共和国招标投标法》的立法目的和适用范围，从而培养学生观察建筑市场形势和把握建筑市场动态的能力。

思维导图

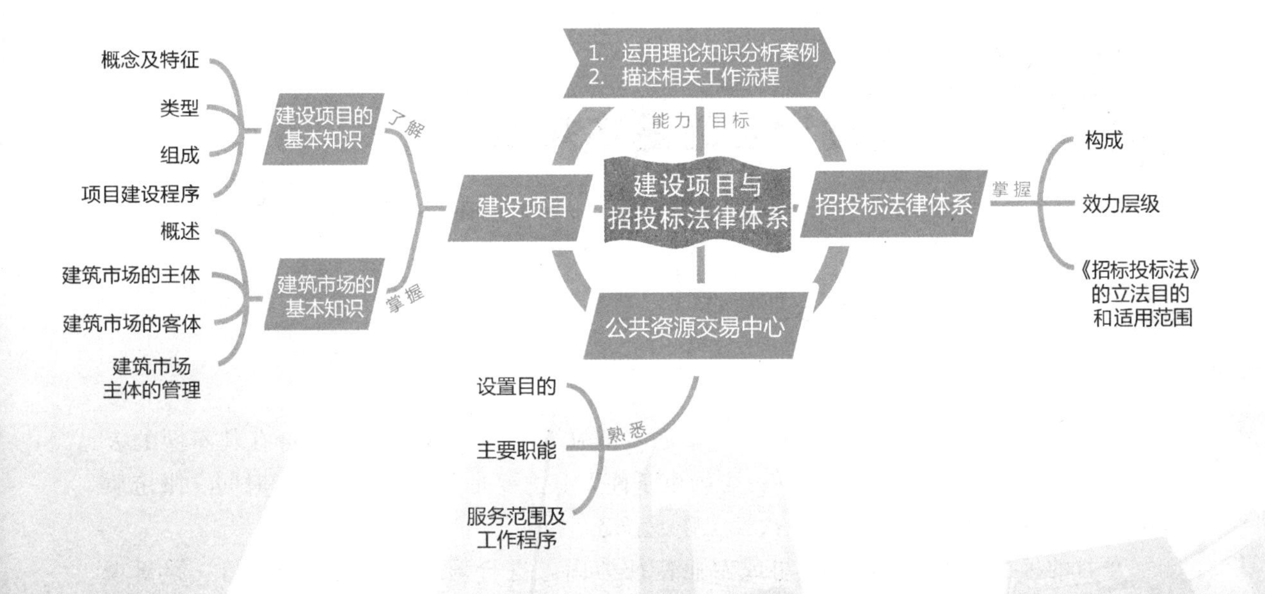

引例

78 个项目串标金额 7 亿多，特大串标案 24 人被公诉

2018 年 8 月 14 日，浙江省金华市武义县供水调度中心建设工程进行公开招标。被告人施某伙同张某、董某等 6 人使用 12 家公司资质进行串通投标。施某与张某共同商定好上述 12 家公司的报价，以集中统一安排并错开报价的方式提高中标率，参与串通投标的人根据商定的报价填写标书投标，并约定中标后由中标人拿出中标价的 2%进行分红。最终，该工程由施某父亲参股的武义立川建设有限公司以 1900 余万元中标。

经审查，2015—2018 年，施某等 24 人在武义县工程项目公开招标时，通过借用多家公司的资质统一安排报价或围标方式进行串通投标，并以中标价的 2%～8%或合股施工的承诺约定利益共享。案件涉及武义县北岭市民广场等工程项目 78 个，累计中标金额达 7.67 亿元。

混乱的招投标秩序不可避免地会对工程质量产生影响。2017 年 8 月，武义县履坦镇何村的来料加工中心建成后，经检测存在严重质量问题，何村与施工单位金华名宇建设有限公司达成补充协议，将该工程拆除重建。金华名宇建设有限公司将拆除工程交由张某负责。张某承接工程后，在不具备建筑工程资质的情况下，又将拆除工程发包给不具备资质的邓某（另案处理），邓某既未对该拆除工程编制安全专项方案，又未在施工前对挖掘机驾驶员进行安全技术培训。之后，因挖掘机驾驶员闵某施工时违反技术规范，盲目拆除承重结构导致建筑物顶层坍塌，致闵某被埋并当场身亡。

检察机关经审查后，对施某、张某等 24 名被告人以涉嫌串通投标罪、重大责任事故罪等罪名依法提起公诉。

思考：（1）你认为目前我国建设工程招投标市场存在哪些问题？我国主要采取哪些手段和措施来规范招投标市场？

（2）结合已有的法律知识，说明该案例中主要存在哪些违法行为？

1.1 建设项目的基本知识

1.1.1 建设项目的概念及特征

1. 项目与建设项目的概念

关于“项目”的定义，不同机构、不同专业从自身的认识出发，各自有其不同的表达。一般来说，所谓项目就是指在一定约束条件下（主要是限定资源、限定时间、限定质量），具有明确目标的有组织的一次性工作或任务。

项目的种类应当以其最终成果或专业特征为标志进行划分，包括投资项目、科研项目、开发项目、工程项目、航天项目、维修项目、咨询项目和IT项目等。分类的目的是有针对性地进行管理，以提升完成任务的水平。对于每类项目还可以进一步分类。

港珠澳大桥项目

建设项目是一个建设单位在一个或几个建设区域内，根据上级下达的计划任务书及批准的总体设计和总概算书，经济上实行独立核算，行政上具有独立的组织形式，严格按基建程序实施的基本建设工程；一般指符合国家总体建设规划，能独立发挥生产功能或满足生活需要，其项目建议书经批准立项和可行性研究报告经批准的建设任务。例如，工业建设中的一个工厂、一座矿山，民用建设中的一个居民区、一幢住宅、一所学校等均为一个建设项目。

2. 建设项目的特征

建设项目除具有项目的一般特征外，还具有以下特征。

(1) 具有明确的建设目标。

每个项目都具有确定的建设目标，包括成果性目标和约束性目标。成果性目标是指对项目的功能性要求，也是项目的最终目标；约束性目标是指对项目的约束和限制，如时间、质量、投资等量化的条件。

(2) 具有特定的对象。

任何项目都具有具体的对象，它决定了项目的最基本特性，是项目分类的依据。

(3) 一次性。

项目都是具有特定目标的一次性任务，有明确的起点和终点，任务完成即告结束，所有项目没有重复。

(4) 生命周期性。

项目的一次性决定了项目具有明确的起止点，即任何项目都具有诞生、发展和结束的时间，也就是项目的生命周期。

(5) 有特殊的组织和法律条件。

项目的参与单位之间主要以合同作为纽带相互联系，并以合同作为分配工作、划分权力和责任关系的依据。项目参与方之间在此建设过程中的协调主要通过合同、法律和规范来实现。

(6) 涉及面广。

一个建设项目涉及建设规划、计划、土地管理、银行、税务、法律、设计、施工、材料供应、设备、交通、城管等诸多部门，因而项目组织者需要做大量的协调工作。

(7) 影响面大、作用时间长。

每个建设项目的建设周期、运行周期、投资回收周期都很长，因此其影响面大、作用时间长。

(8) 环境因素制约多。

每个建设项目都受到建设地点的气候条件、水文地质、地形地貌等多种环境因素的制约。

1.1.2 建设项目的类型

根据不同的划分标准，建设项目可分为不同的类型。

1. 按投资建设的用途划分

按投资建设的用途，建设项目可分为生产性建设项目和非生产性建设项目。

(1) 生产性建设项目。

生产性建设项目是指形成物质产品生产能力的建设项目，如工业、农业、交通运输、建筑业、邮电通信等产业部门的建设项目。

(2) 非生产性建设项目。

非生产性建设项目是指不形成物质产品生产能力的建设项目和满足人民群众物质与文化生活需要的建设项目，如公用事业、文化教育、卫生体育、科学研究、社会福利事业、金融保险等部门的建设项目。

2. 按投资的再生产性质划分

按投资的再生产性质，建设项目可分为基本建设项目和更新改造项目。

(1) 基本建设项目。

基本建设项目是指以扩大生产能力或新增工程效益为主要目的的新建、扩建、改建、迁建、恢复项目。基本建设项目一般在一个或几个建设场地上，并在同一总体设计或初步设计范围内，由一个或几个有内在联系的单项工程所组成，经济上实行统一核算，行政上具有独立的组织形式，实行统一管理。通常是以一个企业、事业、行政单位或独立工程作为一个建设单位。

新建项目一般是指为经济、科学技术和社会发展而进行的平地起家的投资项目。有的单位原有基础很小，经过建设后其新增的固定资产的价值超过原有固定资产原值3倍以上的也算新建。扩建项目一般是指为扩大生产能力或新增工程效益而增建的分厂、主要车间、矿井、铁路干线、码头泊位等工程项目。改建项目一般是指为技术进步，提高产品质量，增加花色品种，促进产品升级换代，降低消耗和成本，加强资源综合利用、三废治理和劳动安全等，采用新技术、新工艺、新设备、新材料等而对现有工艺条件进行技术改造和更新的项目。迁建项目一般是指为改变生产力布局而将企业或事业单位搬迁到其他地点建设的项目。恢复项目一般是指因遭受各种灾害而使原有固定资产全部或部分报废，之后又恢复建设的项目。

(2) 更新改造项目。

更新改造项目是指对原有设施进行固定资产更新和技术改造相应配套的工程及有关工作。更新改造项目一般是指以提高现有固定资产的生产效率为目的，土建工程量的投资占整个项目投资的比重按现行管理规定应在30%以下，如技术改造、技术引进、设备更新等。

3. 按资金来源划分

按资金来源，建设项目可分为内资项目、外资项目和中外合资项目。

内资项目是指运用国内资金作为资本金进行投资的工程项目；外资项目是指利用外国资金作为资本金进行投资的工程项目；中外合资项目是指运用国内和外国资金作为资本金

进行投资的工程项目。

工程项目投资规模一般较大，因此，资金往往通过多种渠道筹措。除项目投资人自有资金、政府各类财政资金外，还可以利用国内银行的信贷资金、国内非银行金融机构的信贷资金、国际金融机构和外国政府提供的信贷资金或赠款，以及通过企业社会团体等多种渠道的融资。不同性质的投资对工程项目管理有着不同的要求，工作程序也有所区别。

4. 按建设阶段划分

按建设阶段，建设项目可分为前期工作项目、筹建项目、施工（在施）项目、竣工项目和建成投产项目。

1.1.3 建设项目的组成

1. 建设项目

建设项目一般指在一个或几个建设场地上，按照一个设计意图，在一个总体设计或初步设计范围内，进行施工的各个项目的总和。

2. 单项工程

单项工程也称工程项目，是指具有独立的设计文件，建成后可以独立发挥生产能力或工程效益，并有独立存在意义的工程。它是建设项目的组成部分，如一个工厂是建设项目，而厂内各个车间、办公楼及其他辅助工程均为单项工程，非生产性建设项目中的各独立工程，如学校中的综合办公楼、教学楼、图书馆、实验楼、学生公寓、家属楼、礼堂、食堂、体育馆及室外运动场、电子计算中心、学术中心、培训中心及辅助项目（锅炉房、汽车库、变电所、垃圾处理设施）等。一个单项工程也可以是一个独立工程（如一栋宿舍楼），施工招标中多为单项工程。

3. 单位工程

单位工程是单项工程的组成部分，一般指具有独立的设计文件，能独立施工，但建成后不能独立发挥生产能力或工程效益的工程。

一个单项工程按其构成可分为建筑工程和安装工程两类单位工程。单项工程根据其中各个组成部分可分为一般土建工程、特殊建筑物工程、工业管道工程和电气工程等单位工程。单位工程是招标划分标段的最小单位。

4. 分部工程

分部工程是单位工程的组成部分，是单位工程分解出来的结构更小的工程。分部工程是建筑工程和安装工程的各个组成部分，按建筑工程的主要部位或工种工程及安装工程的种类划分，可分为土方工程、地基与基础工程、砌体工程、地面工程、装饰工程、管道工程、通风工程、通用设备安装工程、容器工程、自动化仪表安装工程、工业炉砌筑工程等。

5. 分项工程

分项工程是分部工程的组成部分，是施工图预算中最基本的计算单位。它是按照不同的施工方法、不同的材料、不同的规格等，将分部工程进一步划分的。例如，钢筋混凝土分部工程可分为捣制和预制两种分项工程；预制楼板分部工程可分为平板、空心板、槽形板等分项工程；砖墙分部工程可分为实心墙、空心墙、内墙、外墙、一砖厚墙和一砖半厚墙等分项工程。

6. 子项工程

子项工程（子目）是分项工程的组成部分，是构成建筑工程和安装工程的最基本单位。分项工程可进一步分为若干个子目，如人工挖地槽是分项工程，它可分为挖地槽深度1.5m以内、2.5m以内；砖墙分项工程可分为240砖墙、365砖墙等。子项工程是计算工、料、机及资金消耗的最基本构成要素。

1.1.4 项目建设程序

项目建设程序是人们在认识客观规律的基础上制定出来的，不能任意颠倒，但是可以合理交叉。我国项目建设程序主要有以下几个阶段：项目建议书阶段，可行性研究阶段，设计阶段，建设实施阶段，竣工验收阶段，后评价阶段。

项目建议书阶段的主要工作内容

1. 项目建议书阶段

项目建议书是项目建设筹建单位，根据国民经济和社会发展的长远规划、行业规划、产业政策、生产力布局、市场、所在地的内外部条件等要求，经过调查、预测分析后，提出的某一具体项目的建议文件，既是项目建设程序中最初阶段的工作，又是对拟建项目的框架性设想，也是政府选择项目和进行可行性研究的依据。项目建议书的主要作用是为了推荐一个拟建项目，论述它建设的必要性、重要性、条件的可行性和获得的可能性，供政府选择确定是否进行下一步工作。

可行性研究阶段的主要工作内容

2. 可行性研究阶段

可行性研究是对项目在技术上是否可行和在经济上是否合理进行科学的分析和论证。通过对建设项目在技术、工程和经济上的合理性进行全面分析论证和多种方案比较，提出评价意见。

对于一些各方面相对单一、技术工艺要求不高、前期工作成熟、教育和卫生等方面的项目，项目建议书和可行性研究报告也可以合并，一步编制项目可行性研究报告，也就是通常所说的可行性研究报告代项目建议书。

设计阶段的主要工作内容

3. 设计阶段

设计是对拟建工程的实施在技术上和经济上进行的全面而详尽的安排，是基本建设计划的具体化。可行性研究报告经批准的建设项目应委托或通过招投标选定设计单位。根据建设项目的不同情况，设计过程一般分为两个阶段，即初步设计阶段和施工图设计阶段；重大项目和技术复杂的项目，可根据不同行业的特点和需要，增加技术设计阶段。

4. 建设实施阶段

（1）开工前准备。项目在开工建设之前要切实做好以下准备工作：征地、拆迁和场地平整；完成“三通一平”，即通路、通电、通水，修建临时生产和生活设施；组织设备、材料订货，做好开工前准备，包括计划、组织、监督等管理工作的准备，以及材料、设备、运输等物质条件的准备；准备必要的施工图纸，新开工的项目必须至少有3个月以上的工程施工图纸。

（2）办理工程质量监督手续。根据《建设工程质量管理条例》第十三条：“建设单位在开工前，应当按照国家有关规定办理工程质量监督手续，工程质量监督手续可以与施工许可证或者开工报告合并办理。

（3）办理施工许可证。按照国家有关规定向工程所在地县级以上人民政府建设行政主管部门申请办理施工许可证。工程投资额在30万元以下或者建筑面积在300m²以下的建筑工程，可以不申请办理施工许可证。

（4）报批开工。按规定进行了建设准备并具备了各项开工条件以后，建设单位向主管部门提出开工申请。

5. 竣工验收阶段

根据国家现行规定，凡新建、扩建、改建的基本建设项目和更新改造项目，按批准的设计文件所规定的内容建成，符合验收标准的，必须及时组织验收，办理固定资产移交手续。

竣工验收阶段的主要工作内容

6. 后评价阶段

后评价一般是指在项目投资完成之后所进行的评价。它通过对项目实施过程、结果及其影响进行调查研究和全面系统回顾，与项目决策时确定的目标及技术、经济、环境、社会指标进行对比，找出差别和变化，分析原因，总结经验，汲取教训，得到启示，提出对策建议，通过信息反馈，改善投资管理和决策，达到提高投资效益的目的。后评价既是投资项目周期的一个重要阶段，也是项目管理的重要内容。后评价主要服务于投资决策，是出资人对投资活动进行监管的重要手段。后评价也可以为改善企业经营管理提供帮助。

1.2 建筑市场的基本知识

1.2.1 建筑市场概述

1. 建筑市场的概念

建筑市场是指进行建筑商品及相关要素交换的市场，是市场体系中的重要组成部分。它既是以建筑产品的承发包活动为主要内容的市场，也是建筑产品和有关服务的交换关系的总和。

建筑市场有狭义和广义之分。狭义的建筑市场是指以建筑产品为交换内容的市场，是建设项目的建设单位和建筑产品的供给者通过一定的方式进行承发包建筑产品的交换关

1978—2020年建筑业总产值

系。广义的建筑市场是指除以建筑产品为交换内容之外，还包括与建筑产品的生产和交换密切相关的勘察设计、劳动力需求、生产资料、资金和技术服务市场等。

2. 建筑市场的特征

建筑市场不同于其他市场，建筑市场的主要商品——建筑产品是一种特殊的商品。

(1) 建筑市场交换关系的复杂性。

建筑商品的形成过程涉及买方、地质勘察方、设计方、施工方、分包商、中介机构等单位的经济利益；建筑产品的位置、施工和使用影响到城市的规划、环境和人身安全。这就要求用户、设计和施工等单位按照基本建设程序和国家的法律法规组织实施，确保利益实现。

(2) 建筑市场交易的直接性。

在一般的商品市场中，由于交换的产品具有间接性、可替换性和可移动性，供给者可以预先进行生产然后通过批发、零售环节使产品进入市场。建筑产品则不同，只能按照客户的具体要求，在指定的地点为其建造某种特定的建筑产品。因此，建筑市场上的交易只能由需求者和供给者直接见面，进行预先订货式的交易，先成交，后生产，无法经过中间环节。

(3) 建筑市场交易的特殊性。

① 主要交易对象的单件性。由于建筑产品的多样性使建筑产品不能实现批量生产、建筑市场不可能出现相同的建筑产品，因而建筑产品在交易中没有挑选机会，只能单件交易。

② 交易对象的整体性和分部分项工程的相对独立性。无论是住宅小区，还是配套齐全的工厂、功能完备的大楼，都是不可分割的整体，所以建筑产品的交易是整体性的，但施工中需要进行分部分项工程验收、质量评定，并分期拨付工程进度款，因而建筑市场交易中分部分项工程具有相对独立性。

③ 交易价格的特殊性。建筑产品的单件性要求其单独定价，且定价形式多样，如单价制、总价制等。由于建筑产品价值巨大，少则数十万元，多则上百亿元，因此价格结付方式多样，如预付制、按月结算、竣工后一次性结算、分阶段结算等。

④ 交易活动的不可逆转性。建筑市场交易关系一旦形成，设计、施工等承包必须按约定履行义务，工程竣工后不可能再退换。

(4) 建筑产品交易的长期性。

一般商品的交易基本上是“一手交钱，一手交货”，交易过程较短。由于建筑产品的周期长，价值巨大，供给者也无法以足够资金投入生产，大多采用分阶段按实施进度付款，待交货后再结清全部款项的方式。因此，双方在确立交易条件时，需要确定关于分期付款与分期交货的条件。

(5) 建筑市场有着显著的地区性。

这一特点是由建筑产品的地域特性所决定的。对于建筑产品的供给者来说，由于大规模的流动必然会造成生产成本的增加，因此他们通常会选择在一个相对稳定的地理区域内经营。这就使得供给者和需求者之间的选择具有一定的局限性，通常只能在一定范围内确定相互之间的交易关系。

(6) 建筑市场具备较大的风险性。

建筑市场不仅对供给者有风险，对需求者也有风险。

① 从建筑产品的供给者来看，建筑产品的市场风险主要表现在以下3个方面。

a. 定价风险。由于建筑市场中的供给方面的可替代性很大，故市场的竞争主要表现为价格的竞争。定价过高就意味着竞争失败，招揽不到生产任务；定价过低则可能导致企业亏损，甚至破产。

b. 建筑产品生产周期长，不确定因素多。例如，气候、地质、环境的变化，需求者的支付能力，以及国家的宏观经济形势等，都可能对建筑产品的生产产生不利影响，甚至是严重的不利影响。

c. 需求者支付能力的风险。建筑产品的价值巨大，其生产过程中的干扰因素可能使生产成本和价格升高，从而超过需求者的支付能力；或因贷款条件而使需求者筹措资金发生困难。上述种种，都有可能出现需求者对供给者已完成的阶段产品或部分产品拖延支付，甚至中断支付的情况。

② 从建筑产品的需求者来看，建筑市场的风险主要表现在以下3个方面。

a. 价格与质量的矛盾。如上所述，建筑产品的需求者往往希望在产品功能和质量一定的条件下价格尽可能低，从而可能使需求者和供给者对最终产品的质量标准产生理解上的分歧，而当建筑产品的内容更复杂时，分歧的概率更大。

b. 价格与交货时间的矛盾。建筑产品的需求者往往对建筑产品生产周期中的不确定因素估计不足，提出的交货日期有时并不现实。而供给者为达成交易，当然也接收这一不公平条件，但会有相应的对策，如抓住发包人未能完全履行合同义务的漏洞，从而竭力将合同条件变得有利于自己。

c. 预付工程款的风险。由于建筑产品的价值巨大，且多为转移价值部分，供给者一般无力垫付巨额生产资金。需求者向供给者预付一笔工程款已形成一种惯例和制度。这可能给那些既无信誉又无经营实力的供给者可乘之机，从而给需求者造成严重的经济损失。

(7) 建筑市场竞争的激烈性。

由于建筑业生产要素的集中程度远远低于资金、技术密集型产业，因此，在建筑市场中，建筑产品的供给者之间的竞争较为激烈。而且，由于建筑产品具有不可替代性，因此供给者基本上是被动地去适应需求者的要求，需求者相对而言处于主导地位，甚至处于相对垄断地位，这自然加剧了建筑市场竞争的激烈程度。

3. 建筑市场的运行机制

建筑市场的运行机制是指建筑市场中经济活动关系的总和。建筑市场由工程建设发包人、承包人和中介机构组成市场主体，各种形态的建筑产品及相关要素（如建筑材料、建筑机械、建筑技术和劳动力）构成市场客体。建筑市场的主要竞争机制是通过招投标制度，运用法律法规和监管体系保证市场秩序，保护建筑市场主体的合法权益。

知识链接 1-1

根据国家《国民经济行业分类》(GB/T 4754—2017) 及国家标准第1号修改单的内容，建筑业包括房屋建筑业，土木工程建筑业，建筑安装业，建筑装饰、装修和其他建筑业。

"房屋建筑业"是指房屋主体工程的施工活动，不包括主体工程施工前的工程准备活动；具体包括住宅房屋建筑、体育场馆建筑和其他房屋建筑业。"土木工程建筑业"是指土木主体工程的施工活动，不包括施工前的工程准备活动；具体包括铁路、道路、隧道、桥梁工程建筑，水利和水运工程建筑，海洋工程建筑，工矿工程建筑，架线和管道工程建筑，节能环保工程施工，电力工程施工及其他土木工程建筑。"建筑安装业"是指建筑物主体工程竣工后，建筑物内各种设备的安装活动，以及施工中的线路敷设和管道安装活动，不包括工程收尾的装饰，如对墙面、地板、天花板、门窗等的处理活动；具体包括电气安装、管道和设备安装及其他建筑安装业。"建筑装饰、装修和其他建筑业"具体包括建筑装饰和装修业，建筑物拆除和场地准备活动，提供施工设备服务及其他未列明建筑业。

党的二十大报告中提出，我们提出并贯彻新发展理念，着力推进高质量发展，推动构建新发展格局，实施供给侧结构性改革，制定一系列具有全局性意义的区域重大战略，我国经济实力实现历史性跃升。国内生产总值从五十四万亿元增长到一百一十四万亿元，我国经济总量占世界经济的比重达百分之十八点五，提高七点二个百分点，稳居世界第二位；人均国内生产总值从三万九千八百元增加到八万一千元。而 2022 年 1 月 17 日，国家统计局公布的 2021 年国民经济相关数据中也显示，2021 年全年国内生产总值（GDP）为 1143670 亿元，按不变价格计算，比上年增长 8.1%，两年平均增长 5.1%。2021 年全国建筑业总产值 293079 亿元，同比增长 11.0%；全国建筑业房屋建筑施工面积 157.5 亿 m^2，同比增长 5.4%。截至 2021 年 6 月底，全国有施工活动的建筑业企业 115066 个，同比增长 12.03%；从业人数 4172.34 万人，同比增长 1.25%。其中，国有及国有控股建筑业企业 6926 个，比上年同期增加 284 个，占建筑业企业总数的 6.02%。截至 2021 年上半年，按建筑业总产值计算的劳动生产率为 262199 元/人，同比增长 13.01%。

1.2.2 建筑市场的主体

建筑市场是由许多基本要素组成的有机整体，这些要素之间相互联系、相互作用，推动市场有效运转。

建筑市场的主体是指参与建筑生产交易的各方。我国建筑市场的主体主要包括发包人（又称建设单位或业主）、承包人（勘察、设计、施工、材料供应）、中介机构（为市场主体服务的各种中介机构，如咨询、监理）等。

1. 发包人

发包人是指具有工程发包主体资格和支付工程价款能力的当事人及取得该当事人资格的合法继承人。发包人有时称发包单位、建设单位、业主或项目法人。它是指既具有进行某项工程建设的需求，又具有该项工程建设相应的建设资金和各种准建手续，在建筑市场中发包工程项目的咨询、设计、施工、监理等建设任务，并最终得到建筑产品，达到其投资目的的法人、其他组织和自然人。发包人既可以是各级政府、专业部门、政府委托的资产管理部门，也可以是学校、医院、工厂、房地产开发公司等企事业单位，还可以是个人和个人合伙。

发包人是由投资方代表组成，从建设项目的筹划、筹资、设计、建设实施直至生产经营、归还贷款及债券本息等全面负责并承担风险的项目管理班子。发包人必须承担建设项目的全部责任和风险，对建设过程中的各个环节进行统筹安排，实现"责、权、利"的统一。

特别提示

我国项目发包人产生的方式有以下几种。

(1) 企业、机关或单位。例如，某项目为企事业单位投资的新建、扩建、改建工程，则该企业、机关或事业单位即为项目发包人。

(2) 联合投资董事会。由不同投资方参股或共同投资的项目，其发包人是由共同投资方组成的董事会或管理委员会。

(3) 各类开发公司。开发公司自行融资或由投资方协商组建或委托开发的工程管理公司也可成为发包人。

2. 承包人

承包人是具有一定生产能力、技术装备、流动资金，具有承包工程建设任务的营业资格，在建筑市场中能够按照发包人的要求，提供不同形态的建筑产品，并获得工程价款的建筑企业。

按照生产主要形式的不同，承包人可分为勘察、设计单位，建筑安装企业，混凝土预制构件、非标准件制作等生产厂家，商品混凝土供应站，建筑机械租赁单位，以及专门提供劳务的企业等。按其所从事的专业可分为土建、水电、道路、港湾、铁路、市政工程等专业公司。由于承包人在其整个经营期间都是建筑市场的主体，因此，国内外一般均对承包人实行从业资格管理。

3. 中介机构

中介机构是指具有一定注册资金和相应专业服务能力，持有从事相关业务的资质证书和营业执照，能对工程建设提供估算测量、管理咨询、建设监理等智力型服务或代理，并取得服务费用的咨询服务机构和其他为工程建设服务的专业中介组织。国际上一般将中介机构称为咨询公司。咨询任务可以贯穿于从项目立项到竣工验收乃至使用阶段的整个项目建设过程，也可只限于其中某个阶段。

中介机构作为政府、市场、企业之间联系的纽带，具有政府行政管理不可替代的作用。发达市场的中介机构是市场体系成熟和市场经济发达的重要表现。

建筑市场的中介机构主要有以下几种。

(1) 协调和约束市场主体行为的自律性组织，主要是建筑业协会及其下属的专业分会，包括工程建设质量监督分会、建筑安全分会、建筑机械管理与租赁分会、深基础施工分会、建筑防水分会、材料分会、建筑企业经营管理专业委员会和建筑施工技术开发专业委员会等。

(2) 保证公平交易、公平竞争的公证机构，如各种专业事务所、资产和资信评估机构、公证机构、合同纠纷的调解仲裁机构等。

(3) 咨询代理机构，是指为促进建筑市场降低交易成本、提供各种服务的机构，如公共资源交易中心、监理公司等。

(4) 检查认证机构，是指监督建筑市场活动，维护市场正常秩序的检查认证机构，如建筑产品质量检测和鉴定机构、ISO 9000 认证机构等。

(5) 公益机构，包括为保证社会公平、市场竞争秩序正常的以社会福利为目的的基金会、保险机构等。它们既可以为企业意外损失承担风险，又可以为安定职工情绪提供保障。

应用案例 1-1

【案例概况】

某标准厂房分 4 个标段，总价 2 亿多元的工程项目在网上发布招标公告，招标公告中说明具有施工总承包二级及以上资质的建筑企业可在规定时间内报名。甲建筑工程公司股东周某经熟人找到张某，问张某是否可以串通投标。张某与阮某商量后，回复周某：可对所有参与该工程投标报名的非本地建筑企业进行串通投标操作。

同年 8 月中旬，8 家本地建筑企业负责人或其代表与相关具体承接工程的项目经理等人，在一家茶室商量这些工程的投标事宜。经讨论，8 家企业一致同意对工程投标进行操作，让工程全部由本地企业中标承建，排挤外来企业。另外，预定中标单位各出资 130 万元作为串通投标费用，其中给没中标的每家本地建筑企业或与会者个人各 50 万元当作串通投标好处费，剩余的给张某作为对可能参加该工程投标的非本地建筑企业的串通投标费用。

投标前，张某、阮某两人为操纵工程投标，向有意参与投标的十多家非本地企业负责人或投标挂靠人进行游说。参与投标者均被两人成功说服，共同串通投标。在工程第一标段工程开标前，他们把核算好的标书报价通知各参与陪同投标的单位，要求各陪同投标的单位按照其所提供的报价填报标书。随后几个标段工程，都按照他们预定的计划进行投标。

【案例评析】

根据相关法律法规，他们的行为属于相互串通投标报价，损害了招标人及其他投标人的利益，情节严重，其行为均已构成串通投标罪。当地市人民法院以串通投标罪，分别判处其中两家建筑企业各 50 万元罚金；这两家企业有关负责人唐某、何某均被判处有期徒刑 1 年，缓刑 2 年，并处罚金 20 万元；张某被判处有期徒刑 1 年 6 个月，并处罚金 30 万元；阮某被判处有期徒刑 2 年，并处罚金 30 万元；周某被判处有期徒刑 6 个月，缓刑 1 年，并处罚金 15 万元。其他建筑企业另案处理。

1.2.3 建筑市场的客体

1. 建筑市场的客体的概念

建筑市场的客体一般称为建筑产品，它包括有形的建筑产品（建筑物、构筑物）和无形的产品（咨询、监理等各种智力型服务）。建筑产品凝聚着承包人的劳动，发包人（业主）以投入资金的方式取得它的使用价值。在不同的生产交易阶段，建筑产品表现为不同的形态：它可以是中介机构提供的咨询报告、咨询意见或其他服务；可以是勘察设计单位提供的设计方案、设计图纸、勘察报告；可以是生产厂家提供的混凝土构件、非标准预制件等产品；可以是施工企业提供的各种各样的建筑物和构筑物。

2. 建筑产品的特点

这里的建筑产品是指有形的建筑产品。在商品经济条件下，建筑企业生产的产品大多是为了交换而生产的，建筑产品即商品，但其具有以下与其他商品不同的特点。

(1) 建筑产品在空间上的固定性。

与工农业产品不同，建筑产品一旦开始生产就只能在建造地点发挥作用。它的基础与作为地基的土地直接发生关系，以土地作为基础的地基，如房屋、桥梁等建成后不能移动；还有一些建筑产品本身就是土地不可分割的一部分，如油气田、地下铁路、水库等。

(2) 建筑产品的多样性。

由于建筑产品的功能要求是多种多样的，使得每个建筑物或构筑物都有其独特的形式和结构，因而需要单独设计。即使功能要求相同、建筑类型相似，由于地形、地质、水文、气象等自然条件及交通运输、材料供应等社会条件不同，在建造时，往往也需要对建筑物或构筑物的设计图纸、施工方法及施工组织等做相应的修改。

(3) 建筑产品的体积庞大。

建筑产品在建造过程中所消耗的材料是十分惊人的，不仅数量大，而且品种、规格繁多。同时，使用者还要在建筑产品内部布置各种生产和生活所需的设备与用具，并且要在其中进行生产与生活活动，因而同一价值的建筑产品和其他产品相比，其所占的空间要大得多。

(4) 建筑产品的不可逆性。

建筑产品一旦进入生产阶段，便不可能退换，也难以重新建造，否则承发包双方都将承受极大的损失。建筑生产的最终产品质量是由各阶段成果的质量决定的。因此，设计、施工必须按照规范和标准进行，才能保证生产出合格的建筑产品。

(5) 建筑产品的投资数额大，生产周期和使用周期长。

由于建筑产品工程量巨大，因此消耗的物力和人力极多。建筑材料消耗量占社会总消耗量的比例大约为钢材占30%、水泥占70%、玻璃占60%、塑料制品占25%、运输占8%等。人力大约为每平方米房屋建筑面积4个工日。建设工程的生产周期长达数月甚至数年，使得庞大的资金呆滞在生产过程中，只有投入，没有产出。在如此长的生产周期内，投资可能受到物价涨落、国内国际形势等的影响，因而投资管理也尤为重要。基于这一特点，建筑市场与国民经济的发展息息相关。

(6) 建筑产品的整体性和施工生产的专业性。

在建筑产品技术含量越来越高的情况下，需要由土建、安装和装饰等专业化施工企业分包来完成整个工程，因而产生了总包和分包的承包形式。

1.2.4 建筑市场主体的管理

1. 建筑市场从业企业资质管理

资质管理是指对从事建设工程的单位进行审查，以保证建设工程质量和安全符合我国相关法律法规的规定。从事建筑活动的建筑施工企业、勘察单位、设计单位和工程监理单位，按照其拥有的注册资本、专业技术人员、技术装备和已完成的建筑工程业绩等资质条件，可划分为不同的资质等级，经资质审查合格，取得相应等级的资质证书后，方可在其资质等级许可的范围内从事建筑活动。

（1）工程勘察、工程设计企业资质管理。

从事建设工程勘察、工程设计活动的企业，应当按照其拥有的注册资本、专业技术人员、技术装备和勘察设计业绩等条件申请资质，经审查合格，取得建设工程勘察、工程设计资质证书后，方可在资质许可的范围内从事建设工程勘察、工程设计活动。

工程勘察资质分为工程勘察综合资质、工程勘察专业资质和工程勘察劳务资质三个类别。工程勘察综合资质是指包括全部工程勘察专业资质的工程勘察资质。工程勘察专业资质包括岩土工程专业资质、水文地质勘察专业资质和工程测量专业资质。其中，岩土工程专业资质包括岩土工程勘察、岩土工程设计、岩土工程物探测试检测监测等岩土工程（分项）专业资质。工程勘察劳务资质包括工程钻探和凿井。工程勘察综合资质只设甲级。岩土工程勘察、岩土工程设计、岩土工程物探测试检测监测专业资质设甲、乙两个级别；岩土工程勘察、水文地质勘察、工程测量专业资质设甲、乙、丙三个级别。工程勘察劳务资质不分等级。

工程设计资质分为工程设计综合资质、工程设计行业资质、工程设计专业资质和工程设计专项资质四个类别。工程设计综合资质只设甲级，可承担各行业建设工程项目的设计业务，其规模不受限制。工程设计行业资质分为甲级、乙级和丙级。甲级承担本行业建设工程项目主体工程及其配套工程的设计业务，其规模不受限制。乙级承担本行业中、小型建设工程项目的主体工程及其配套工程的设计业务。丙级承担本行业小型建设项目的工程设计业务。工程设计专业资质可分为甲级、乙级、丙级。其中建筑工程设计专业还有丁级。甲级承担本专业建设工程项目主体工程及其配套工程的设计业务，其规模不受限制。乙级承担本专业中、小型建设工程项目的主体工程及其配套工程的设计业务。丙级承担本专业小型建设项目的设计业务。丁级（限建筑工程设计）承担规定的专业工程的设计业务，具体规定见有关专业资质标准。工程设计专项资质不分等级，可承担规定的专项工程的设计业务，具体规定见有关专项资质标准。

（2）建筑业企业资质管理。

建筑业企业是指从事土木工程、建筑工程、线路管道设备安装工程的新建、扩建、改建等活动的企业。建筑业企业资质分为施工总承包资质、专业承包资质和施工劳务资质三个序列。

① 取得施工总承包资质的企业（简称施工总承包企业），可以承接施工总承包工程。施工总承包企业可以对所承接的施工总承包工程内各专业工程全部自行施工，也可以将专业工程或劳务作业依法分包给具有相应专业承包资质的企业或施工劳务资质的企业。

② 取得专业承包资质的企业（简称专业承包企业），可以承接具有施工总承包资质的企业依法分包的专业工程或建设单位依法发包的专业工程。专业承包企业应对所承接的专业工程全部自行组织施工，劳务作业可以分包，但应分包给具有施工劳务资质的企业。

③ 取得施工劳务资质的企业（简称施工劳务企业），可以承接具有施工总承包资质或专业承包资质的企业分包的劳务作业。

经审查合格的建筑业企业，由资质管理部门颁发《建筑业企业资质证书》，由国务院建设行政主管部门统一印制，分为正本和副本，具有同等法律效力。我国建筑业企业资质及承包工程范围见表 1 - 1。

表 1-1 我国建筑业企业资质及承包工程范围

企业类别	资质等级	承包工程范围
施工总承包企业（12类）（注：以建筑工程施工总承包为例）	特级	可承担本类别各等级工程施工总承包、设计及开展工程总承包和项目管理业务
	一级	可承担单项合同额3000万元以上的下列建筑工程的施工。 （1）高度200m以下的工业、民用建筑工程。 （2）高度240m以下的构筑物工程
	二级	可承担下列建筑工程的施工。 （1）高度100m以下的工业、民用建筑工程。 （2）高度120m以下的构筑物工程。 （3）建筑面积40000m^2以下的单体工业、民用建筑工程。 （4）单跨跨度39m以下的建筑工程
	三级	可承担下列建筑工程的施工。 （1）高度50m以下的工业、民用建筑工程。 （2）高度70m以下的构筑物工程。 （3）建筑面积12000m^2以下的单体工业、民用建筑工程。 （4）单跨跨度27m以下的建筑工程
专业承包企业（36类）（注：以地基基础工程为例）	一级	可承担各类地基与基础工程的施工
	二级	可承担下列工程的施工。 （1）高度100m以下的工业、民用建筑工程和高度120m以下构筑物的地基基础工程。 （2）深度不超过24m的刚性桩复合地基处理和深度不超过10m的其他地基处理工程。 （3）单桩承受设计荷载5000kN以下的桩基础工程。 （4）开挖深度不超过15m的基坑围护工程
	三级	可承担下列工程的施工。 （1）高度50m以下的工业、民用建筑工程和高度70m以下构筑物的地基基础工程。 （2）深度不超过18m的刚性桩复合地基处理或深度不超过8m的其他地基处理工程。 （3）单桩承受设计荷载3000kN以下的桩基础工程。 （4）开挖深度不超过12m的基坑围护工程
施工劳务企业（13类）	不分级	可承担各类劳务作业

（3）工程咨询单位资质管理。

为了规范建筑市场，我国对工程咨询单位也实施资质管理。实施资质管理的工程咨询单位如下。

① 工程监理单位。工程监理企业资质分为综合资质、专业资质和事务所资质三个序列。专业资质分为甲级和乙级，按照工程性质和技术特点划分为若干工程类别。其中，房屋建筑、水利水电、公路和市政公用专业资质可设立丙级。综合资质和事务所资质不分级别。

② 工程造价咨询企业。工程造价咨询企业，是指接受委托，对建设项目投资、工程造价的确定与控制提供专业咨询服务的企业。工程造价咨询企业资质等级分为甲级、乙级两级。工程造价咨询企业可以对建设项目的组织实施进行全过程或者若干阶段的管理和服务。

2. 建筑市场人员的管理

我国对人才评价的两项基本制度是职称评审制度和职业资格制度。职称评审制度主要通过评审和考核认定的方式进行评价，覆盖人群是专业技术人才。职业资格制度主要通过统一考试、鉴定等方式评价，对象包括专业技术人才和技能人才。

一般而言，具备职称评定条件的人不用参加全国统考，可以直接评定职称，与考试获得的职称具有同等效力，政府机关、国有企事业单位等均予以认可，并且可以将职称评定档案调入所在单位主管人事部门。如果有的人不具备职称评定条件，又想获得职称，则可根据需要参加全国统一考试。所以说，职称可评可考，考评效力同等，全国各地通用。初级、中级职称实行全国统一考试的专业不再进行相应的职称评审或认定。职称是专业技术人员（管理人员）的一种任职资格，它不是职务，是从事专业技术和管理岗位的人员达到一定专业年限、取得一定工作业绩后，经过考评授予的资格。对资质企业来说，职称是企业开业、资质等级评定、资质升级、资质年审的必要条件。专业技术职称一般分为初级、中级、高级三个级别，相对应于工程技术职称，分别称为助理工程师、工程师、高级工程师。

为推进职业资格制度改革，进一步减少和规范职业资格许可和认定事项，国家建立了职业资格目录清单，清单之外一律不得许可和认定职业资格。人力资源和社会保障部公布了《国家职业资格目录（2021 年版）》，共计 72 项职业资格。其中，专业技术人员职业资格 59 项，含准入类 33 项，水平评价类 26 项。

应用案例 1－2

无资质承揽工程酿惨祸

【案例概况】

某市某人行景观桥工程在施工过程中发生桥体整体坍塌事故。该桥设计全长 171.4m，宽 16m，为 15 孔不等跨空腹石拱桥。该施工单位木工班长带领 8 名施工人员，进入第 6 孔拱券施工现场进行拱架、模板拆除作业。其中 6 名施工人员被分成两组，分别在拱架两侧同时进行架体拆除，另 2 名施工人员在下部予以配合。某日上午 9 时左右，第 6 孔拱圈顶部出现落沙，随即发生景观桥的整体坍塌。事故共造成 5 人死亡、1 人重伤，直接经济损失200余万元。

根据事故调查和责任认定，对有关责任方做出以下处理：施工单位经理、施工队长、木工班长3名责任人移交司法机关依法追究刑事责任；施工单位副经理、质检科科长、监理单位经理等15名责任人分别受到罚款、解除劳动合同、党内严重警告等党纪、政纪处分；施工、监理等有关责任单位受到相应经济处罚。

【案例评析】

(1) 经调查，造成该事故的直接原因是施工过程中没有对拱桥工程质量进行严格管理和控制，拱券砌筑完成后在凝结硬化期遭遇暴雨引起拱架地基变形，拱券局部应力发生变化，导致拱架支撑强度不足，造成拱架支撑钢管大面积弯曲变形。在这种情况下，施工单位未采取任何防范措施，冒险进行拱架拆除作业。

(2) 造成该事故的间接原因则是相应单位无相关资质：施工单位无市政桥梁施工资质，违法承包市政桥梁施工工程，并将工程转包给无资质的单位施工。监理单位只具有乙级房屋建筑监理资质，不具有市政桥梁工程监理资质，在这起事故中属无资质监理。

施工单位未按规定设置安全生产管理机构，未配备专职安全生产管理人员，未对施工人员进行安全生产培训教育。施工组织设计不符合国家有关施工标准、规范要求，且未经监理单位审查批准。拱架施工方案未进行强度、稳定性计算。

(3) 该事故告诉我们，遵纪守法是建设工程各方的首要任务。该事故中存在建设单位违法组织工程招投标和发包、无资质单位违法承揽工程并冒险施工、监理单位不认真履行监理职责等诸多问题。建设单位应严格遵照《中华人民共和国建筑法》的相关规定，将建设工程发包给具有相应资质的施工单位。施工、监理单位应严格按照资质等级和范围承揽施工、监理工程项目，杜绝超资质范围承揽工程项目，严禁非法转包。施工技术措施是安全生产的基本保障，施工生产必须以标准、规范为准绳。

1.3 公共资源交易中心

1. 公共资源交易中心的设置目的

随着有形建筑市场的不断发展完善，对于整合各类有形建筑市场和建设市场资源，扩大公共资源交易范围，建立健全更加规范、高效的工程建设有形市场，从源头上预防建设领域的各类违法违规问题，公共资源交易中心的建立是有形建筑市场的有益尝试和科学延伸。公共资源交易管理体制改革是政府行政管理体制改革的一项重要内容，是建设服务型政府的重要举措。公共资源交易中心是维护社会公共利益和市场参与各方利益，实现公开、公平、公正和诚实守信的阳光交易平台。

公共资源交易中心是负责公共资源交易和提供咨询、服务的机构，是公共资源统一进场交易的服务平台。一般情况下，公共资源交易中心将工程建设招投标、土地和矿业权交易、企业国有产权交易、政府采购、公立医院药品和医疗用品采购、司法机关罚没物品拍卖、国有的文艺品拍卖等所有公共资源交易项目全部纳入中心集中交易。从政府采购和工程项目招投标的角度来看，公共资源交易平台是一个提供公共资源交易具体操作服务的平台。

2. 公共资源交易中心的主要职能

公共资源交易中心的主要职能包含以下内容。

(1) 贯彻执行有关招标采购交易的法律、法规和规章。

(2) 制定招标采购交易活动监督管理的具体制度和措施；指导、规范进场交易活动，维护交易秩序；负责电子交易平台、综合服务平台的建设、运维和管理。

(3) 受理并审核进入中心的交易项目，审批招标采购交易方式；对招标采购交易活动的有关文件的合法性、真实性、完整性进行审查备案；对交易活动的全过程进行监督管理；会同有关行政主管部门对重大项目交易结果的履行情况进行监督检查。

(4) 建立并管理各类专家库、供应商库，建立招标采购交易当事人的诚信档案。

(5) 依法监督管理进入招标中心的中介代理机构的代理行为，建立国有投资项目中介代理机构备选库。

(6) 受理有关招标采购交易活动的举报投诉；按规定调查处理招标采购交易活动中的违法违规行为，其中涉及行政处罚的，应及时将调查情况及处理意见移送有关行政执法部门，也可依法接受市有关行政主管部门委托实施处罚。

(7) 对招标采购交易活动当事人的投标（竞买）保证金、履约保证金缴存情况实行监督。

(8) 对交易合同的订立及变更进行备案审查。

(9) 其他事项。

零距离了解公共资源交易流程

3. 公共资源交易中心的服务范围及工作程序

(1) 公共资源交易中心的服务范围。

进入公共资源交易中心公开交易的公共资源包括以下几类。

① 按规定必须公开招标的政府性工程建设项目。

② 国有土地使用权的招标、拍卖、挂牌。

③ 使用财政性资金的政府采购项目，包含可社会化（含外购、外包等）政府购买服务项目。

④ 各类环境资源交易行为。

⑤ 文化、体育、教育、卫生、交通运输及市政园林等部门的特许经营项目，城市路桥和街道冠名权，公共停车场、大型户外广告空间资源等。

⑥ 城市道路（特大型特殊桥梁、隧道除外）、园林绿化、公共建筑、环境卫生等非经营性公共设施的日常养护、物业管理等资源项目。

⑦ 党政机关、事业单位资产及股权的市场转让和处置。

⑧ 涉讼涉诉罚没资产的处置。

⑨ 政府确定必须进行市场配置的其他公共资源项目。

(2) 公共资源交易中心的工作程序。

进入公共资源交易中心的公开交易的一般工作程序包括：交易委托、信息发布、实施交易、结果公示、交易结算、交易见证、立卷归档等。

1.4 招投标法律体系

1.4.1 招投标法律体系的构成

招投标法律体系，是指全部现行的与招投标活动有关的法律、法规、规章及行政规范性文件等组成的有机的统一体。自20世纪80年代初，我国建筑领域引入招投标制度后，国务院及其有关部门陆续发布了一系列招投标方面的法律、法规等，一些地方人民政府及其有关部门也结合本地特点和需要，制定了招投标方面的地方性法规、规章和行政规范性文件，经过多年实践与探索，逐步形成了覆盖全国各领域、各层级的招投标法律体系。招投标法律体系的构成按照法律规范的渊源划分为以下4个方面。

1. 法律

法律由全国人民代表大会及其常务委员会制定，以国家主席令发布，具有高于行政法规和部门规章的效力。依据制定机关的不同，法律可分为两大类：一类是基本法律，由全国人民代表大会制定，如《中华人民共和国刑法》《中华人民共和国民法典》（简称《民法典》）等；另一类是基本法律以外的其他法律，由全国人民代表大会常委会制定，如《中华人民共和国招标投标法》（简称《招标投标法》）、《中华人民共和国政府采购法》（简称《政府采购法》）等。

2. 法规

（1）行政法规：由国务院总理以国务院令的形式签署公布。行政法规一般以条例、规定、办法、实施细则等为名称，如《中华人民共和国招标投标法实施条例》（简称《招标投标法实施条例》）、《中华人民共和国政府采购法实施条例》（简称《政府采购法实施条例》）等。

（2）地方性法规：由省、自治区、直辖市及较大的市（省、自治区政府所在地的市，经济特区所在地的市，经国务院批准的较大的市）的人民代表大会及其常务委员会制定颁布，在本地区具有法律效力，通常以地方人大公告的方式公布。地方性法规一般使用条例、实施办法等为名称，如《北京市招标投标条例》。

3. 规章

（1）国务院部门规章：由国务院所属的部、委、局和具有行政管理职责的直属机构制定，通常以部委令的形式公布，一般用办法、规定等为名称，如《必须招标的工程项目规定》（中华人民共和国国家发展和改革委员会令第16号）、《政府采购非招标采购方式管理办法》（财政部令第74号）等。

（2）地方政府规章：由省、自治区、直辖市、省政府所在地的市、经国务院批准的主要城市制定，通常以地方人民政府令的形式颁布，一般以规定、办法等为名称，如《北京市建设工程招标投标监督管理规定》（北京市人民政府令第122号）。

4. 行政规范性文件

行政规范性文件是指行政公署、省辖市人民政府，县（市、区）人民政府，以及各级政府所属部门根据法律、法规、规章的授权和上级政府的决定、命令，依照法定权限和程序制定、以规范形式表述，在一定时间内相对稳定并在本地区、本部门普遍适用的各种决定、办法、规定、规则、实施细则的总称，如《国家发展改革委办公厅关于积极应对疫情创新做好招投标工作保障经济平稳运行的通知》（发改电〔2020〕170号）、《省财政厅关于进一步加强政府采购活动中信用记录管理有关事项的通知》（鄂财采发〔2016〕7号）等。

能力拓展

党的二十大报告中提出，坚持全面依法治国，推进法治中国建设。

【问题】

你所了解的与建筑行业直接相关的法律法规有哪些。

1.4.2 招投标法律体系的效力层级

招投标方面的法律法规很多，在执行有关规定时应注意效力层级。

1. 纵向效力层级

在我国法律体系中，宪法具有最高的法律效力，之后依次是法律、行政法规、国务院部门规章、地方性法规、地方政府规章、行政规范性文件。在招投标法律体系中，《招标投标法》是招投标领域的基本法律，其他有关行政法规、国务院部门规章、地方性法规、地方政府规章和行政规范性文件都不得同《招标投标法》相抵触。使用政府财政性资金的采购活动采用招标方式的，不仅要遵守《招标投标法》规定的基本原则和程序，还要遵守《政府采购法》及其有关规定。政府采购工程进行招投标的，适用《招标投标法》。国务院各部委制定的部门规章之间具有同等法律效力，在各自权限范围内施行。省、自治区、直辖市的人大及其常委会制定的地方性法规的效力层级高于当地政府制定的规章。

2. 横向效力层级

在《中华人民共和国立法法》中规定：“同一机关制定的法律、行政法规、地方性法规、自治条例和单行条例、规章，特别规定与一般规定不一致的，适用特别规定。”换而言之，就是同一机关制定的特别规定的效力层级应高于一般规定，同一层级的招投标法律规范中，特别规定与一般规定不一致的应当采用特别规定。例如，《民法典》第一百八十条规定：“因不可抗力不能履行民事义务的，不承担民事责任。法律另有规定的，依照其规定。”

3. 时间序列效力层级

从时间序列来看，同一机关制定的法律、行政法规、地方性法规、自治条例和单行条例、规章，新的规定与旧的规定不一致的，适用新的规定。也就是依照“新法优于旧法”的原则，在招投标活动中应执行新的规定。

4. 特殊情况处理原则

我国法律体系原则上是统一、协调的，但由于立法机关比较多，如果立法部门之间缺乏必要的沟通与协调，难免会出现一些规定不一致的情况。在招投标活动遇到此类特殊情况时，依据《中华人民共和国立法法》的有关规定，应当按照以下原则处理。

（1）法律之间对同一事项的新的一般规定与旧的特别规定不一致，不能确定如何适用时，由全国人民代表大会常务委员会裁决。

（2）地方性法规、规章中，新的一般规定与旧的特别规定不一致时，由制定机构裁决。

（3）地方性法规与国务院部门规章之间对同一事项规定不一致，不能确定如何适用时，由国务院提出意见。国务院认为应当适用地方性法规的，应当决定在该地方适用地方性法规的规定；认为应当适用国务院部门规章的，应当提请全国人民代表大会常务委员会裁决。

（4）国务院部门规章之间、国务院部门规章与地方政府规章之间对同一事项的规定不一致时，由国务院裁决。

特别提示

我国招投标法律体系主要包括工程、货物、服务三大类的招投标的规定。必须招标制度不仅限于工程建设的勘察、设计、施工、监理、重要设备和材料采购等领域，同时还在政府采购、机电设备进口，以及医疗器械药品采购、科研项目服务采购、国有土地使用权出让等方面广泛使用。

1.4.3 《招标投标法》的立法目的和适用范围

《招标投标法》是由第九届全国人民代表大会常务委员会第十一次会议于1999年8月30日通过的，自2000年1月1日起正式施行，根据2017年12月27日第十二届全国人民代表大会常务委员会第三十一次会议《关于修改〈中华人民共和国招标投标法〉〈中华人民共和国计量法〉的决定》修正，自2017年12月28日起施行。这是一部标志着我国社会主义市场经济法律体系进一步完善的法律，是招投标领域的基本法律。

《招标投标法》共六章，六十八条。第一章总则，主要规定了立法目的、适用范围、调整对象、必须招标的范围、招投标活动必须遵循的基本原则等；第二章招标，主要规定了招标人定义、招标方式、招标代理机构资格认定和招标代理权限范围及招标文件编制的要求等；第三章投标，主要规定了投标主体资格、编制投标文件要求、联合体投标等；第四章开标、评标和中标，主要规定了开标、评标和中标各个环节的具体规则和时限要求等内容；第五章法律责任，主要规定了违反招投标活动中具体规定各方应承担的法律责任；第六章附则，规定了《招标投标法》的例外情形及施行日期。

1. 立法目的

《招标投标法》第一条规定："为了规范招标投标活动，保护国家利益、社会公共利益和招标投标活动当事人的合法权益，提高经济效益，保证项目质量，制定本法。"由此，

可以看出《招标投标法》的立法目的有以下几项。

（1）规范招投标活动。

招投标，是在市场经济条件下进行大宗货物的买卖、工程建设项目的发包与承包，以及服务项目的采购与提供时，所采用的一种交易方式。采用招投标方式进行交易活动是将竞争机制引入交易过程。但在这一制度推行过程中，也存在一些突出的问题，如：按规定应当招标而不进行招标；在确定供应商、承包商的过程中采用“暗箱操作”，直接指定供应商、承包商；招投标程序不规范，违反公开、公平、公正的原则；招标人与投标人进行权钱交易，行贿受贿，搞虚假招标；投标人串通投标，进行不公平竞争；一些地方和部门在招投标问题上搞地方保护和部门封锁，做出违反公平竞争原则的规定，有的还利用行政权力强行指定中标人；等等。因此，以法律的形式规范招投标活动，正是制定《招标投标法》的基本目的。

（2）保护国家利益。

通过《招标投标法》对必须招标范围的规定，保障了财政资金和其他国有资金的节约和合理有效使用。通过依法进行招投标，按照公开、公平、公正的原则，对于节约和合理使用国有建设资金具有重要意义。同时，有利于反腐倡廉，防止国有资产的流失。

（3）保护社会公共利益。

社会公共利益是全体社会成员的共同利益。规范招投标活动，既是对国家利益的保护，也是对社会公共利益的保护。

（4）保护招投标活动当事人的合法权益。

《招标投标法》对招投标各方当事人应当享有的基本权利做出了规定。例如，《招标投标法》中规定，依法进行的招投标活动不受地区或者部门的限制，任何单位和个人不得以任何方式非法干涉招投标活动等。

（5）提高经济效益。

对国家投资、融资建设的生产经营性项目实行招投标制度，有利于节省投资、缩短工期、保证质量，从而有利于提高投资效益及项目建成后的经济效益。

（6）提高项目质量。

依照法定的招投标程序，通过竞争，选择技术强、信誉好、质量保障体系可靠的投标人中标，对于保证项目的质量十分重要。

2. 适用范围

（1）地域范围。

《招标投标法》第二条规定：“在中华人民共和国境内进行招标投标活动，适用本法。”即《招标投标法》适用于在我国境内进行的各类招投标活动，这是《招标投标法》的空间效力。

（2）主体范围。

《招标投标法》的适用主体范围很广泛，只要在我国境内进行的招投标活动，无论是哪类主体都要执行《招标投标法》。具体包括两类主体：第一类是国内各类主体，既包括各级权力机关、行政机关和司法机关及其所属机构等国家机关，也包括国有企事业单位、外商投资企业、私营企业及其他各类经济组织，同时还包括允许个人参与招投标活动的公民个人；第二类是在我国境内的各类外国主体，即指在我国境内参与招投标活动的外国企业，或者外国企业在我国境内设立的能够独立承担民事责任的分支机构等。

（3）例外情形。

《招标投标法》第六十七条规定："使用国际组织或者外国政府贷款、援助资金的项目进行招标，贷款方、资金提供方对招标投标的具体条件和程序有不同规定的，可以适用其规定，但违背中华人民共和国的社会公共利益的除外。"

综合应用案例

【案例概况】

某档案馆装修工程招标，某公司以529万元的最低报价排在第一名。但因该投标人投标文件的电子文档格式不符合标准，导致评标系统无法正常读取投标文件中的相关文件。调查中还发现，投标人采用的"××市建设工程投标文件编制与管理软件"为以前使用的2.0版本，现在的版本已经是6.0版本，但该公司没有及时更新换代，新版本具有的自行检查功能没有被该投标人使用。评标委员会将其做无效标处理。该公司认为评标委员会所做出的决定不合理，于是要求该市的公共资源交易中心判定该公司投标文件为有效标。

在该工程的招标文件中，明确提出了未提交或提交的电子文档不符合要求的为无效标。因此，该市公共资源交易中心最后给出的处理意见是：评标专家采用的依据没有错误，评标的结论正确，应维持评标委员会的结论。

但通过该事件，该市公共资源交易中心也发现了在管理制度中存在的不足和缺陷。因此，在原有公共资源交易中心职能上做出了如下改进。

（1）加强对用户的宣传和培训，特别是一定要对参加投标的外地施工企业和没有招标经验的建设单位加强培训。

（2）重新设计招标书和投标书编制软件，大幅度简化操作，降低使用难度，使用户能够通过熟悉、简便的方法编写招标书、投标书，减少用户出错的概率。

（3）加强标书编制软件对数据的检查功能，即在标书制作生成时由用户自己先把关，保障电子标书文档的有效性。投标单位在使用投标书编制软件生成电子标书时，由软件自动严格地按照预定规则的数据检查，如果数据与要求不一致，则软件不会生成电子标书，软件自动提示用户进行问题检查，或者向服务单位咨询。

（4）对招标文件示范文本中的相关条款进行修改，力求规范准确。

【思考题】

（1）试分析本次招标给哪些单位带来不利影响。

（2）本次招标的最终结果给我们带来哪些启示？

【案例评析】

由于该市公共资源交易中心在为评标提供服务时，系统对投标文件编制版本要求较高，无法识别该公司的投标文件，导致该公司虽以最低报价排名第一投标，却最终被判定为无效标。这一案例反映了该市公共资源交易中心管理制度存在的不足和缺陷。公共资源交易中心在实施服务的过程中应该系统宣传、贯彻、执行国家及省、市有关工程建设的法律、法规和方针、政策，并紧密结合当地建设实际情况，制定各项建设工程进场交易的具体规则或制度。公共资源交易中心应负责业务指导、检查和管理工作。

本章小结

建设项目的兴建是国民经济建设事业的基础。我国非常重视建设项目的计划和管理。国民经济和社会发展计划在综合平衡和专题平衡的基础上，审慎地规划一定时期内国民经济各部门、各地区建设项目的类型、数量，以便合理地确定基本建设的规模、速度、比例和布局，并充分提高基本建设投资的经济效果。

建筑市场虽是市场体系中的重要组成部分，却又不同于其他市场。建筑市场主体包括发包人（业主）、承包人及各种中介机构等，其中应加强对从业企业资质和专业人员职业资格的管理；建筑市场客体包括有形的建筑产品（建筑物、构筑物）和无形的建筑产品（咨询、监理等各种智力型服务）。公共资源交易中心是负责公共资源交易和提供咨询、服务的机构，是公共资源统一进场交易的服务平台。

招投标法律体系是指全部现行的与招投标活动有关的法律、法规、规章及行政规范性文件等组成的有机的统一体。

习　题

一、单选题

1.《招标投标法》于（　　）起开始实施。

A. 2000年7月1日　　B. 1999年8月30日

C. 2000年1月1日　　D. 1999年10月1日

2. 关于建设工程从业资格制度，下列说法中错误的是（　　）。

A. 建筑业企业资质分为施工总承包、专业承包、劳务分包和设计承包

B. 取得专业承包资质的企业，可以承接施工总承包企业分包的专业工程

C. 工程勘察资质分为工程勘察综合资质、工程勘察专业资质、工程勘察劳务资质

D. 工程设计资质分为工程设计综合资质、工程设计行业资质、工程设计专业资质和工程设计专项资质

3. 当地方性法规、规章之间发生冲突时，下列解决办法中正确的是（　　）。

A. 部门规章之间不一致的，适用新规定；同时颁布的，由双方协商

B. 地方性法规、规章新的一般规定与旧的特别规定不一致时，由制定机关裁决

C. 部门规章与地方政府规章之间对同一事项的规定不一致时，由全国人大法工委裁决

D. 地方性法规与部门规章对同一事项的规定不一致时，由国务院裁决

4. 全部使用国有资金投资，依法必须进行施工招标的工程项目，应当（　　）。

A. 进入有形建筑市场进行招投标活动

B. 进入无形建筑市场进行招投标活动

C. 进入有形建筑市场进行直接发包活动

D. 进入无形建筑市场进行直接发包活动

5. 下列与工程建设有关的法律、法规、部门规章中，（　　）属于行政法规范畴。

A.《中华人民共和国建筑法》　　B.《建设工程安全生产管理条例》

C.《建造师执业资格制度暂行规定》　　D.《建筑业企业资质等级标准》

6. 按照《建造师执业资格制度暂行规定》，二级建造师可担任（　　）。

A. 二级及以下资质的建筑企业承包范围的建设工程施工的项目经理

B. 二级及以上资质的建筑企业承包范围的建设工程施工的项目经理

C. 建设工程项目的项目经理

D. 建设工程项目施工的项目经理

7.《中华人民共和国建筑法》规定，从事建筑活动的专业技术人员，应当依法取得相应的（　　）证书，并在其许可的范围内从事建筑活动。

A. 技术职称　　B. 执业资格　　C. 注册　　D. 岗位

8. 国际上把建设监理单位所提供的服务归为（　　）服务。

A. 工程咨询　　B. 工程管理　　C. 工程监督　　D. 工程策划

9. 某人参加并通过了一级建造师执业资格考试，下列说法正确的是（　　）。

A. 他肯定会成为项目经理

B. 只要经所在单位聘任，他马上就可以成为项目经理了

C. 只要经过注册，他就可以成为项目经理了

D. 只要经过注册，他就可以以建造师的名义执业了

10. 下面对施工总承包企业资质等级划分正确的是（　　）。

A. 一级、二级、三级　　B. 一级、二级、三级、四级

C. 特级、一级、二级、三级　　D. 特级、一级、二级

11. 获得（　　）资质的企业，可以承接施工总承包企业分包的专业工程或者建设单位按照规定发包的专业工程。

A. 劳务分包　　B. 技术承包　　C. 专业承包　　D. 技术分包

12. 在形成和订立招投标合同时，如《民法典》与《招标投标法》对同一事项的规定不一致，应执行后者的规定，这体现了法律的（　　）。

A. 纵向效力层级　　B. 横向效力层级

C. 行政效力层级　　D. 时间序列效力层级

13. 下面不属于广义的法律的是（　　）。

A.《中华人民共和国建筑法》　　B.《建设工程安全管理条例》

C.《甲市建筑市场管理条例》　　D.《建设工程施工承包合同（示范文本）》

14. 建筑市场的进入，是指各类项目的（　　）进入建设工程交易市场，并展开建设工程交易活动的过程。

A. 业主、承包商、供应商　　B. 业主、承包商、中介机构

C. 承包商、供应商、交易机构　　D. 承包商、供应商、中介机构

15. 以下关于法律法规效力层级说法错误的有（　　）。

A. 宪法具有最高的法律效力，其后依次是法律、行政法规、地方性法规、规章

B. 同一机关制定的法律、行政法规、地方性法规、自治条例和单行条例、规章，特别规定与一般规定不一致的，适用特别规定

C. 同一机关制定的特别规定效力应高于一般规定

D. 地方性法规与部门规章之间对同一事项规定不一致，不能确定如何适用时，由国务院决定如何适用

二、多选题

1. 从事建筑活动的建筑施工企业应当具备的条件，下列说法正确的有（　　）。

A. 有符合国家规定的注册资本

B. 有与其从事的建筑活动相适应的具有法定执业资格的专业技术人员

C. 有向发证机关申请的资格证书

D. 有从事相关建筑活动应有的技术装备

E. 法律、行政法规规定的其他条件

2. 我国的建筑施工企业分为（　　）。

A. 工程监理企业　　B. 施工总承包企业

C. 专业承包企业　　D. 劳务分包企业

E. 工程招标代理机构

3. 获得专业承包资质的企业，可以（　　）。

A. 对所承接的工程全部自行施工

B. 对主体工程实行施工承包

C. 承接施工总承包企业分包的专业工程

D. 承接建设单位按照规定发包的专业工程

E. 将劳务作业分包给具有劳务分包资质的其他企业

4.《中华人民共和国建筑法》规定，必须取得相应等级的资质证书，方可从事建筑活动的单位或企业包括（　　）。

A. 工程总承包企业　　B. 建筑施工企业

C. 勘察单位　　D. 设计单位

E. 设备生产企业

5. 获得施工总承包资质的企业，可以（　　）。

A. 对工程实行施工总承包

B. 对主体工程实行施工承包

C. 对所承接的工程全部自行施工

D. 将劳务作业分包给具有相应资质的企业

E. 将主体工程分包给其他企业

6. 从事建筑活动的建筑业企业按照其拥有的（　　）等资质条件，划分为不同的资质等级，经资质审查合格，取得相应等级的资质证书后，方可在其资质等级许可的范围内从事建筑活动。

A. 技术装备　　B. 注册资本　　C. 专业技术人员

D. 已完成的建筑工程的优良率　　E. 在建项目规模

7. 我国法的形式主要有（　　）。

A. 宪法　　B. 法律　　C. 行政法规　　D. 部门规章

E. 合同示范文本

8. 建筑市场的主体主要包括（　　）。

A. 发包人　　B. 建设项目　　C. 承包人

D. 中介机构　　E. 行业规范性文件

9. 工程设计资质可以分为（　　）。

A. 工程设计综合资质　　B. 工程设计行业资质

C. 工程设计专业资质　　D. 工程设计专项资质

E. 劳务资质

10.《招标投标法》的立法目的包括（　　）。

A. 规范招投标活动　　B. 提高经济效益，保证项目质量

C. 保护国家利益　　D. 保护招标人的合法权益

E. 保护社会公共利益

三、案例题

某学校与某建筑公司签订了一教学楼施工合同，明确了施工单位要保质保量保工期完成学校的教学楼施工任务。工程按合同工期竣工后，承包方向学校提交了竣工报告。学校为了不影响学生上课，还没组织验收就直接投入了使用。在使用过程中，校方发现教学楼存在质量问题，要求施工单位修理。施工单位认为工程未经验收，学校提前使用而出现质量问题，施工单位不应承担责任。

问题：

1. 请根据建筑市场相关知识，分析本案例中的建筑主体和建筑客体都是什么。

2. 请根据相关法律法规知识，分析本案中出现的质量问题应由谁承担相关责任。

四、实训题

实训介绍：

为适应某学校大规模发展需要，该校拟建于该市经济开发区内，占地面积约10万平方米，建筑面积约7.5万平方米，学校计划分设国际部、国内部、国际基础教育交流研究所（或基金会）和英语培训中心，校区将新建教学大楼（国际部、高中部、初中部、小学部、幼儿园），教师公寓楼，学生公寓楼，学生活动中心，运动场，图书馆，科学楼，国际交流中心，英语培训中心，培训公寓楼等，投资额约3亿元。

实训要求：

请根据基本建设程序相关知识，描述办理该项目的基本建设程序。

第1章习题测试

第2章 工程建设项目招投标概述

教学目标

本章介绍了工程建设项目招投标制度的相关基础知识。通过本章的学习，学生应了解工程建设项目招投标制度的概念、目的、特点、原则、主要形式和分类及招投标代理制度等知识，重点掌握工程建设项目招标实施的范围和工程建设项目招标的工作程序。

思维导图

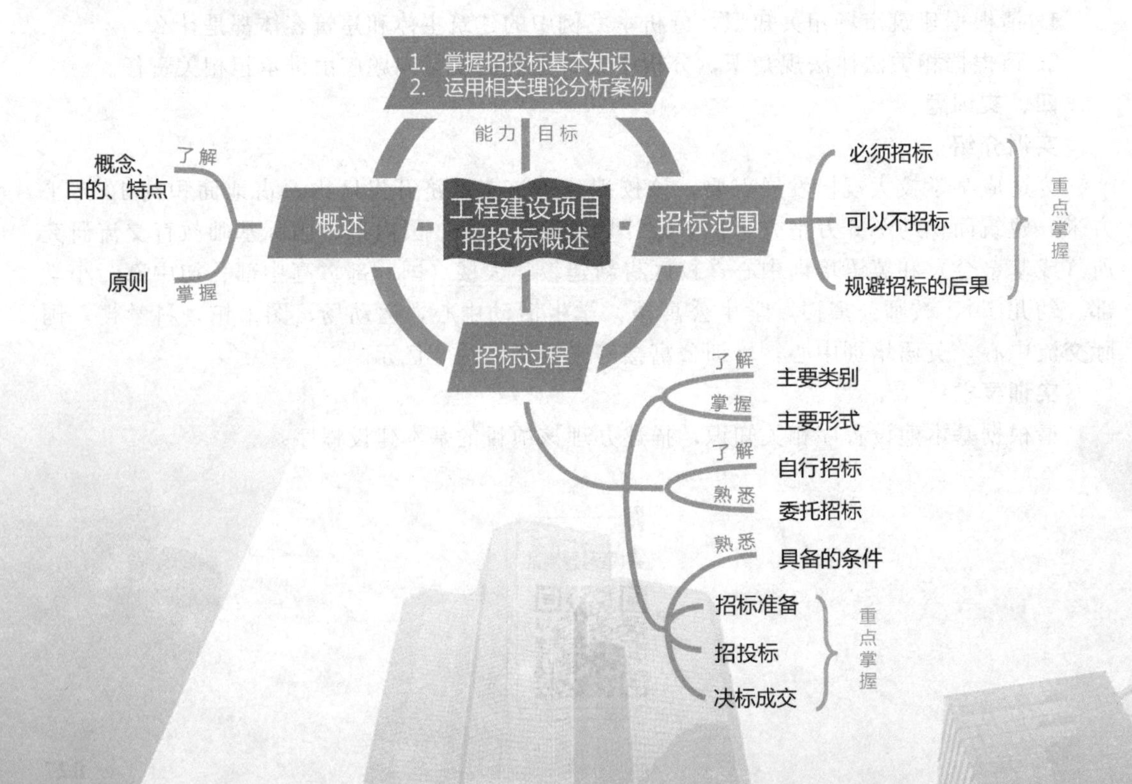

引例

鲁布革水电站引水工程国际招标

1949年以来，我国大型工程建设一直采用自营制方式：由国家拨款，国营工程局施工，建成后移交管理部门生产运行，收益上交国家。20世纪80年代初，水利电力部决定鲁布革水电站部分建设资金利用世界银行贷款。1983年鲁布革工程管理局成立，第一次引进了业主、工程师、承包商的概念。鲁布革水电站引水工程进行国际竞争性招标，将竞争机制引入工程建设领域，日本大成公司中标进入中国水电建设市场，形成了一个工程两种体制并存的局面。“一石激起千层浪”，鲁布革水电站引水工程的国际招标实践和一个工程两种体制的鲜明对比，在中国工程界引起了强烈的反响。人们在经历改革阵痛的同时，通过对比和思考，看到了比先进的施工机械背后更重要的东西，很多人开始反思在计划经济体制下建设管理体制的弊端，探求“工期马拉松，投资无底洞”的真正症结所在。

鲁布革水电站位于云南罗平和贵州兴义交界处，它由三部分组成：第一部分为首部枢纽，其拦河大坝为堆石坝，最大坝高103.5m；第二部分为引水系统，由电站进水口、引水隧洞、调压井、高压钢管4部分组成，引水隧洞总长9.38km，开挖直径8.8m，差动式调压井内径13m，井深63m；第三部分为厂房枢纽，主副厂房设在地下，总长125m，宽18m，最大高度39.4m，安装有150000kW的水轮发电机4台，总容量600000kW，年发电量2.82×10^9kW·h。

鲁布革水电站引水工程进行国际招标和实行国际合同管理，在当时是很超前的，这是在20世纪80年代初我国计划经济体制还没有根本改变，建筑市场还没形成的情况下进行的。鲁布革水电站引水工程国际招标程序见表2-1。

表2-1 鲁布革水电站引水工程国际招标程序

时　间	工作内容	说　明
1982年9月	刊登招标通告及出售资格预审文件	1982年9月6日，《人民日报》刊登中国技术进出口总公司受水利电力部委托为鲁布革水电站引水工程招标资格预审发出通知，出售施工承包人资格预审文件，正式向全世界公开招标
1982年9月—12月	第一阶段资格预审	从13个国家32家公司中选定20家公司
1983年2月—7月	第二阶段资格预审	与世界银行磋商第一阶段资格预审结果，中外公司为组成联合投标公司进行谈判
1983年6月15日起	发售招标文件	15家外商公司及3家国内公司购买了标书
1983年11月8日	当众开标	共8家公司投标，其中1家为废标

续表

时间	工作内容	说明
1983年11月—1984年6月	评标、定标	确定大成公司（日）、前田公司（日）和英波吉洛公司（意美联合）3家公司为评标对象。经评标委员会综合分析研究，选定了最低报价的日本大成公司（报价84630597.97元），其结果于1984年4月17日正式告知世界银行，6月16日正式向日本大成公司发出中标通知书
1984年7月14日	签订合同	鲁布革工程管理局与日本大成公司正式签订了鲁布革水电站引水工程承包合同
1984年11月	引水工程正式开工	
1988年8月13日	正式竣工	工程师签署了工程竣工移交证书，工程初步结算价9100万元，实际工期1475天

一个总容量600000kW的水电站在当时的中国称不上很大的工程，然而鲁布革水电站的建设却受到全国工程界的关注，到鲁布革水电站参观考察的人们几乎遍及全国各省市。人们从鲁布革水电站引水工程中究竟看到了什么?

第一，把竞争机制引入工程建设领域，实行招投标制，评标工作认真细致。鲁布革水电站引水工程首先给人的冲击是大型工程施工打破了历来由主管部门指定施工单位的做法，施工单位要凭实力进行竞争，由发包人择优而定。鲁布革水电站是我国第一次采取国际招标程序授予外国企业承包权的工程。当时我国的两家公司也参加了投标，虽地处国内，而且享有7.5%的优惠，条件颇为有利，却未能中标。

第二，实行国际评标价低价中标惯例，评标时标底只起参考作用，从而节约了大量建设资金。鲁布革水电站引水工程进行国际竞争性招标标底为14958万元，工期为1597天。共有15家外商公司及3家国内公司购买了标书。其中有8家公司，包括我国与外资公司组成的2家公司参加了投标。具体报价情况见表2-2。

表2-2 具体报价情况

公司	折算报价/万元	公司	折算报价/万元
大成公司（日）	8460	中国闽昆与挪威FHS联合公司	12210
前田公司（日）	8800	南斯拉夫能源公司	13220
英波吉洛公司（意美联合）	9280	法国SBTP联合公司	17940
中国贵华与联邦德国霍尔兹曼联合公司	12000	联邦德国某公司	废标

第三，我国公司的施工技术和管理水平与外国大公司相比，差距比较大。例如，当时国内隧洞开挖进尺每月最高为112m，仅达到国外公司平均功效的50%左右。日本大成公

司是国际著名承包商，施工工艺先进，每立方米混凝土的水泥用量比国内公司少70kg。我国闽昆与挪威FHS联合公司所用水泥比日本大成公司多40000t以上，按进口水泥运达工地价计算，水泥用量的差额约为1000万元。此外，国外施工管理严格，1984年7月31日工程师下达开工令后，1984年10月15日就正式开工，从下达开工令到正式开工仅用了两个半月时间。隧洞开挖仅用了两年半时间，于1987年10月便全线贯通，比计划提前了5个月，1988年7月引水工程全部竣工，比合同工期提前了122天。实际工程造价按开标汇率计算约为标底的60%。

第四，国际招投标一般采用工程量清单计价，国外公司大多根据自己分部分项工程的单价报价。我国公司对国内工程一般根据国家和地方定额报价，所以也是造成此次投标报价过高而未能中标的原因之一。因此，这也促使工程造价管理和投标报价逐步改革以适应国际竞争惯例。

第五，催人奋起，促进改革。日本大成公司承包工程，在现场的日本人仅二三十人，雇用的400多人都是中国水电十四局的职工，中国工人不仅很快掌握了先进的施工机械，而且在中国工长的带领下，创造了直径8.8m隧洞开挖头月进尺373.5m的优异成绩，超过了日本大成公司历史最高纪录，达到了世界先进水平。鲁布革水电站引水工程国际招标的实践激发了人们对基本建设管理体制改革的强烈愿望。人们开始认真了解和学习国外在市场经济条件下实行的项目管理的机制、规则、程序和方法。

鲁布革水电站引水工程国际招标工作从1982年7月开始，经历资格预审、投标、开标，历时17个月。这是我国第一例面向国际发出的施工招标项目，既是建筑业改革的开始，也是招投标制度的先驱。

思考：(1) 该项目的标底价格、中标价格分别是多少？

(2) 该项目招标主要经历了哪些工作程序？

(3) 试分析我国两家企业未能中标的原因。

2.1 概述

2.1.1 工程建设项目招投标的概念、目的和特点

1. 工程建设项目招投标的概念

工程建设项目招投标，是在市场经济条件下，国内外的工程承包市场上为买卖特殊商品而进行的由一系列特定环节组成的特殊交易活动。

上述概念中的“特殊商品”是指建设工程，既包括建设工程实施又包括建设工程实体形成过程中的建设工程技术咨询活动。

“特殊交易活动”的特殊性表现在两个方面：一是欲买卖的商品是未来的，并且还未开价；二是这种买卖活动是由一系列特定环节组成的，即招标、投标、开标、评标、定标

及签约和履约等环节。

2. 工程建设项目招投标的目的

将工程项目建设任务委托纳入市场管理，通过竞争择优选定项目的勘察、设计、设备安装、施工、装饰装修、材料设备供应、监理和工程总承包等单位，以达到保证工程质量、缩短建设周期、控制工程造价、提高投资效益的目的。

3. 工程建设项目招投标的特点

(1) 通过竞争机制，实行交易公开。

(2) 鼓励竞争、防止垄断、优胜劣汰，可较好地实现投资效益。

(3) 通过科学合理和规范化的监管制度与运作程序，可有效杜绝不正之风，保证交易的公平和公正。

2.1.2 工程建设项目招投标的原则

1. 公开原则

公开原则是指招投标活动应有较高的透明度，招标人应当将招标信息公布于众，以吸引投标人做出积极反应。在招标采购制度中，公开原则要贯穿于整个招投标程序中，具体表现在建设工程招投标信息公开、条件公开、程序公开和结果公开。公开原则的意义在于使每一个投标人获得同等的信息，知悉招标的一切条件和要求，避免“暗箱操作”。

2. 公平原则

公平原则要求招标人平等地对待每一个投标竞争者，使其享有同等的权利并履行相应的义务，不得对不同的投标竞争者采用不同的标准。按照这个原则，招标人不得在招标文件中要求或者标明含有倾向或排斥潜在投标人的内容，不得以不合理的条件限制或者排斥潜在投标人，不得对潜在投标人实行歧视待遇。

3. 公正原则

公正原则即程序规范、标准统一，要求所有招投标活动必须按照招标文件中的统一标准进行，做到程序合法、标准公正。根据这个原则，招标人必须按照招标文件事先确定的招标、投标、开标的程序和法定时限进行，评标委员会必须按照招标文件确定的评标标准和方法进行评审，招标文件中没有规定的标准和方法不得作为评标和中标的依据。

4. 诚实信用原则

诚实信用原则是指招投标当事人应以诚实、守信的态度行使权利，履行义务，以保护双方的利益。诚实是指真实合法，不可用歪曲或隐瞒真实情况的手段去欺骗对方。违反诚实原则的行为是无效的，且应承担由此带来的损失和损害责任。信用是指遵守承诺，履行合同，不弄虚作假，不损害他人、国家和集体的利益。如在《招标投标法实施条例》中，投标人有下列情形之一的，属于《招标投标法》第三十三条规定的以其他方式弄虚作假的行为：使用伪造、变造的许可证件；提供虚假的财务状况或者业绩；提供虚假的项目负责人或者主要技术人员简历、劳动关系证明；提供虚假的信用状况；其他弄虚作假的行为。

2.2 工程建设项目招标范围

2.2.1 法律和行政法规规定必须招标的范围

1.《招标投标法》规定的必须招标的范围

《招标投标法》第三条规定："在中华人民共和国境内进行下列工程建设项目包括项目的勘察、设计、施工、监理以及与工程建设有关的重要设备、材料等的采购，必须进行招标：（一）大型基础设施、公用事业等关系社会公共利益、公众安全的项目；（二）全部或者部分使用国有资金投资或者国家融资的项目；（三）使用国际组织或者外国政府贷款、援助资金的项目。前款所列项目的具体范围和规模标准，由国务院发展计划部门会同国务院有关部门制订，报国务院批准。法律或者国务院对必须进行招标的其他项目的范围有规定的，依照其规定。"

公开招标范围

《招标投标法》第三条所称"工程建设项目"，是指工程及与工程建设有关的货物和服务。前款所称"工程"，是指建设工程，包括建筑物和构筑物的新建、改建、扩建及其相关的装修、拆除、修缮等；所称"与工程建设有关的货物"，是指构成工程不可分割的组成部分，且为实现工程基本功能所必需的设备、材料等；所称"与工程建设有关的服务"，是指为完成工程所需的勘察、设计、监理等服务。

上述规定，分别从项目性质和资金来源对必须招标的范围进行了明确规范。

2.《必须招标的工程项目规定》规定的必须招标的范围

《必须招标的工程项目规定》（中华人民共和国国家发展和改革委员会令第 16 号）经国务院批准，于 2018 年 6 月 1 日起执行。具体内容如下。

（1）为了确定必须招标的工程项目、规范招标投标活动、提高工作效率、降低企业成本、预防腐败，根据《招标投标法》第三条的规定，制定本规定。

（2）全部或者部分使用国有资金投资或者国家融资的项目包括：

① 使用预算资金 200 万元人民币以上，并且该资金占投资额 10%以上的项目；

② 使用国有企业事业单位资金，并且该资金占控股或者主导地位的项目。

（3）使用国际组织或者外国政府贷款、援助资金的项目包括：

① 使用世界银行、亚洲开发银行等国际组织贷款、援助资金的项目；

② 使用外国政府及其机构贷款、援助资金的项目。

（4）不属于本规定第（2）条、第（3）条规定情形的大型基础设施、公用事业等关系社会公共利益、公众安全的项目，必须招标的具体范围由国务院发展改革部门会同国务院有关部门按照确有必要、严格限定的原则制订，报国务院批准。

特别提示

不属于《必须招标的工程项目规定》(中华人民共和国国家和发展改革委员会令第16号)第(2)条、第(3)条规定情形的大型基础设施、公用事业等关系社会公共利益、公众安全的项目,依照《必须招标的基础设施和公用事业项目范围规定》(发改法规规〔2018〕843号)必须招标的具体范围包括:

(1)煤炭、石油、天然气、电力、新能源等能源基础设施项目;

(2)铁路、公路、管道、水运,以及公共航空和A1级通用机场等交通运输基础设施项目;

(3)电信枢纽、通信信息网络等通信基础设施项目;

(4)防洪、灌溉、排涝、引(供)水等水利基础设施项目;

(5)城市轨道交通等城建项目。

(5)本规定第(2)条至第(4)条规定范围内的项目,其勘察、设计、施工、监理,以及与工程建设有关的重要设备、材料等的采购达到下列标准之一的,必须招标。

① 施工单项合同估算价在400万元人民币以上。

② 重要设备、材料等货物的采购,单项合同估算价在200万元人民币以上。

③ 勘察、设计、监理等服务的采购,单项合同估算价在100万元人民币以上。

同一项目中可以合并进行的勘察、设计、施工、监理,以及与工程建设有关的重要设备、材料等的采购,合同估算价合计达到前款规定标准的,必须招标。

2.2.2 可以不进行招标的范围

《招标投标法》第六十六条规定:"涉及国家安全、国家秘密、抢险救灾或者属于利用扶贫资金实行以工代赈、需要使用农民工等特殊情况,不适宜进行招标的项目,按照国家有关规定可以不进行招标。"为此,国务院有关部委在规定必须招标项目的范围和规模标准的同时,对可以不招标的情况分别做出了如下规定。

1. 可以不进行招标的项目

根据《招标投标法实施条例》第九条规定:除招标投标法第六十六条规定的可以不进行招标的特殊情况外,有下列情形之一的,可以不进行招标。

(1)需要采用不可替代的专利或者专有技术。

(2)采购人依法能够自行建设、生产或者提供。

(3)已通过招标方式选定的特许经营项目投资人依法能够自行建设、生产或者提供。

(4)需要向原中标人采购工程、货物或者服务,否则将影响施工或者功能配套要求。

(5)国家规定的其他特殊情形。

2. 可以不进行招标的建设项目

按照《工程建设项目申报材料增加招标内容和核准招标事项暂行规定》规定,依法必须进行招标且按照国家有关规定需要履行项目审批、核准手续的各类工程建设项目,属于下列情况之一的，建设项目可以不进行招标。但在报送可行性研究报告或者资金申请报告、项目申请报告中须提出不招标申请，并说明不招标原因。

（1）涉及国家安全、国家秘密、抢险救灾或者属于利用扶贫资金实行以工代赈、需要使用农民工等特殊情况，不适宜进行招标。

（2）建设项目的勘察、设计，采用不可替代的专利或者专有技术，或者其建筑艺术造型有特殊要求。

（3）承包商、供应商或者服务提供者少于三家，不能形成有效竞争。

（4）采购人依法能够自行建设、生产或者提供。

（5）已通过招标方式选定的特许经营项目投资人依法能够自行建设、生产或者提供。

（6）需要向原中标人采购工程、货物或者服务，否则将影响施工或者配套要求。

（7）国家规定的其他特殊情形。

3. 可以不进行招标的施工项目

按《工程建设项目施工招标投标办法》的相关规定，依法必须进行施工招标的工程建设项目有下列情形之一的，可以不进行施工招标。

（1）涉及国家安全、国家秘密、抢险救灾或者属于利用扶贫资金实行以工代赈、需要使用农民工等特殊情况，不适宜进行招标。

（2）施工主要技术采用不可替代的专利或者专有技术。

（3）已通过招标方式选定的特许经营项目投资人依法能够自行建设。

（4）采购人依法能够自行建设。

（5）在建工程追加的附属小型工程或者主体加层工程，原中标人仍具备承包能力，并且其他人承担将影响施工或者功能配套要求。

（6）国家规定的其他情形。

2.2.3 违反法律和行政法规规定规避招标应承担的法律责任

违反我国《招标投标法》相关规定，必须进行招标的项目而不招标的，将必须进行招标的项目化整为零或者以其他任何方式规避招标的，责令限期改正，可以处项目合同金额千分之五以上千分之十以下的罚款；对全部或者部分使用国有资金的项目，可以暂停项目执行或者暂停资金拨付；对单位直接负责的主管人员和其他直接责任人员依法给予处分。

2.3 工程建设项目招标的主要类别和形式

2.3.1 工程建设项目招标的主要类别

工程建设项目招标可以依据不同的分类标准分成不同类别，招标的几种基本分类如

图 2.1所示。

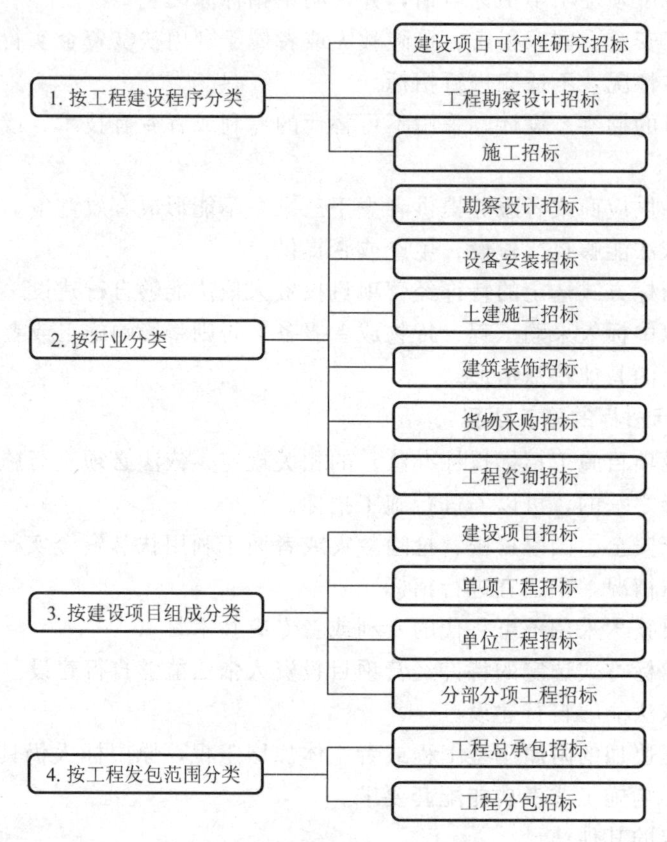

图 2.1 招标的几种基本分类

2.3.2 工程建设项目招标的主要形式

目前国内外市场上使用的工程建设项目招标形式主要有公开招标、邀请招标和议标几种。

1. 公开招标

公开招标是指招标人通过报纸、期刊、广播、电视、网络或其他媒介，公开发布招标公告，招揽不特定的法人或其他组织参加投标的招标方式。公开招标形式一般对投标人的数量不做限制，故也被称为“无限竞争性招标”。

国内依法必须进行公开招标的项目，依据我国《招标投标法》相关规定，应当通过国家指定的报纸、信息网络或者其他媒介发布。依法必须招标项目的招标公告应当在中国招标投标公共服务平台或者项目所在地省级电子招标投标公共服务平台（以下统一简称发布媒介）发布。省级电子招标投标公共服务平台应当与中国招标投标公共服务平台对接，按规定同步交互招标公告和公示信息。对依法必须招标项目的招标公告，发布媒介应当与相应的公共资源交易平台实现信息共享。发布媒介应当免费提供依法必须招标项目的招标公告发布服务，并允许社会公众和市场主体免费、及时查阅前述招标公告和公示的完整信息。依法必须招标项目的招标公告和公示信息除在发布媒介发布外，招标人或其招标代理机构也可以同步在其他媒介公开，并确保内容一致。其他媒介可以依法全文转载依法必须招标项目的招标公告和公示信息，但不得改变其内容，同时必须注明信息来源。任何单位和个人不得违法指定或者限制招标公告的发布和发布范围。对非法干预招标公告发布活动的，依法追究领导和直接责任人的责任。在指定媒介发布必须招标项目的招标公告，不得收取费用。

招标公告应当载明招标人的名称和地址，招标项目的性质、数量、实施地点和时间，获取招标文件的办法及招标人的能力要求等事项。

2. 邀请招标

邀请招标是指招标人以投标邀请书的方式直接邀请特定的法人或者其他组织参加投标的招标方式。由于投标人的数量是由招标人确定的，所以又被称为“有限竞争招标”。被邀请的投标人通常考虑以下几个因素。

（1）该单位有与该项目相应的资质，并且有足够的力量承担招标工程的任务。

（2）该单位近期内成功地承包过与招标工程类似的项目，有较丰富的经验。

（3）该单位的技术装备、劳动者素质、管理水平等均符合招标工程的要求。

（4）该单位当前和过去财务状况良好。

（5）该单位有较好的信誉。

总之，被邀请的投标人必须在资金、能力、信誉等方面都能胜任该招标工程。

《招标投标法》第十一条规定：国务院发展计划部门确定的国家重点项目和省、自治区、直辖市人民政府确定的地方重点项目不适宜公开招标的，经国务院发展计划部门或者省、自治区、直辖市人民政府批准，可以进行邀请招标。这条规定表明：重点项目都应当公开招标；不适宜公开招标的，经批准也可以采用邀请招标。为此国家有关部门根据项目的特点对邀请招标的条件和审批做出了具体规定。

《招标投标法实施条例》第八条规定：国有资金占控股或者主导地位的依法必须进行招标的项目，应当公开招标；但有下列情形之一的，可以邀请招标。

（1）技术复杂、有特殊要求或者受自然环境限制，只有少量潜在投标人可供选择；

（2）采用公开招标方式的费用占项目合同金额的比例过大。

有前款第二项所列情形，属于本条例第七条规定的项目，由项目审批、核准部门在审批、核准项目时做出认定；其他项目由招标人申请有关行政监督部门做出认定。

3. 议标

议标的渊源

《招标投标法》明确规定，招标方式分为公开招标和邀请招标。但由于工程项目的实际特点，在工程项目发包过程中，还常常运用议标的形式。

议标，是指招标人直接选定工程承包人，通过谈判，达成一致意见后直接签约。由于工程承包人在谈判之前一般就明确，不存在投标竞争对手，因此，也被称为“非竞争性招标”。

由于议标没有体现出招投标的“竞争性”这一本质特征，其实质是一种谈判。因此，在《招标投标法》中，没有将议标作为招标方式，并且规定了议标的适用范围和

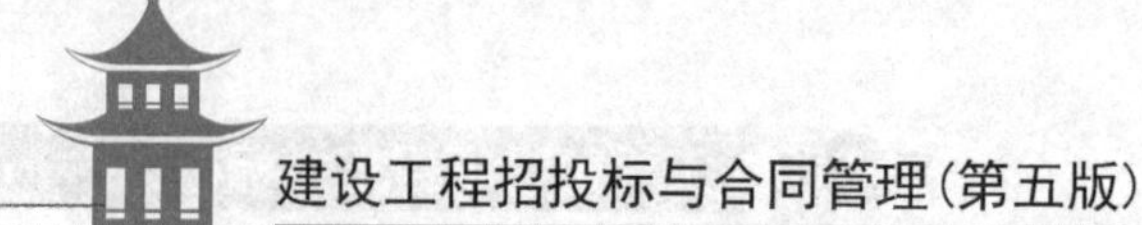

程序。

对不宜公开招标和邀请招标的特殊工程，应报主管机构，经批准后才可议标。参加议标的单位一般不得少于两家。议标也必须经过报价、比较和评定阶段，业主通常采用多家议标、“货比三家”的原则，择优确定中标单位。

特别提示

根据国际惯例和我国现行法律法规，议标的招标方式通常限定在紧急工程、有保密性要求的工程、价格很低的小型工程、零星的维修工程和潜在投标人很少的特殊工程中采用。

能力拓展

【案例概况】

某学校自筹资金进行教学楼施工，该工程由A建筑公司建设。为进一步发挥该教学楼功能，该高校在距离工程竣工3个月时，拟在教学楼东侧加建一幢二层小楼，建筑面积205m^2，将教学楼的一些配套设施移至该二层小楼内。该附属工程已经得到计划、规划、建设等管理部门的批准，设计单位也已经按照消防的要求完成了该附属工程的设计工作，资金能够满足工程发包的需要。

【问题】

(1)《招标投标法》中规定的招标方式有哪几种？请分别说明适用的情形。该附属工程是否具备进行施工招标的条件？为什么？

(2) 该附属工程是否可以不招标而直接发包？为什么？

(3) 如该附属工程采用招标方式确定施工单位，应注意哪些问题？

2.4 工程建设项目招标组织形式

工程建设项目招标组织形式分为自行招标和委托招标。招标人具备自行招标的能力，按规定向主管部门备案同意后，可以自行组织招标；依法必须招标的项目经批准后，招标人根据项目的实际情况需要和自身条件，也可以自主选择招标代理机构进行委托招标。

2.4.1 自行招标

招标人自行办理招标事宜，应当具有编制招标文件和组织评标的能力，具体包括以下条件。

（1）属于法人或依法成立的其他组织。

（2）提出招标项目、进行招标。

（3）具有与招标工作相适应的经济、技术管理人员。

（4）具有编制招标文件的能力。

（5）具有组织开标、评标的能力。

具有编制招标文件和组织评标的能力是指招标单位具有与招标项目规模和复杂程度相适应的技术、经济等方面的专业人员。

2.4.2 委托招标

1. 招标代理机构的性质

招标代理机构属于中介机构。中介机构是指受当事人委托，向当事人提供有偿服务，以代理人的身份，为委托方（即被代理人）与第三方进行某种经济行为的社会组织，如咨询监理公司、会计师事务所、资产评估公司都属于中介机构。

代理的主要类型

2. 招标代理的特征

招标代理有以下几个特征。

（1）代理人必须以被代理人的名义办理招标事务。

（2）招标代理人应具有独立意思表示的职能，应独立开展工作，这样才能使招投标正常进行。因为招标代理人是以其专业知识和经验为被代理人提供高智能的服务，不具有独立意思表示的行为或不以他人名义进行的行为，如代人保管物品、举证、抵押权人依法处理抵押物等都不是代理行为。

（3）招标代理机构的行为必须符合代理委托授权范围。根据《民法典》第一百七十一条规定：行为人没有代理权、超越代理权或者代理权终止后，仍然实施代理行为，未经被代理人追认的，对被代理人不发生效力。相对人可以催告被代理人自收到通知之日起30日内予以追认。被代理人未做表示的，视为拒绝追认。相对人知道或者应当知道行为人无权代理的，相对人和行为人按照各自的过错承担责任。

（4）招标代理机构的行为的法律效果由被代理人承担。

（5）招标代理是一种自愿行为。招标人有权自行选择招标代理机构，委托其办理招标事宜。任何单位和个人不得以任何方式为招标人指定招标代理机构。

3. 对工程招标代理机构的管理

为深入推进工程建设领域“放管服”改革，住房和城乡建设部于2018年3月22日取消了对于工程建设项目招标代理机构的资格认定，改为加强工程建设项目招标代理机构事中事后监管，规范工程招标代理行为，维护建筑市场秩序，促进招投标活动有序开展，不断完善工作机制，创新监管手段，加强工程建设项目招投标活动监管。

（1）建立信息报送和公开制度。招标代理机构可按照自愿原则向工商注册所在地省级建筑市场监管一体化工作平台报送基本信息。信息内容包括：营业执照相关信息、注册执业人员、具有工程建设类职称的专职人员、近3年代表性业绩、联系方式。上述信息统一在住房和城乡建设部的全国建筑市场监管公共服务平台（简称公共服务平台）对外公开，供招标人根据工程项目实际情况选择参考。

(2) 规范工程招标代理行为。招标代理机构应当与招标人签订工程招标代理书面委托合同,并在合同约定的范围内依法开展工程招标代理活动。招标代理机构及其从业人员应当严格按照《招标投标法》和《招标投标法实施条例》等相关法律法规开展工程招标代理活动,并对工程招标代理业务承担相应责任。

(3) 强化工程招投标活动监管。各级建设主管部门要加大房屋建筑和市政基础设施招投标活动监管力度,推进电子招投标,加强招标代理机构行为监管,严格依法查处招标代理机构违法违规行为,及时归集相关处罚信息并向社会公开,切实维护建筑市场秩序。

(4) 加强信用体系建设。加快推进省级建筑市场监管一体化工作平台建设,规范招标代理机构信用信息采集、报送机制,加大信息公开力度,强化信用信息应用,推进部门之间信用信息共享共用。加快建立失信联合惩戒机制,强化信用对招标代理机构的约束作用,构建"一处失信,处处受制"的市场环境。

(5) 加大投诉举报查处力度。各级建设主管部门要建立健全公平、高效的投诉举报处理机制,严格按照《工程建设项目招标投标活动投诉处理办法》,及时受理并依法处理房屋建筑和市政基础设施领域的招投标投诉举报,保护招投标活动当事人的合法权益,维护招投标活动的正常市场秩序。

(6) 推进行业自律。充分发挥行业协会对促进工程建设项目招标代理行业规范发展的重要作用。支持行业协会研究制定从业机构和从业人员行为规范,发布行业自律公约,加强对招标代理机构和从业人员行为的约束和管理。鼓励行业协会开展招标代理机构资信评价和从业人员培训工作,提升招标代理服务能力。

能力拓展

《招标代理服务规范》(GB/T 38357—2019)

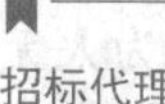

招标代理常规服务阶段与服务内容

《招标代理服务规范》(GB/T 38357—2019)规定了招标代理服务的基本要求、服务阶段与内容、服务提供、服务评价与改进。该规范适用于招标代理机构开展工程、货物、服务等各类项目招标代理服务,也可用于外部组织对招标代理服务的评价或认证。该规范对于提升招标代理行业的整体服务质量、管理水平和社会信誉度,引导招标代理机构从简单的、事务性跑程序公司,转变为注重技术储备,提供优质、高效、精细化、多维度服务的知识密集型企业,具有重要作用。

招标代理费的计算

发改价格〔2015〕299号文

招标代理费是指招标代理机构接受委托,提供代理工程、货物、服务招标,编制招标文件,审查投标人资格,组织投标人踏勘现场并答疑,组织开标、评标、定标,以及提供招标前期咨询、协调合同的签订等服务收取的费用。

根据发改价格〔2015〕299号文件提出"全面放开以下实行政府指导价

管理的建设项目专业服务价格，实行市场调节价”，据此各地方参照原计价格〔2002〕1980号文件招标代理服务收费采用差额定率累进计费方式出台的地方性文件，招标代理费一般仍采用差额定率累进计费方式。下面以该文件收费标准（表2-3）为例说明差额定率累进计费方式。

表2-3 招标代理服务收费标准

中标金额/万元	服务费率		
	货物招标	服务招标	工程招标
100以下	1.50%	1.50%	1.00%
100～500	1.10%	0.80%	0.70%
500～1000	0.80%	0.45%	0.55%
1000～5000	0.50%	0.25%	0.35%
5000～10000	0.25%	0.10%	0.20%
10000～100000	0.05%	0.05%	0.05%
100000以上	0.01%	0.01%	0.01%

例：某工程招标代理业务中标金额为6000万元，招标代理服务收费额计算如下。

100×1.00%＝1（万元）

(500－100)×0.70%＝2.8（万元）

(1000－500)×0.55%＝2.75（万元）

(5000－1000)×0.35%＝14（万元）

(6000－5000)×0.20%＝2（万元）

合计收费＝1＋2.8＋2.75＋14＋2＝22.55（万元）

2.5 工程建设项目招标程序

我国《招标投标法》中规定的工程建设项目招标工作包括招标、投标、开标、评标和中标几大步骤。工程建设项目招标是由一系列前后衔接、层次明确的工作步骤构成的。

操纵招投标共同受贿案警示录

2.5.1 工程建设项目招标应具备的条件

(1) 按照国家有关规定需要履行项目审批手续的，已经履行审批手续。

（2）工程资金或者资金来源已经落实。

（3）施工招标的，有满足招标需要的设计图纸及其他技术资料。

（4）法律、法规、规章规定的其他条件。

具备上述条件，招标人进行招标时，应向当地工程招投标管理办公室提供立项批准文件、规划许可证、施工许可申请表，方能进入招标程序、办理各项备案事宜。

2.5.2 招标前的准备工作

招标前的准备工作由招标人独立完成，主要工作包括下列几个方面。

1. 确定招标范围

按照工程发包的范围，工程建设项目招标可以分为：整个建设过程各个阶段全部工作的招标，称为工程总承包招标或全过程总体招标；某个阶段的招标；某个阶段中某一专项的招标。

招标人对招标项目划分标段的，应当遵守《招标投标法》的有关规定，不得利用划分标段限制或者排斥潜在投标人。依法必须进行招标的项目的招标人不得利用划分标段规避招标。

2. 工程建设项目报建

国务院办公厅关于全面开展工程建设项目审批制度改革的实施意见

工程建设项目报建是指工程建设项目由建设单位或其代理机构在工程项目可行性研究报告或其他立项文件被批准后，须向当地建设行政主管部门或其授权机构进行报建，交验工程项目立项的批准文件包括银行出具的资信证明及批准的建设用地等有关文件的行为。报建部门有建设行政主管部门、规划部门、发改委、人防部门等。

3. 建设单位自行招标资格的审查

根据我国《招标投标法》及有关部门规章的规定，建设单位自行招标应具备以下条件。

（1）属于法人或依法成立的其他组织。

（2）提出招标项目、进行招标。

（3）具有与招标工作相适应的经济、技术管理人员。

（4）具有编制招标文件的能力。

（5）具有组织开标、评标的能力。

依法必须进行招标的项目，招标人自行办理招标事宜的，应当向有关行政监督部门备案。不具备以上条件的，须委托有资格的招标代理机构办理招标。任何单位和个人不得以任何方式为招标人指定招标代理机构，也不得强制招标人委托招标代理机构办理招标事宜。

4. 选择招标方式

招标人应按照我国《招标投标法》、其他相关法律法规的规定及建设项目特点确定招标方式。

5. 编制招标用文件

编制依法必须进行招标项目的资格预审文件和招标文件时，应当使用国务院发展改革部门会同有关行政监督部门制定的标准文本。具体内容见本书第 3 章相关部分内容。

招标人编制的资格预审文件和招标文件的内容违反法律、行政法规的强制性规定，违反公开、公平、公正和诚实信用原则，影响资格预审结果或者潜在投标人投标的，依法必须进行招标的项目的招标人应当在修改资格预审文件或者招标文件后重新招标。

特别提示

按照国家有关规定需要履行项目审批、核准手续的依法必须进行招标的项目，其招标范围、招标方式、招标组织形式应当报项目审批、核准部门审批、核准。

2.5.3 招标与投标阶段的主要工作

1. 发布招标公告（资格预审公告）或投标邀请书

招标备案后可根据招标方式发布招标公告或投标邀请书。招标人采用资格预审的办法对潜在投标人进行资格审查的，应当发布资格预审公告。招标公告的作用在于使潜在投标人获得招标信息，以便进行项目筛选，确定是否参与竞争。实行邀请招标的工程项目，招标人应当向三个以上具备承担招标项目能力、资信良好的特定法人或其他组织发出投标邀请书。

2. 资格预审文件的发售、递交、澄清或者修改

（1）资格预审文件的发售。

招标人应当按照资格预审公告规定的时间、地点发售资格预审文件。资格预审文件发售期不得少于 5 日。招标人发售资格预审文件的费用应当限于补偿印刷、邮寄的成本支出，不得以营利为目的。

（2）资格预审文件的递交。

招标人应当合理确定提交资格预审申请文件的时间。依法必须进行招标的项目提交资格预审申请文件的时间，自资格预审文件停止发售之日起不得少于 5 日。

（3）资格预审文件的澄清或者修改。

招标人可以对已发出的资格预审文件进行必要的澄清或者修改。澄清或者修改的内容可能影响资格预审申请文件编制的，招标人应当在提交资格预审申请文件截止时间至少 3 日前，以书面形式通知所有获取资格预审文件的潜在投标人；不足 3 日的，招标人应当顺延提交资格预审申请文件的截止时间。

潜在投标人或者其他利害关系人对资格预审文件有异议的，应当在提交资格预审申请文件截止时间 2 日前提出。招标人应当自收到异议之日起 3 日内做出答复；做出答复前，应当暂停招投标活动。

3. 资格审查

（1）资格预审。资格预审应当按照资格预审文件载明的标准和方法进行。国有资金占控股或者主导地位的依法必须进行招标的项目，招标人应当组建资格审查委员会审查资格预审申请文件。资格审查委员会及其成员应当遵守有关评标委员会及其成员的规定。具体评审方法见本书第3.2节的内容。

(2)发放合格通知书。资格预审结束后，招标人应当及时向资格预审申请人发出资格预审结果通知书。未通过资格预审的申请人不具有投标资格。通过资格预审的申请人少于3个的，应当重新招标。

特别提示

招标人可以根据招标项目本身的特点和需要，对潜在投标人进行资格预审，也可以在评标时采用资格后审的办法对投标人进行资格后审。

4. 发售招标文件

依照《招标投标法》相关内容，招标人应当按照招标公告规定的时间、地点发售招标文件，发售期不得少于5日。招标人向合格投标人发放招标文件，招标人对于发出的招标文件可以酌收工本费。其中的设计文件，招标人可以酌收押金。对于开标后将设计文件退还的，招标人应当退还押金。

依法必须进行招标的项目，自招标文件开始发出之日起至投标人提交投标文件截止之日止，最短不得少于20日。

5. 踏勘现场、投标预备会

(1)踏勘现场。

招标人可以在投标须知规定的时间内组织投标人自费进行现场考察。设置此程序的目的，一方面是使投标人了解工程项目的现场条件、自然条件、施工条件及周围环境条件，以便编制投标文件；另一方面也是要求投标人通过自已实地考察确定投标策略，避免在履行合同过程中投标人以不了解现场情况为由推卸应承担的责任。

投标人在踏勘现场中如有疑问，应在投标预备会前以书面形式向招标人提出，以便招标人对投标人的疑问予以解答。投标人在踏勘现场中的疑问，招标人可以以书面形式答复，也可以在投标预备会上答复。

招标人不得组织单个或者部分潜在投标人踏勘项目现场。

(2)投标预备会。

招标人可以在招标文件中规定的时间和地点召开投标预备会(也称标前会议或者答疑会)。投标预备会由招标人组织并主持召开，目的在于解答投标人提出的关于招标文件和踏勘现场的疑问。投标预备会结束后，由招标人以书面形式将所有问题及问题的解答向获得招标文件的投标人发放。会议记录作为招标文件的组成部分，内容若有与已发放的招标文件不一致之处，以会议记录的解答为准。问题及解答纪要须同时向建设行政主管部门备案。

6. 招标文件的澄清或者修改

投标人收到招标文件、图纸和有关资料后，若有疑问或者不清楚的问题需要解答、解释的，应当在招标文件中规定的时间内以书面形式向招标人提出，招标人应以书面形式或在投标预备会上予以解答。

招标人对招标文件所做的任何澄清或者修改，须报建设行政主管部门备案，但实施电子招投标的项目除外。投标人收到招标文件的澄清或者修改内容后应以书面形式予以确认。招标人应当在投标截至时间至少 15 日前，以书面形式通知所有获取招标文件的潜在投标人，不足 15 日的，招标人应当顺延提交投标文件的截止时间。潜在投标人或者其他利害关系人对招标文件有异议的，应当在投标截止日期 10 日前提出。招标人应当自收到异议之日起 3 日内做出答复；做出答复前，应当暂停招投标活动。

招标文件的澄清或者修改内容作为招标文件的组成部分，对招标人和投标人起约束作用。

7. 投标文件的编制

(1) 编制投标文件的准备工作。

① 投标人领取招标文件、图纸和有关技术资料后，应仔细阅读研究上述文件。对于疑问或不解的问题，可以以书面形式向招标人提出。

② 为编制好投标文件且选择恰当的报价策略，收集现行各类市场价格信息、取费依据和标准。

③ 踏勘现场，掌握建设项目的地理环境和现场情况。

(2) 投标文件的编制。

① 根据招标文件的要求编制投标文件，并按照招标文件的要求办理投标担保事宜。

② 编制完成投标文件后，应仔细整理、核对投标文件。

③ 投标文件需经投标人的法定代表人签字并加盖单位公章，并按招标文件规定的要求密封、标志。

8. 投标文件的递交与接收

(1) 投标文件的递交。

投标人应在招标文件要求提交投标文件的截止时间前，将投标文件送达投标地点。

投标人在递交投标文件以后，在规定的投标截止时间之前，可以以书面形式补充、修改或撤回已提交的投标文件，并通知招标人。补充、修改的内容为投标文件的组成部分。但在投标截止时间以后，不能更改或撤回投标文件。

投标截止期满后，投标人少于 3 个的，招标人将依法重新招标。

(2) 投标文件的接收。

在投标文件递交时招标人应做好投标文件签收。未通过资格预审的申请人提交的投标文件，以及逾期送达或者不按照招标文件要求密封的投标文件，招标人应当拒收。招标人应当如实记载投标文件的送达时间和密封情况，并存档备查。

9. 抽取评标专家

在开标前，招标人应在相应的专家库中抽取评标专家，组建评标委员会。

2.5.4 决标成交阶段的主要工作

决标成交阶段的工作主要包括开标、评标和定标，具体内容将在本书第 5 章详细讲解。

1. 开标

开标时间应当在招标文件确定提交投标文件截止时间的同一时间公开进行；开标地点应当为招标文件中预先确定的地点。投标人少于3个的，不得开标；招标人应当重新招标。投标人对开标有异议的，应当在开标现场提出，招标人应当当场做出答复，并制作记录。

2. 评标

评标委员会依据评标原则及招标文件中的评标方法对各投标单位递交的投标文件进行综合评价，评标完成后，评标委员会应当向招标人提交书面评标报告和中标候选人名单。中标候选人应当不超过3个，并标明排序。招标人也可以授权评标委员会直接确定中标人。

3. 定标

依法必须进行招标的项目，招标人应当自收到评标报告之日起3日内公示中标候选人，公示期不得少于3日。依法必须进行招标的项目，招标人应当自确定中标人之日起15日内，向有关行政监督部门提交招投标情况的书面报告。

中标人确定后，招标人应当向中标人发出中标通知书，并同时将中标结果通知所有未中标的投标人。投标人或者其他利害关系人对依法必须进行招标的项目的评标结果有异议的，应当在中标候选人公示期间提出。招标人应当自收到异议之日起3日内做出答复；做出答复前，应当暂停招投标活动。

国有资金占控股或者主导地位的依法必须进行招标的项目，招标人应当确定排名第一的中标候选人为中标人。排名第一的中标候选人放弃中标、因不可抗力因素不能履行合同、不按照招标文件要求提交履约保证金，或者被查实存在影响中标结果的违法行为等情形，不符合中标条件的，招标人可以按照评标委员会提出的中标候选人名单排序依次确定其他中标候选人为中标人，也可以重新招标。

4. 签订合同

招标人和中标人应当在发出中标通知书30日内签订书面合同，合同的标的、价款、质量、履行期限等主要条款应当与招标文件和中标人的投标文件的内容一致。招标人和中标人不得再行订立背离合同实质性内容的其他协议。

5. 退还投标保证金

招标人与中标人签订合同后5日内，应当向中标人和未中标的投标人退还投标保证金及银行同期存款利息。

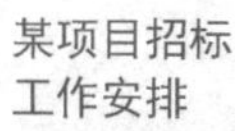

2.5.5 公开招标程序

公开招标主要适用于较大型且工艺和结构复杂的建设项目，它的主要程序如图2.2所示。

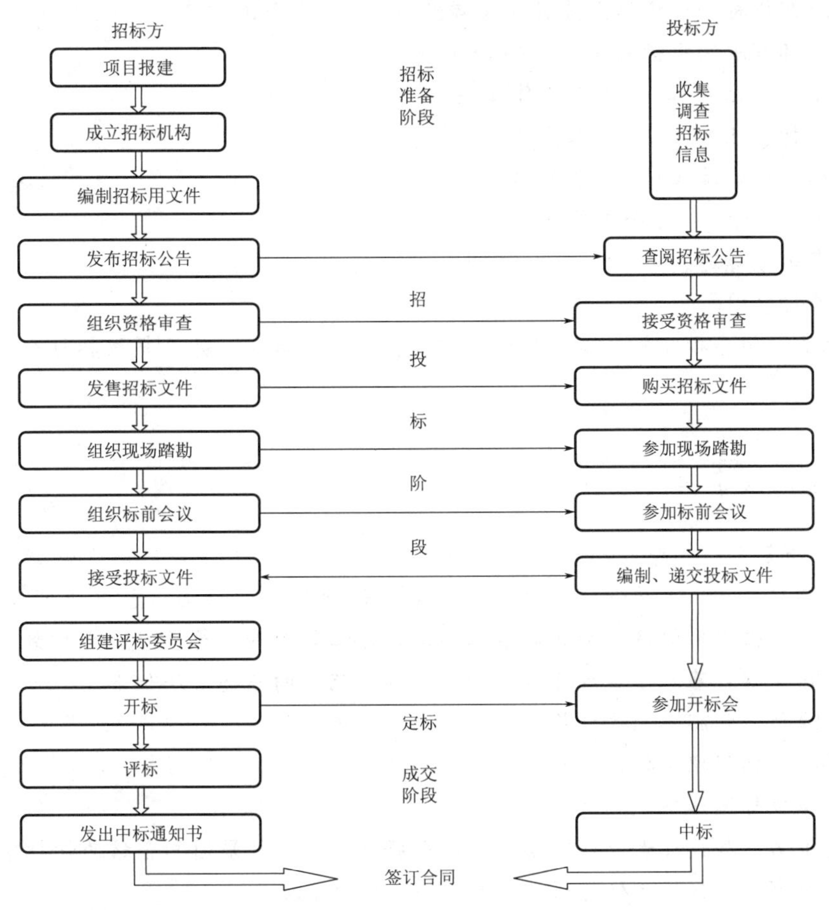

图 2.2　公开招标的主要程序

招标进度计划

某工程项目招标，招标人依据项目实际情况，确定了招标各项工作的内容及时间安排。

(1) 确定招标方案及计划——3个工作日。

(2) 协商并签订招标代理协议——3个工作日。

(3) 编制资格预审文件——3个工作日。

(4) 发布资格预审公告，出售资格预审文件——5个工作日。

(5) 潜在投标人编制资格预审文件——5个工作日。

(6) 接受资格预审申请文件并组织资格审查——2个工作日。

(7) 提供施工图纸及有关技术资料——签订协议后3个工作日内。

(8) 编制招标文件——接到图纸后5个工作日。

(9) 编制工程标底——10个工作日。

(10) 发出资格预审合格通知书，发售招标文件——5个工作日。

(11) 组织投标人现场踏勘并召开投标预备会——1个工作日。

(12) 投标人编制投标文件——20个工作日。

(13) 抽取评标专家——1个工作日。

(14) 开标、评标——2个工作日。

(15) 确认评标结果——2个工作日。

(16) 中标公示——3个工作日。

(17) 发出中标通知书——1个工作日。

(18) 签订合同——4个工作日。

根据上述时间安排分析本项目招标工作流程的关键路径，并计算该招标全过程所需总时间。

综合应用案例

【案例概况】

某建设单位经相关主管部门批准，组织某建设项目全过程总承包（即EPC模式）的公开招标工作。根据实际情况和建设单位要求，该工程工期定为两年，考虑到各种因素的影响，决定该工程在基本方案确定后即开始招标，确定的招标程序如下。

(1) 成立该工程招标领导机构。

(2) 委托招标代理机构代理招标。

(3) 发出投标邀请书。

(4) 对报名参加投标者进行资格预审，并将资格预审结果通知合格的投标申请人。

(5) 向所有获得投标资格的投标人发售招标文件。

(6) 召开投标预备会。

(7) 招标文件的澄清或者修改。

(8) 建立评标组织，制定标底和评标、定标办法。

(9) 召开开标会议，审查投标书。

(10) 组织评标。

(11) 与合格的投标者进行质疑澄清。

(12) 确定中标单位，并予以公示。

(13) 发出中标通知书。

(14) 建设单位与中标单位签订承发包合同。

【问题】

指出上述招标程序中的不妥和不完善之处。

【案例评析】

该项目招标程序中存在如下问题。

(1) 第(3)条发出投标邀请书不妥，应为发布（或刊登）招标公告（或通告）。

(2) 第(4)条将资格预审结果仅通知合格的投标申请人不妥，资格预审的结果应通知所有投标人。

(3) 第(8)条制定标底和评标、定标办法不妥，制定标底和评标、定标办法不是由评标组织确定的。如果是有标底招标，那么招标人应在开标前确定标底并按部门审核，而评标、定标办法应在招标文件中有明确的说明。

本章小结

在建筑市场运行过程中，我国招投标制度已纳入全面法制化轨道，全面保障了承发包双方的利益，保证了竞争的公开、公平、公正。《招标投标法》及相关法律体系明确规定了招标项目的范围，并明确提出招标方式包括公开招标和邀请招标。招标工作由招标准备、招投标、开标、评标和定标等一系列衔接紧密的步骤构成。从事招投标具体工作时，必须以国家相关法律、法规及规章制度等为准绳。

习　题

一、单选题

1. 公开招标也称无限竞争性招标，是指招标人以（　　）的方式邀请不特定的法人或者其他组织投标。

A. 投标邀请书　　B. 合同谈判　　C. 行政命令　　D. 招标公告

2. 在依法必须进行招标的工程范围内，对于重要设备、材料等货物的采购，其单项合同估算价在（　　）万元人民币以上的，必须进行招标。

A. 50　　B. 100　　C. 150　　D. 200

3. 必须进行招标而不招标的项目，将必须进行招标的项目化整为零或者以其他任何方式规避招标的，责令限期改正，可以处项目合同金额（　　）的罚款。

A. 0.3%以上0.5%以下　　B. 1%以上1.5%以下

C. 0.5%以上1%以下　　D. 1.5%以上2%以下

4. 按照相关规定，招标人和中标人应在（　　），双方签订合同。

A. 评标后5日内　　B. 发出中标通知书30日内

C. 无具体规定　　D. 发出中标通知书30个工作日内

5.《工程建设项目招标范围和规模标准规定》中规定勘察、设计、监理等服务的采购，单项合同估算价在（　　）万元人民币以上的，必须进行招标。

A. 20　　B. 100　　C. 150　　D. 50

6. 招标文件、图纸和有关技术资料发放给通过资格预审获得投标资格的投标单位。投标单位应当认真核对，核对无误后以（　　）形式予以确认。

A. 会议　　B. 电话　　C. 口头　　D. 书面

7. 一项工程采用邀请招标时，参加投标的单位不得少于（　　）家。

A. 2　　B. 3　　C. 4　　D. 7

8. 招标代理机构的性质为（　　）。

A. 负责监督管理招标代理的咨询机构

B. 从事招标代理业务并提供相关服务的中介组织

C. 负责招标代理业务的机关法人

D. 招标代理行业自律的民间组织

9. 应当招标的工程建设项目在（　　）后，已满足招标条件的，均应成立招标组织，组织招标，办理招标事宜。

A. 进行可行性研究　　B. 办理报建登记手续

C. 选择招标代理机构　　D. 发布招标信息

10. 我国《招标投标法》规定："依法必须进行招标的项目，招标人自行办理招标事宜的，应当向有关行政监督部门（　　）。"

A. 申请　　B. 备案　　C. 通报　　D. 报批

11. 根据《招标投标法》，一个完整的招投标程序必须包括的基本环节是（　　）。

A. 发布招标公告、编制招标文件、开标、评标、定标和签订合同

B. 发布招标公告、编制招标文件、澄清和答疑、投标、开标、评标和中标

C. 招标、投标、开标、评标、中标和签订合同

D. 招标、投标、开标、评标、澄清和说明、签订合同

12. 关于招标的组织形式，下列说法错误的是（　　）。

A. 工程建设项目自行招标的，应当依法取得招标代理资格

B. 招标人符合自行招标条件的，也可采用委托招标

C. 工程建设项目招标人具有编制招标文件和组织评标能力的，可以自行办理招标事宜

D. 如自行组织招标应向主管部门备案同意后才可以进行

13. 应当招标的工程建设项目，根据招标人是否具有（　　），可以将组织招标分为自行招标和委托招标两种情况。

A. 招标资质　　B. 招标许可

C. 招标的条件与能力　　D. 评标专家

14. 根据我国《招标投标法》的规定，招标人需要对发出的招标文件进行澄清或者修改时，应当在招标文件要求提交投标文件的截止时间至少（　　）日前，以书面形式通知所有招标文件收受人。

A. 10　　B. 15　　C. 20　　D. 30

15. 提交投标文件的投标人少于（　　）个的，招标人应当依法重新招标。

A. 2　　B. 3　　C. 4　　D. 5

二、多选题

1. 根据我国《招标投标法》规定，招标方式分为（　　）。

A. 公开招标　　B. 协议招标　　C. 邀请招标

D. 指定招标　　E. 行业内招标

2. 下列（　　）等特殊情况，不适宜进行招标的项目，按照国家规定可以不进行招标。

A. 涉及国家安全、国家秘密项目

B. 抢险救灾项目

C. 利用扶贫资金实行以工代赈、需要使用农民工等特殊情况

D. 使用国际组织或者外国政府资金的项目

E. 生态环境保护项目

3. 招投标活动的公平原则体现在（　　）等方面。

A. 要求招标人或评标委员会严格按照规定的条件和程序办事

B. 平等地对待每一个投标竞争者

C. 不得对不同的投标竞争者采用不同的标准

D. 投标人不得假借别的企业的资质，弄虚作假来投标

E. 招标人不得以任何方式限制或者排斥本地区、本系统以外的法人或者其他组织参加投标

4. 工程建设项目招标范围包括（　　）。

A. 全部或者部分使用国有资金投资或者国家融资的项目

B. 施工单项合同估算价在100万元人民币以上的项目

C. 关系社会公共利益、公众安全的大型基础设施项目

D. 使用国际组织或者外国政府资金的项目

E. 关系社会公共利益、公众安全的大型公用事业项目

5. 可以不进行施工招标的工程项目包含（　　）。

A. 施工主要技术采用不可替代的专利或专有技术的

B. 只有少数潜在投标人可供选择的

C. 采用公开招标方式的费用占项目合同金额比例过大的

D. 涉及国家安全、国家秘密、抢险救灾或者属于利用扶贫资金实行以工代赈、需要使用农民工等特殊情况，不适宜进行招标的

E. 在建工程追加的附属小型工程或者主体加层工程，且承包人未发生变更的

6.《招标投标法》规定招标人应具备的条件为（　　）。

A. 法人　　B. 自然人　　C. 其他组织

D. 法人代表　　E. 公民

7. 下列事宜中，依法可由招标代理机构承担的包括（　　）。

A. 编写评标报告　　B. 组织开标、评标

C. 出售资格预审文件　　D. 向投标人解释评标过程

E. 发出中标通知书

8. 下列关于招标工作时间安排描述正确的有（　　）。

A. 开标应在投标文件递交截止时间后

B. 招标文件发售期时间不得少于5日

C. 自招标文件开始发出之日起至招标文件要求提交投标文件截止之日止，最短不得少于20日

D. 中标结果公示时间不得少于3日

E. 从中标通知书到双方签订合同应在30日后完成

9. 投标邀请书的内容应载明（　　）等事项。

A. 招标项目的性质、数量　　B. 招标人的名称和地址

C. 招标项目的实施地点和时间　　D. 获取招标文件的办法

E. 招标人的资质证明

10. 根据《招标投标法》的有关规定，下列建设项目中施工单项合同估算价都超过了400万元，因此，必须进行招标的有（　　）。

A. 利用世界教科文组织提供的资金新建教学楼工程

B. 某省会城市的居民用水水库工程

C. 国防工程

D. 某城市利用国债资金的垃圾处理场项目

E. 某住宅楼因资金缺乏停建后恢复建设，且承包人仍为原承包人

三、简答题

1. 我国《招标投标法》中规定哪些工程建设项目必须招标?

2. 公开招标与邀请招标相比较，各自都存在哪些优缺点?

3. 公开招标的主要工作程序包括哪些?

四、案例题

1. 某工程建设项目依法采用公开招标方式组织该项目招标工作。招标人对招标过程的时间及工作内容安排如下。

(1) 2020年8月9日—2020年8月14日发售招标文件。

(2) 2020年8月16日上午9:00组织投标预备会。

(3) 2020年8月17日下午3:00组织现场踏勘。

(4) 2020年8月20日发出招标文件的澄清与修改，修改了几个关键技术参数。

(5) 2020年8月29日下午4:00为投标人递交投标保证金截止时间。

(6) 2020年8月30日上午9:00投标截止。

(7) 2020年8月30日上午11:00开标。

(8) 2020年8月30日下午1:30—2020年8月31日下午5:30评标委员会评标。

(9) 2020年9月1日—2020年9月2日，评标结果公示。

(10) 2020年9月4日，发出中标通知书；2020年10月15日，签订合同。

问题:

逐一指出上述时间安排及程序中的不妥之处，并说明理由。

2. 某市廉租房工程项目施工招标，计划于2019年12月28日开工，由于工程复杂，技术难度高，因此业主自行决定采取邀请招标方式。业主于2019年9月8日向通过资格预审的A、B、C、D、E五家施工承包企业发出了投标邀请书。该五家企业均接受了邀请。招标文件规定，10月18日下午4时是投标截止时间。在投标截止时间之前，A、B、D三家企业提交了投标文件，但C企业于10月18日下午5时才送达，原因是中途堵车。E企业由于工作人员疏忽于10月19日才提交投标保证金。10月21日下午由当地招投标监督管理办公室主持进行了该项目的公开开标。

问题：

（1）该业主在招标过程中存在哪些问题？说明理由。

（2）C企业的投标文件是否有效？说明理由。

（3）如果以案例背景中的公开开标时间为准，请问E企业补交的投标保证金是否有效？为什么？

3. 甲工程施工项目招标，招标控制价为4000万元人民币，中标金额为3800万元人民币。乙工程项目概算额为8.4亿元人民币，其中设计咨询服务费中标金额为2000万元人民币。请按照招标代理服务收费标准（表2-3）计算上述两项招标代理费金额。

五、实训题

实训介绍：

某国有企业投资3500万元人民币，拟兴建一座新办公楼，建筑面积为9000m²，地下一层，地上六层。工程基础垫层面层标高－4.250m，檐口底标高21.280m，为全现浇框架结构。工期为365日历天。拟采用公开招标的方式确定工程施工承包人。

实训要求：

请根据上述资料设计该项目招标流程（具体开标时间由指导教师设定）。

第3章 工程建设项目施工招标具体业务

教学目标

本章介绍了工程建设项目施工招标的具体业务。通过本章的学习，学生应了解施工招标的主要工作程序和步骤及施工招标过程中的主要工作内容，掌握资格预审文件和招标文件范本的内容，并能依据范本编制相关文件，熟练掌握《招标投标法》《工程建设项目施工招标投标办法》及其他相关法律法规的相关内容，并能据此分析实际案例。

思维导图

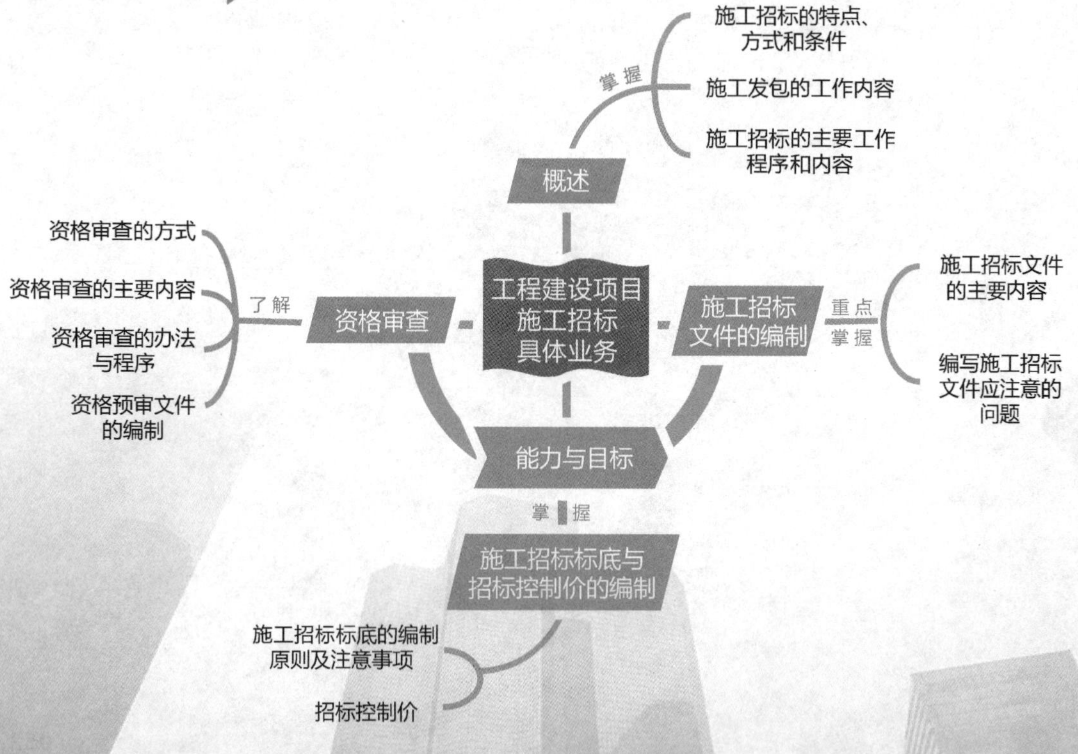

工程建设项目施工招标具体业务

- 概述（掌握）
  - 施工招标的特点、方式和条件
  - 施工发包的工作内容
  - 施工招标的主要工作程序和内容
- 资格审查（了解）
  - 资格审查的方式
  - 资格审查的主要内容
  - 资格审查的办法与程序
  - 资格预审文件的编制
- 施工招标文件的编制（重点掌握）
  - 施工招标文件的主要内容
  - 编写施工招标文件应注意的问题
- 能力与目标
  - 施工招标标底与招标控制价的编制（掌握）
    - 施工招标标底的编制原则及注意事项
    - 招标控制价

引例

某市跨江大桥工程由政府投资建设，该项目为地方重点工程，可行性研究报告已获批准，核准的施工总承包招标方式为公开招标。该项目的初步设计图样正在审查中。为使大桥能尽早投入使用，项目法人决定立即启动招标程序，先以初步设计图样为基础进行公开招标。

项目法人直接委托了一家招标公司承担该项目的招标工作。招标公司向项目法人建议如下。

(1) 由于本项目采用的技术为国际先进水平，国内具有相应施工技术能力的企业不超过5家，建议直接改用邀请招标。

(2) 由于初步设计图样深度不够，为帮助项目法人控制工程投资，建议将部分价值较大的专业工程以暂估价形式包括在总承包范围内，待条件具备时，由项目法人主持定价，直接指定分包人。

(3) 由于项目施工技术难度较高，建议评标方法采用综合评估法。

同时，该建设行政主管部门认定该项目为重点工程，项目法人不能直接委托招标代理机构，而应由其指定的该市某招标中心代理招标。

思考：(1) 本项目是否具备工程施工总承包招标条件？为什么？

(2) 招标公司的三条建议是否妥当？为什么？

(3) 项目法人直接委托招标公司是否存在问题？该市建设行政主管部门是否可以指定该市某招标中心为招标代理机构？分别说明理由。

3.1 工程建设项目施工招标概述

3.1.1 工程建设项目施工招标的特点、方式和条件

1. 工程建设项目施工招标的特点

发包的工作内容明确具体，各投标人编制的投标书在评标时易于横向对比。虽然投标人是按照招标文件的工程量表中既定的工作内容和工程量编制报价，但价格的高低并非确定中标人的唯一条件，要综合考虑各投标人在技术、经济和管理等方面的综合能力。

2. 工程建设项目施工招标的方式

国务院发展计划部门确定的国家重点建设项目和各省、自治区、直辖市人民政府确定的地方重点建设项目，以及全部使用国有资金投资或者国有资金投资占控股或者主导地位的工程建设项目，应当公开招标。依法必须进行公开招标的项目，有下列情形之一的，经批准可以进行邀请招标。

(1) 项目技术复杂或有特殊要求，或者受自然地域环境限制，只有少量潜在投标人可供选择。

(2) 涉及国家安全、国家秘密或者抢险救灾，适宜招标但不宜公开招标。

(3) 采用公开招标方式的费用占项目合同金额的比例过大。

全部使用国有资金投资或者国有资金投资占控股或者主导地位的并需要审批的工程建设项目的邀请招标，应当经项目审批部门批准，但项目审批部门只审批立项的，由有关行政监督部门批准。

3. 工程建设项目施工招标的条件

根据《工程建设项目施工招标投标办法》，依法必须招标的工程建设项目，应当具备下列条件才能进行施工招标。

(1) 招标人已经依法成立。

(2) 初步设计及概算应当履行审批手续的，已经批准。

(3) 有相应资金或资金来源已经落实。

(4) 有招标所需的设计图纸及技术资料。

3.1.2 工程建设项目施工发包的工作内容

1. 确定施工发包范围应考虑的因素

招标人对招标项目划分标段的，应当遵守《招标投标法》的有关规定，不得利用划分标段限制或者排斥潜在投标人。依法必须进行招标的项目的招标人除不得利用划分标段规避招标外，还应当考虑招标人的合同管理能力、工程项目的特点和现场条件等多种因素，具体应考虑以下几个方面。

(1) 施工内容的专业要求。

如专业要求不强，技术不复杂的中小型通用项目可采用总包的形式。大型复杂性项目，可以按专业分包，并采用不同招标方式。例如，将土建施工和设备安装分别招标，并采取不同的招标方式。土建施工可采用公开招标的形式，在较广泛的范围内选择技术水平高、管理能力强、报价合理的投标人。由于设备安装工作专业技术要求高，可采用邀请招标的方式。

(2) 施工现场条件。

划分合同标段时应考虑施工过程中不同承包商同时施工时发生的交叉干扰。基本原则是施工现场尽可能避免平面和不同高程的作业干扰，而且还应考虑各合同实施过程中在时间和空间上的衔接，避免两个合同交叉带来的工作责任推诿或扯皮，以及关键线路上的施工内容划分在不同标段时如何保证施工总进度计划目标的实现。

(3) 对工程总投资的影响。

只发一个合同包便于投标人进行合理的施工组织，并合理规划使用人工、施工机械和临时设施，减少窝工、机械的闲置等现象；但大型复杂项目的工程总承包，由于参与竞争的投标人较少，且报价中往往计入分包管理费，会导致中标的合同价较高。划分多个合同包时，各投标书的报价中都要考虑动员准备费、施工机械闲置费和施工干扰的风险费等。

(4) 招标人的状况。

全部施工内容若只作为一个合同包发包，最终招标人仅与一个中标人签订合同，施工合同关系简单，管理工作不复杂，但有能力参与竞争的投标人较少。如果招标人有相应的管理能力，也可以将全部施工内容分解成若干个单位工程或专业工程发包。这样不仅可以发挥投标人的专业特长，而且每个独立合同要比总承包合同更容易落实和控制。

(5) 其他因素的影响。

工程项目的施工是个复杂的系统工程，影响划分合同包的因素很多，如建设资金筹措到位的时间、施工图完成的计划进度和工期要求等条件。

应用案例 3-1

【案例概况】

某大型水利枢纽主体土建工程的施工，划分成拦河主坝、泄洪排沙系统和引水发电系统3个合同标段进行招标。第一个合同标段的工作内容为坝顶长1667m、坝底宽864m、坝高154m的黏土心墙堆石坝；第二个合同标段的工作内容为3条直径14.5m的孔板消能泄洪洞、1条灌溉洞、1条溢洪道和1条非常溢洪道；第三个合同标段的工作内容为6条直径为7.8m的引水发电洞、3条断面为12m×19m的尾水洞、1座尾水闸门室、1座251.5m×26.2m×61.44m的地下厂房。

【案例评析】

该合同标段的划分主要考虑了以下因素。

(1) 施工作业面分布在不同场地和不同高度，作业相对独立，不容易产生施工干扰。主体土建工程的几项工程可以同时施工，有利于节约施工时间，使项目尽早发挥效益。

(2) 合同标段考虑了施工内容的专业特点。第一个合同标段主要为露天填筑碾压工程；其他两个合同标段主要为地下工程施工，有利于承包商发挥专业优势。

(3) 合同标段划分相对较少，有利于业主和监理的协调管理、监督控制。而且每个合同标段的工作量较大，对能力较强的承包商具有吸引力，有利于投标竞争。

2. 施工招标的发承包方式

(1) 按施工招标发包工作范围分。

① 全部工程招标。即将项目建设的所有土建、安装等施工工作内容一次性发包。

② 单项工程发包。

③ 单位工程发包。

④ 特殊专业工程招标。例如，装饰工程、特殊地基处理工程、设备安装工程都可以作为单独的合同包招标。

(2) 按施工阶段的承包方式分。

① 包工包料。即承包方承包工程在施工过程中的全部劳务和全部材料供应。例如，某些小型工程由于使用的材料和设备都属于通用性的，在市场上易于采购，就可以采用这种承包方式。

② 包工部分包料。即承包方只负责提供承包工程在施工过程中的全部劳务和一部分

材料供应，其余部分材料由发包方或总承包方负责供应。某些大型复杂工程由于建筑材料用量大，尤其是某些材料有特殊材质要求，永久性工程设备大型化、技术复杂，往往采用这种承包方式。

③ 包工不包料。又称包清工，实质上就是劳务承包，承包方只提供劳务而不承担任何材料供应义务。这种承包方式一般在中小型工程中采用。

3.1.3 工程建设项目施工招标的主要工作程序和内容

(1) 工程建设项目施工招标的主要工作程序可概括为以下几个步骤，即工程建设项目报建，编制招标文件、发放招标文件，开标、评标与定标，签订合同。

(2) 工程建设项目施工招标的主要工作内容为编制招标文件、对投标人进行资格审查、确定工程建设项目标底及评标等。

能力拓展

【案例概况】

某工程项目受自然地域环境限制，招标单位研究决定拟采用公开招标的方式进行招标。该项目初步设计及概算应当履行的审批手续已经批准；资金来源尚未落实；有招标所需的设计图纸及技术资料。考虑到参加投标的施工企业来自各地，招标单位委托咨询单位编制了两个标底，分别用于对本市和外省市施工企业的评标。招标公告发布后，有10家施工企业做出响应。在资格预审阶段，招标单位对投标单位与机构的企业概况、近2年完成工程情况、目前正在履行的合同情况、资源方面的情况等进行了审查。

某投标单位收到招标文件后，分别于第5天和第10天对招标文件中的几处疑问以书面形式向招标单位提出。招标单位以提出疑问不及时为由拒绝做出说明。投标过程中，因了解到招标单位对本市和外省市的投标单位区别对待，8家投标单位退出了投标。招标单位经研究决定，招标继续进行。剩余的投标单位在招标文件要求提交投标文件的截止日前，对投标文件进行了补充、修改。招标单位拒绝接受补充、修改的部分。

【问题】

(1) 简述工程建设项目施工招标程序。

(2) 该项目施工招标程序在哪些方面不正确？应如何处理？(请逐一说明)

3.2 工程建设项目施工招标的资格审查

招标人可以根据招标项目本身的特点和需要，要求潜在投标人或者投标人提供满足其资格要求的文件，对潜在投标人或者投标人进行资格审查。

3.2.1 资格审查的方式

资格审查分为资格预审和资格后审。

(1) 资格预审是指在投标前对潜在投标人进行的资格审查。资格预审是在招标阶段对投标申请人的第一次筛选，目的是审查投标人的企业总体能力是否适合招标工程的需要。在公开招标时，招标人可以根据招标项目本身的特点和需要设置此程序。

(2) 资格后审是指在开标后对投标人进行的资格审查。进行资格预审的，一般不再进行资格后审，但招标文件另有规定的除外。资格后审适用于工期紧迫、工程较为简单的建设项目，审查的内容与资格预审基本相同。

3.2.2 资格审查的主要内容

资格审查应主要审查潜在投标人或者投标人是否符合下列条件。

(1) 具有独立订立合同的权利。

(2) 具有履行合同的能力，包括专业、技术资格和能力，资金、设备和其他物质设施状况，管理能力，经验、信誉和相应的从业人员。

(3) 没有处于被责令停业，投标资格被取消，财产被接管、冻结，破产状态。

(4) 在最近 3 年内没有骗取中标和严重违约及重大工程质量问题。

(5) 法律、行政法规规定的其他资格条件。

对于大型复杂项目，尤其是需要有专门技术、设备或经验的投标人才能完成时，则应设置更加严格的条件。如针对工程所需的特别措施或工艺专长，专业工程施工经历和资质及安全文明施工要求等内容。但标准应适当，标准过高会使合格投标人过少而影响竞争，过低则会使不具备能力的投标人获得合同而导致不能按预期目标完成建设项目。

应用案例 3-2

【案例概况】

某水电站的引水发电隧洞项目施工招标，招标项目为建造一条洞长 9400m、洞径 8m 的输水隧道。招标人资格审查的标准中要求投标人必须完成过洞长 6000m、洞径 6m 以上的有压隧洞施工经历。

【案例评析】

招标人资格审查的标准中设立的洞长和洞径小于实际招标项目，但要求具有有压隧洞施工经历。这是由该招标工程结构受力特点决定的。一般水力发电隧洞当洞内无水时均为无压隧洞，但水力发电隧洞内充水时水压力大于外部的山岩压力，隧洞衬砌部分将受拉而产生变形。此外，在施工组织、施工技术、施工经验和管理等方面也要求与招标项目在同一数量水平上。

3.2.3 资格审查的办法与程序

1. 资格审查的办法

资格审查的办法一般分为合格制和有限数量制两种。合格制即不限定资格审查合格者数量，凡通过各项资格审查设置的考核因素和标准者均可参加投标。有限数量制则预先限定通过资格预审的人数，依据资格审查标准和程序，将审查的各项指标量化，最后按得分由高到低的顺序确定通过资格预审的申请人。通过资格预审的申请人不得超过限定的数量。

2. 资格审查的程序

(1) 初步审查。初步审查是一般符合性审查。

(2) 详细审查。通过第一阶段的初步审查后，即可进入详细审查阶段。审查的重点是投标人的财务能力、技术能力和施工经验等方面。

(3) 资格预审申请文件的澄清或说明。在审查过程中，资格审查委员会可以以书面形式要求申请人对所提交的资格预审申请文件中不明确的内容进行必要的澄清或说明。申请人的澄清或说明应采用书面形式，并不得改变资格预审申请文件的实质性内容。申请人的澄清或说明内容属于资格预审申请文件的组成部分。招标人和资格审查委员会不接受申请人主动提出的澄清或说明。

特别提示

通过资格预审的申请人除应满足初步审查和详细审查的标准外，还不得存在下列任何一种情形。

(1) 不按资格审查委员会要求澄清或说明的。

(2) 在资格预审过程中弄虚作假、行贿或有其他违法违规行为的。

(3) 申请人存在下列情形之一的。

① 为招标人不具有独立法人资格的附属机构（单位）。

② 为本标段前期准备提供设计或咨询服务的，但设计施工总承包的除外。

③ 为本标段的监理人。

④ 为本标段的代建人。

⑤ 为本标段提供招标代理服务的。

⑥ 与本标段的监理人或代建人或招标代理机构同为一个法定代表人的。

⑦ 与本标段的监理人或代建人或招标代理机构相互控股或参股的。

⑧ 与本标段的监理人或代建人或招标代理机构相互任职或工作的。

⑨ 被责令停业的。

⑩ 被暂停或取消投标资格的。

⑪ 财产被接管或冻结的。

⑫ 在最近 3 年内有骗取中标或严重违约或重大工程质量问题的。

(4) 提交审查报告。按照规定的程序对资格预审申请文件完成审查后，确定通过资格预审的申请人名单，并向招标人提交书面审查报告。

通过资格预审的申请人的数量不足3个的，招标人应重新组织资格预审或不再组织资格预审而直接招标。

资格预审评审报告一般包括工程项目概述、资格预审工作简介、资格评审结果和资格评审表等附件内容。

(5) 发出资格预审结果通知书。

资格预审结束后，招标人应当及时向资格预审申请人发出资格预审结果通知书，未通过资格预审的申请人不具有投标资格。

3.2.4 资格预审文件的编制

1. 资格预审文件的编制目的

招标人利用资格预审程序可以较全面地了解投标申请人各方面的情况，并将不合格或竞争能力较差的投标申请人淘汰，以节省评标时间。一般情况下，招标人只通过资格预审文件了解投标申请人各方面的情况，不向投标申请人当面了解，所以资格预审文件的编制水平将直接影响后期招标工作。在编制资格预审文件时应结合招标项目的特点突出对投标申请人实施能力要求所关注的问题，不能遗漏任何一方面的内容。

2. 资格预审文件的内容

资格预审文件是告知投标申请人资格预审条件、标准和方法，并对投标申请人的经营资格、履约能力进行评审，确定合格投标申请人的依据。依法必须招标的工程建设项目，应按照国家发改委会同相关部门制定的《中华人民共和国标准施工招标资格预审文件(2007年版)》(简称《标准施工招标资格预审文件》)，结合招标项目的技术管理特点和需求，编制招标资格预审文件。

《标准施工招标资格预审文件》包括资格预审公告、申请人须知、资格审查办法、资格预审申请文件格式和建设项目概况五章。

第一章　资格预审公告

资格预审公告包括招标条件、项目概况与招标范围、申请人资格要求、资格预审方法、资格预审文件的获取、资格预审申请文件的递交、发布公告的媒介、联系方式等内容。

第二章　申请人须知

(1) 申请人须知前附表。申请人须知前附表编写内容及要求如下。

① 招标人及招标代理机构的名称、地址、联系人与电话。

② 工程建设项目基本情况，包括项目名称、建设地点、资金来源、出资比例、资金落实情况、招标范围、标段划分、计划工期、质量要求。

③ 申请人资质条件、能力和信誉。告知申请人必须具备的工程施工资质、近年类似业绩、财务状况、拟投入人员和设备等技术力量等资格能力要素条件，近年发生诉讼、仲裁等履约信誉情况及是否接受联合体资格预审申请等要求。

④ 时间安排。明确申请人提出澄清资格预审文件要求的截止时间，招标人澄清、修改资格预审文件的时间，申请人确认收到资格预审文件澄清和修改的时间，使申请人知悉资格预审活动的时间安排。

⑤ 申请文件的编写要求。明确申请文件的签字和盖章要求、申请文件的装订及文件份数，使申请人知悉资格预审申请文件的编写格式。

⑥ 申请文件的递交规定。明确申请文件的密封和标识要求、申请文件递交的截止时间及地点、资格审查结束后资格预审申请文件是否退还，以使投标人能够正确递交申请文件。

⑦ 简要写明资格审查采用的方法，以及资格预审结果的通知时间和确认时间。

(2) 总则。总则编写要把招标工程建设项目概况，资金来源和落实情况，招标范围、计划工期和质量要求叙述清楚，声明申请人资格要求，明确申请文件编写所用的语言文字，以及申请人准备和参加资格预审过程的费用承担。

(3) 资格预审文件。包括资格预审文件的组成、澄清及修改。

① 资格预审文件的组成。资格预审文件由资格预审公告、申请人须知、资格审查办法、资格预审申请文件格式、项目建设概况及对资格预审文件的澄清和修改构成。

② 资格预审文件的澄清。要明确申请人提出澄清的时间、澄清问题的表达形式，招标人的回复时间和回复方式，以及申请人对收到答复的确认时间及方式。

③ 资格预审文件的修改。明确招标人对资格预审文件进行修改、通知的方式及时间，以及申请人确认的方式及时间。

(4) 资格预审申请文件的编制。招标人应在本处明确告知申请人资格预审申请文件的组成内容、编制要求、装订及签字要求。

(5) 资格预审申请文件的递交。招标人一般在这部分明确资格预审申请文件应按统一的规定要求进行密封和标识，并在规定的时间和地点递交。对于没有在规定地点、截止时间前递交的申请文件，应拒绝接收。

(6) 资格预审申请文件的审查。国有资金占控股或者主导地位的依法必须进行招标的项目，由招标人依法组建的资格审查委员会进行资格审查；其他招标项目可由招标人自行进行资格审查。

(7) 通知和确认。明确资格预审结果的通知时间及方式，以及合格申请人的回复方式及时间。

(8) 申请人的资格改变。通过资格预审的申请人组织机构、财务能力、信誉情况等资格条件发生变化，使其不再实质上满足“资格审查办法”规定标准的，其投标不被接受。

(9) 纪律与监督。对资格预审期间的纪律、保密、投诉及对违纪的处置方式进行规定。

(10) 需要补充的其他内容。需要补充的其他内容见申请人须知前附表。

第三章　资格审查办法

(1) 选择资格审查办法。资格预审方法有合格制和有限数量制两种。

(2) 审查标准。审查标准包括初步审查标准和详细审查标准，以及采用有限数量制时的评分标准。

(3) 审查程序。审查程序包括资格预审申请文件的初步审查、详细审查、资格预审申请文件的澄清及有限数量制的评分等内容和规则。

(4) 审查结果。资格审查委员会完成资格预审申请文件的审查，确定通过资格预审的申请人名单，向招标人提交书面审查报告。

第四章　资格预审申请文件格式

具体包括以下格式内容。

(1) 资格预审申请函。

(2) 法定代表人身份证明或其授权委托书。
(3) 联合体协议书。
(4) 申请人基本情况表。
(5) 近年财务状况表。
(6) 近年完成的类似项目情况表。
(7) 正在施工的和新承接的项目情况表。
(8) 近年发生的诉讼及仲裁情况。
(9) 其他材料。
第五章　建设项目概况
应包括项目说明、建设条件、建设要求和其他需要说明的情况。

甲市仓储设施建设项目一期工程

表3-1所示为甲市施工招标资格评审报告。

表3-1　甲市施工招标资格评审报告

工程名称	甲市仓储设施建设项目一期工程				
栋数	6	结构层次	钢结构、框架三层	建筑面积/m^2	29169.9
市政工程建设规模					
标段数量	1	评审时间	2020年8月24日	评审地点	甲市公共资源交易中心

资格预审评审小组成员名单

姓名	工作单位	职务	职称	专业工作年限	在小组中担任的工作
张宝	A物流发展有限责任公司	副总经理	会计师	15年	评审工作
王伟	B物流发展有限责任公司		高级工程师	12年	评审工作
李明	甲市第一建设项目管理有限公司	副总经理	高级工程师	20年	评审工作
刘红	甲市第二建设项目管理有限公司	副总经理	工程师	8年	评审工作
赵强	甲市第三建设项目管理有限公司		工程师	6年	评审工作

资格预审评审程序和内容

甲市仓储设施建设项目一期工程于2020年7月20日16:30至7月23日16:30在甲市建设信息网上发布招标公告，网上报名的共有24家投标单位。于2020年8月24日9:00时至17:00时，共有16家投标申请人送达并提交了资格证明文件和资料，在甲市公共资源交易中心现场受理并核验投标申请人现场提交的资格证明文件和资料。

根据招标公告相应条款要求，本着“公开、公平、公正”的原则，在不排除任何潜在投标人的前提下，评审小组现场受理并核验了投标申请人现场提交的资格证明文件和资料。审查内容包括：企业营业执照副本，资质证书副本，安全生产许可证，网上报名记录，外地企业需另携带甲市建委注册登记证或企业资质认证证明单，拟派项目经理执业资格注册证（一级）、身份证、项目经理劳动合同及项目经理类似工程经验（钢结构20m以上跨度）证明、项目经理只承担本工程项目管理承诺书，五大员上岗证，近3年经审计的财务报表，法人代表委托书及被委托人身份证及劳动合同。审查情况为：有8家投标单位为合格单位，8家投标单位为不合格单位（资格预审评审结果见表3-2）。资格预审合格的8家投标单位均可参加该施工工程的投标。

表 3-2　资格预审评审结果

投标申请人	安全生产许可证编号	合格/不合格	抽签入围(√)	标段	未通过资格预审的原因
甲市第一建筑公司	提交（编号略）	合格			
东山建筑第九工程局	提交（编号略）	合格			
大力建设集团股份有限公司	提交（编号略）	合格			
大成建工股份有限公司	提交（编号略）	合格			
西成建工第一建筑有限公司	提交（编号略）	合格			
北齐建设集团有限公司	提交（编号略）	合格			
云安建筑总承包集团第三建筑工程公司	提交（编号略）	合格			
海西冶金建设公司	提交（编号略）	合格			
孙山建设工程股份有限公司	提交（编号略）	不合格			授权委托人未到达现场办理核验，未提交项目经理类似工程经验证明和网上报名记录
吴水建设有限公司	提交（编号略）	不合格			未提交五大员上岗证中的预算员上岗证
乙市第一建筑公司	提交（编号略）	不合格			提交的项目经理类似工程结构形式为框架，而不是钢结构
丙市第一建设工程有限责任公司	提交（编号略）	不合格			提交的项目经理类似工程结构形式为框架，而不是钢结构
丁省丽港建集团有限公司	提交（编号略）	不合格			未提交项目经理执业资格注册证，未提交项目经理类似工程经验证明和网上报名记录
戊省建筑二局第三建筑公司	提交（编号略）	不合格			未提交项目经理身份证，无 2019 年度经审计的财务报表
上成第二建设工程有限责任公司	未提交	不合格			未提交：①安全生产许可证；②项目经理执业资格注册证、类似工程经验证明及承诺书；③五大员上岗证；④近 3 年经审计的财务报表；⑤法人代表委托书
大鼎建设集团有限公司	提交（编号略）	不合格			未提交项目经理执业资格注册证和类似工程经验证明

【问题】

(1) 依据资格审查的五项基本内容，逐一对应找出本案例中各自对应的具体审查因素。

(2) 本案例采用的是哪一种资格审查方式和办法？

(3) 该资格评审报告包括了哪些内容？

(4) 该资格审查工作经历了哪些工作流程？

应用案例 3-3

【案例概况】

某政府投资工程于2019年6月组织施工招标资格预审。资格预审文件采用《标准施工招标资格预审文件》编制，审查办法为合格制，其中部分审查因素和标准见表3-3。

表3-3 部分审查因素和标准

审查因素	审查标准
申请人名称	与营业执照、资质证书、安全生产许可证一致
申请函签字盖章	有法定代表人或其委托代理人签字或盖单位公章
申请唯一性	只能提交唯一有效申请
营业执照	具备有效的营业执照
安全生产许可证	具备有效的安全生产许可证
资质等级	具备房屋建筑工程施工总承包一级及以上资质
项目经理资格	具有建筑工程专业一级建造师职业资格及注册证书
投标资格	有效，投标资格没有被取消或暂停
投标行为	合法，近3年内没有骗取中标行为
其他	法律法规规定的其他条件

招标人收到了12份资格预审申请文件，其中申请人12的资格预审申请文件是在规定的资格预审申请文件递交截止时间前2分钟收到的。招标人组建了资格审查委员会，对受理的12份资格预审申请文件进行审查，审查过程有关情况如下。

(1) 申请人1同时是联合体申请人10的成员，资格审查委员会要求申请人1确认是参加联合体还是独自申请。在规定的时间内申请人1确认其参加联合体，随即撤回其独立的资格申请。资格审查委员会确认申请人1的申请合格。

(2) 申请人2不具备相应资质，使用资质为其子公司的资质，资格审查委员会认为母公司采用子公司资质申请有效。

(3) 申请人3的安全生产许可证有效期已过，资格审查委员会要求申请人3提交重新申领的安全生产许可证原件。在规定的时间内，申请人3提交了其重新申领的安全生产许可证，资格审查委员会确认其申请合格。

(4) 申请人4在2018年10月因在投标过程中参与串标而受到了暂停投标资格一年的行政处罚，资格审查委员会认为其他外部证据不能作为审查的依据，依据资格预审申请文件判定申请人4通过了资格审查。

其他资格预审申请文件均符合要求。

【问题】

指出以上资格审查过程有哪些不妥之处，分别说明理由。

【案例评析】

(1) 不妥之处：资格审查委员会要求申请人1确认是参加联合体还是独自申请，并确认申请人1的申请合格。

理由：不符合只能提交唯一有效申请的要求。

(2) 不妥之处：资格审查委员会认为申请人2采用子公司资格申请有效。

理由：不符合申请人名称应与营业执照、资质证书、安全生产许可证一致的要求。

(3) 不妥之处：资格审查委员会确认申请人3的申请合格。

理由：不符合必须具备有效的安全生产许可证的要求。

(4) 不妥之处：资格审查委员会认为其他外部证据不能作为审查的依据，依据资格预审申请文件判定申请人4通过了资格审查。

理由：不符合近3年内没有骗取中标行为的要求。

能力拓展

【案例概况】

某市机房设备项目招标，采用资格预审方式，要求潜在投标人递交的资料包括授权委托书、资质证书、相关技术人员的资格证书和近2年来完成过不少于2个以上相关项目的业绩证明材料。资格预审采用公开报名方式，如到报名截止时间潜在投标人超过7人则采用随机抽取5个名单的方式确定参加资格预审的投标人名单。到报名截止时间共有5家供应商递交了资格预审文件。经预审后确认这5家供应商具有相应资格。代理机构向这5家供应商发出了投标邀请函后如期进行了开标、评标工作，最后代理机构向B公司发布预中标公告，B公司成为此次采购的预中标供应商。参加此次投标的C公司对此提出了质疑，认为B公司在此之前只完成过1个相关项目，不具备相应的投标资格。代理机构的答复是，本次通过资格预审的供应商严格地说实际上只有4家，为增加竞争的充分性，允许5家供应商参与投标。B公司虽只做过1个相关项目，但经过调查，其客户反映良好，评审专家对其方案也一致认可。根据评标委员会的综合评定，B公司的综合得分最高。因此，B公司理应成为此次采购的中标候选人。

【问题】

(1) 招标代理机构进行的资格预审是否合理？

(2) B公司能否成为中标候选人？

3.3 工程建设项目施工招标文件的编制

为了规范招标文件编制活动，提高招标文件编制质量，促进招投标活动的公开、公平和公正，由国家发改委等九部委在原2002年版招标文件范本的基础上，联合编制了《中华人民共和国标准施工招标资格预审文件（2007年版）》《中华人民共和国标准施工招标文件（2007年版）》，并于2008年5月1日起试行。2010年6月，住房和城乡建设部根据《中华人民共和国标准施工招标文件（2007年版）》试行情况发布了《中华人民共和国房屋建筑和市政工程标准施工招标资格预审文件（2010年版）》和《中华人民共和国房屋建筑和市政工程标准施工招标文件（2010年版）》。这些文件适用于一定规模以上，且设计和施工不是由同一承包人承担的房屋建筑和市政工程施工招标的资格预审和施工招标。

为落实中央关于建立工程建设领域突出问题专项治理长效机制的要求，进一步完善招标文件编制规则，提高招标文件编制质量，促进招投标活动的公开、公平和公正，国家发改委会同其他相关部委编制了《中华人民共和国简明标准施工招标文件（2012年版）》和《中华人民共和国标准设计施工总承包招标文件（2012年版）》，并于2012年5月1日起实施。通知中规定，依法必须进行招标的工程建设项目，工期不超过12个月、技术相对简单且设计和施工不是由同一承包人承担的小型项目，其施工招标文件应当根据《中华人民共和国简明标准施工招标文件（2012年版）》编制。设计施工一体化的总承包项目，其招标文件应当根据《中华人民共和国标准设计施工总承包招标文件（2012年版）》编制。

2017年9月，国家发改委等九部委编制了《中华人民共和国标准设备采购招标文件（2017年版）》《中华人民共和国标准材料采购招标文件（2017年版）》《中华人民共和国标准勘察招标文件（2017年版）》《中华人民共和国标准设计招标文件（2017年版）》《中华人民共和国标准监理招标文件（2017年版）》（统一简称为《标准文件》）。《标准文件》适用于依法必须招标的与工程建设有关的设备、材料等货物项目和勘察、设计、监理等服务项目。《标准文件》中的“投标人须知”（投标人须知前附表和其他附表除外）、“评标办法”（评标办法前附表除外）和“通用合同条款”，应当不加修改地引用。以上《标准文件》自2018年1月1日起实施。

3.3.1 施工招标文件的主要内容

一般情况下，各类工程施工招标文件的内容大致相同，但组卷方式可能有所区别。编制依法必须进行招标的项目的资格预审文件和招标文件，应当使用国务院发展改革部门会同有关行政监督部门制订的标准文本。此处以《中华人民共和国标准施工招标文件（2007年版）》（简称《标准施工招标文件》）为范本介绍工程施工招标文件的内容和编写要求。

《标准施工招标文件》共包括封面格式和四卷八章内容。

第一卷　第一章　招标公告（投标邀请书）（参见附录A）。

第二章　投标人须知（参见附录 A 及知识链接 3－1)。
第三章　评标办法（参见第 5 章相关内容）。
第四章　合同条款及格式（略）。
第五章　工程量清单（略）。
第二卷　第六章　图纸（略）。
第三卷　第七章　技术标准和要求（略）。
第四卷　第八章　投标文件格式（参见附录 B)。

技术标准及要求

特别提示

本部分可根据附录 A 提供的示范文本部分内容格式及知识链接 3－1 的相关内容，依照本章实训目标完成相关实训任务。

知识链接 3－1

第二章　投标人须知

招标公告案例

1. 总则

1.1　项目概况

1.1.1　根据《中华人民共和国招标投标法》等有关法律、法规和规章的规定，本招标项目已具备招标条件，现对本标段施工进行招标。

1.1.2　本招标项目招标人：见投标人须知前附表。

1.1.3　本标段招标代理机构：见投标人须知前附表。

1.1.4　本招标项目名称：见投标人须知前附表。

1.1.5　本标段建设地点：见投标人须知前附表。

邀请招标公告

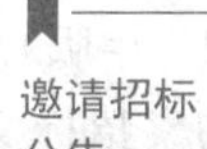

1.2　资金来源和落实情况

1.2.1　本招标项目的资金来源：见投标人须知前附表。

1.2.2　本招标项目的出资比例：见投标人须知前附表。

1.2.3　本招标项目的资金落实情况：见投标人须知前附表。

1.3　招标范围、计划工期和质量要求

1.3.1　本次招标范围：见投标人须知前附表。

1.3.2　本标段的计划工期：见投标人须知前附表。

1.3.3　本标段的质量要求：见投标人须知前附表。

1.4　投标人资格要求（适用于已进行资格预审的）

投标人应是收到招标人发出投标邀请书的单位。

1.4　投标人资格要求（适用于未进行资格预审的）

1.4.1　投标人应具备承担本标段施工的资质条件、能力和信誉。

(1) 资质条件：见投标人须知前附表。

(2) 财务要求：见投标人须知前附表。

(3) 业绩要求：见投标人须知前附表。

(4) 信誉要求：见投标人须知前附表。

(5) 项目经理资格：见投标人须知前附表。

(6) 其他要求：见投标人须知前附表。

1.4.2 投标人须知前附表规定接受联合体投标的，除应符合本章第1.4.1项和投标人须知前附表的要求外，还应遵守以下规定。

(1) 联合体各方应按招标文件提供的格式签订联合体协议书，明确联合体牵头人和各方的权利和义务。

(2) 由同一专业的单位组成的联合体，按照资质等级较低的单位确定资质等级。

(3) 联合体各方不得再以自己的名义单独或参加其他联合体在同一标段中的投标。

1.4.3 投标人不得存在下列情形之一。

(1) 为招标人不具有独立法人资格的附属机构（单位）。

(2) 为本标段前期准备提供设计或咨询服务的，但设计施工总承包的除外。

(3) 为本标段的监理人。

(4) 为本标段的代建人。

(5) 为本标段提供招标代理服务的。

(6) 与本标段的监理人或代建人或招标代理机构同为一个法定代表人的。

(7) 与本标段的监理人或代建人或招标代理机构相互控股或参股的。

(8) 与本标段的监理人或代建人或招标代理机构相互任职或工作的。

(9) 被责令停业的。

(10) 被暂停或取消投标资格的。

(11) 财产被接管或冻结的。

(12) 在最近3年内有骗取中标或严重违约或重大工程质量问题的。

1.5 费用承担

投标人准备和参加投标活动发生的费用自理。

1.6 保密

参与招标投标活动的各方应对招标文件和投标文件中的商业和技术等秘密保密，违者应对由此造成的后果承担法律责任。

1.7 语言文字

除专用术语外，与招标投标有关的语言均使用中文。必要时专用术语应附有中文注释。

1.8 计量单位

所有计量均采用中华人民共和国法定计量单位。

1.9 踏勘现场

1.9.1 投标人须知前附表规定组织踏勘现场的，招标人按投标人须知前附表规定的时间、地点组织投标人踏勘项目现场。

1.9.2 投标人踏勘现场发生的费用自理。

1.9.3 除招标人的原因外，投标人自行负责在踏勘现场中所发生的人员伤亡和财产损失。

1.9.4 招标人在踏勘现场中介绍的工程场地和相关的周边环境情况，供投标人在编制投标文件时参考，招标人不对投标人据此做出的判断和决策负责。

1.10 投标预备会

1.10.1 投标人须知前附表规定召开投标预备会的，招标人按投标人须知前附表规定的时间和地点召开投标预备会，澄清投标人提出的问题。

1.10.2 投标人应在投标人须知前附表规定的时间前，以书面形式将提出的问题送达招标人，以便招标人在会议期间澄清。

1.10.3 投标预备会后，招标人在投标人须知前附表规定的时间内，将对投标人所提问题的澄清，以书面方式通知所有购买招标文件的投标人。该澄清内容为招标文件的组成部分。

1.11 分包

投标人拟在中标后将中标项目的部分非主体、非关键性工作进行分包的，应符合投标人须知前附表规定的分包内容、分包金额和接受分包的第三人资质要求等限制性条件。

1.12 偏离

投标人须知前附表允许投标文件偏离招标文件某些要求的，偏离应当符合招标文件规定的偏离范围和幅度。

2. 招标文件

2.1 招标文件的组成

本招标文件包括下列内容。

(1) 招标公告（或投标邀请书）。

(2) 投标人须知。

(3) 评标办法。

(4) 合同条款及格式。

(5) 工程量清单。

(6) 图纸。

(7) 技术标准和要求。

(8) 投标文件格式。

(9) 投标人须知前附表规定的其他材料。

根据本章第1.10款、第2.2款和第2.3款对招标文件所做的澄清、修改，构成招标文件的组成部分。

2.2 招标文件的澄清

2.2.1 投标人应仔细阅读和检查招标文件的全部内容。如发现缺页或附件不全，应及时向招标人提出，以便补齐。如有疑问，应在投标人须知前附表规定的时间前以书面形式（包括信函、电报、传真等可以有形地表现所载内容的形式，下同），要求招标人对招标文件予以澄清。

2.2.2 招标文件的澄清将在投标人须知前附表规定的投标截止时间15日前以书面形

式发给所有购买招标文件的投标人，但不指明澄清问题的来源。如果澄清发出的时间距投标截止时间不足15日，应相应延长投标截止时间。

2.2.3 投标人在收到澄清后，应在投标人须知前附表规定的时间内以书面形式通知招标人，确认已收到该澄清。

2.3 招标文件的修改

2.3.1 在投标截止时间15日前，招标人可以书面形式修改招标文件，并通知所有已购买招标文件的投标人。如果修改招标文件的时间距投标截止时间不足15日，相应延长投标截止时间。

2.3.2 投标人收到修改内容后，应在投标人须知前附表规定的时间内以书面形式通知招标人，确认已收到该修改。

3. 投标文件

3.1 投标文件的组成

3.1.1 投标文件应包括下列内容。

（1）投标函及投标函附录。

（2）法定代表人身份证明或附有法定代表人身份证明的授权委托书。

（3）联合体协议书。

（4）投标保证金。

（5）已标价工程量清单。

（6）施工组织设计。

（7）项目管理机构。

（8）拟分包项目情况表。

（9）资格审查资料。

（10）投标人须知前附表规定的其他材料。

3.1.2 投标人须知前附表规定不接受联合体投标的，或投标人没有组成联合体的，投标文件不包括本章第3.1.1（3）目所指的联合体协议书。

3.2 投标报价

3.2.1 投标人应按第五章“工程量清单”的要求填写相应表格。

3.2.2 投标人在投标截止时间前修改投标函中的投标总报价，应同时修改第五章“工程量清单”中的相应报价。此修改须符合本章第4.3款的有关要求。

3.3 投标有效期

3.3.1 在投标人须知前附表规定的投标有效期内，投标人不得要求撤销或修改其投标文件。

3.3.2 出现特殊情况需要延长投标有效期的，招标人以书面形式通知所有投标人延长投标有效期。投标人同意延长的，应相应延长其投标保证金的有效期，但不得要求或被允许修改或撤销其投标文件；投标人拒绝延长的，其投标失效，但投标人有权收回其投标保证金。

特别提示

投标有效期是指从投标截止日期起至中标通知书签发日期止的期限。它一方面起到了约束投标人在投标有效期内不能随意更改和撤回投标的作用；另一方面也促使招标方加快评标、定标和签约过程，从而保证投标人的投标不至于由于招标方无限期拖延而增加风险。因为投标人的报价考虑了一定时期内的物价波动风险。投标有效期对招标人和投标人双方都起到了保护和约束的双重作用。

投标有效期的时间要根据具体的项目特点、采购代理机构的实际情况及地域认真分析，全面权衡，最终确定。一旦发生特殊情况，导致评标工作无法在事先约定的“投标有效期”内完成，则在原投标有效期结束前，招标人可以书面形式要求所有投标人延长投标有效期。投标人同意延长的，不得要求或被允许修改其投标文件的实质性内容，但应当相应延长其投标保证金的有效期；投标人拒绝延长的，其投标失效，但投标人有权收回其投标保证金。同意延长投标有效期的投标人少于 3 个的，招标人应当重新招标。

3.4 投标保证金

3.4.1 投标人在递交投标文件的同时，应按投标人须知前附表规定的金额、担保形式和第八章“投标文件格式”规定的投标保证金格式递交投标保证金，并作为其投标文件的组成部分。联合体投标的，其投标保证金由牵头人递交，并应符合投标人须知前附表的规定。

3.4.2 投标人不按本章第 3.4.1 项要求提交投标保证金的，其投标文件做废标处理。

3.4.3 招标人与中标人签订合同后 5 个工作日内，向未中标的投标人和中标人退还投标保证金。

3.4.4 有下列情形之一的，投标保证金将不予退还。

(1) 投标人在规定的投标有效期内撤销或修改其投标文件。

(2) 中标人在收到中标通知书后，无正当理由拒签合同协议书或未按招标文件规定提交履约担保。

特别提示

招标人可以在招标文件中要求投标人提交投标担保。投标担保可以采用投标保函或者投标保证金的方式，投标保证金除现金外，可以是银行出具的银行保函、保兑支票、银行汇票或现金支票。投标保证金有效期应当与投标有效期一致。投标人应当按照招标文件要求的方式和金额，将投标保函或者投标保证金随投标文件提交招标人。依法必须进行招标的项目的境内投标单位，以现金或者支票形式提交的投标保证金应当从其基本账户转出。

《招投标法实施条例》中规定，招标人在招标文件中要求投标人提交投标保证金的，投标保证金不得超过招标项目估算价的 2%。《工程建设项目施工招标投标办法》(七部委 30 号令) 中规定投标保证金不得超过项目估算价的 2%，最高不得超过 80 万元人民币。《房屋建筑和市政基础设施工程施工招标投标管理办法》中规定，投标保证金一般不得超过投标总价的 2%，最高不得超过 50 万元。

3.5　资格审查资料（适用于已进行资格预审的）

投标人在编制投标文件时，应按新情况更新或补充其在申请资格预审时提供的资料，以证实其各项资格条件仍能继续满足资格预审文件的要求，具备承担本标段施工的资质条件、能力和信誉。

主要设备表、检测仪器设备表、劳动力计划表

3.5　资格审查资料（适用于未进行资格预审的）

3.5.1　“投标人基本情况表”应附投标人营业执照副本及其年检合格的证明材料、资质证书副本和安全生产许可证等材料的复印件。

3.5.2　“近年财务状况表”应附经会计师事务所或审计机构审计的财务会计报表，包括资产负债表、现金流量表、利润表和财务情况说明书的复印件，具体年份要求见投标人须知前附表。

3.5.3　“近年完成的类似项目情况表”应附中标通知书和（或）合同协议书、工程接收证书（工程竣工验收证书）的复印件，具体年份要求见投标人须知前附表。每张表格只填写一个项目，并标明序号。

3.5.4　“正在施工和新承接的项目情况表”应附中标通知书和（或）合同协议书复印件。每张表格只填写一个项目，并标明序号。

3.5.5　“近年发生的诉讼及仲裁情况”应说明相关情况，并附法院或仲裁机构做出的判决、裁决等有关法律文书复印件，具体年份要求见投标人须知前附表。

3.5.6　投标人须知前附表规定接受联合体投标的，本章第3.5.1项至第3.5.5项规定的表格和资料应包括联合体各方相关情况。

工程施工计划网络图

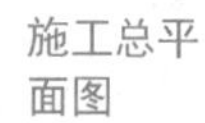

3.6　备选投标方案

除投标人须知前附表另有规定外，投标人不得递交备选投标方案。允许投标人递交备选投标方案的，只有中标人所递交的备选投标方案方可予以考虑。评标委员会认为中标人的备选投标方案优于其按照招标文件要求编制的投标方案的，招标人可以接受该备选投标方案。

3.7　投标文件的编制

投标人基本情况表

3.7.1　投标文件应按第八章“投标文件格式”进行编写，如有必要，可以增加附页，作为投标文件的组成部分。其中，投标函附录在满足招标文件实质性要求的基础上，可以提出比招标文件要求更有利于招标人的承诺。

3.7.2　投标文件应当对招标文件有关工期、投标有效期、质量要求、技术标准和要求、招标范围等实质性内容做出响应。

3.7.3　投标文件应用不褪色的材料书写或打印，并由投标人的法定代表人或其委托代理人签字或盖单位章。委托代理人签字的，投标文件应附法定代表人签署的授权委托书。投标文件应尽量避免涂改、行间插字或删除。如果出现上述情况，改动之处应加盖单位章或由投标人的法定代表人或其授权的代理人签字确认。签字或盖章的具体要求见投标人须知前附表。

3.7.4　投标文件正本一份，副本份数见投标人须知前附表。正本和副本的封面上应清楚地标记“正本”或“副本”的字样。当副本和正本不一致时，以正本为准。

3.7.5 投标文件的正本与副本应分别装订成册，并编制目录，具体装订要求见投标人须知前附表规定。

4. 投标

4.1 投标文件的密封和标记

4.1.1 投标文件的正本与副本应分开包装，加贴封条，并在封套的封口处加盖投标人单位章。

4.1.2 投标文件的封套上应清楚地标记“正本”或“副本”字样，封套上应写明的其他内容见投标人须知前附表。

4.1.3 未按本章第4.1.1项或第4.1.2项要求密封和加写标记的投标文件，招标人不予受理。

4.2 投标文件的递交

4.2.1 投标人应在本章第2.2.2项规定的投标截止时间前递交投标文件。

4.2.2 投标人递交投标文件的地点：见投标人须知前附表。

4.2.3 除投标人须知前附表另有规定外，投标人所递交的投标文件不予退还。

4.2.4 招标人收到投标文件后，向投标人出具签收凭证。

4.2.5 逾期送达的或者未送达指定地点的投标文件，招标人不予受理。

4.3 投标文件的修改与撤回

4.3.1 在本章第2.2.2项规定的投标截止时间前，投标人可以修改或撤回已递交的投标文件，但应以书面形式通知招标人。

4.3.2 投标人修改或撤回已递交投标文件的书面通知应按照本章第3.7.3项的要求签字或盖章。招标人收到书面通知后，向投标人出具签收凭证。

4.3.3 修改的内容为投标文件的组成部分。修改的投标文件应按照本章第3条、第4条规定进行编制、密封、标记和递交，并标明“修改”字样。

5. 开标

5.1 开标时间和地点

招标人在本章第2.2.2项规定的投标截止时间（开标时间）和投标人须知前附表规定的地点公开开标，并邀请所有投标人的法定代表人或其委托代理人准时参加。

5.2 开标程序

主持人按下列程序进行开标。

(1) 宣布开标纪律。

(2) 公布在投标截止时间前递交投标文件的投标人名称，并点名确认投标人是否派人到场。

(3) 宣布开标人、唱标人、记录人、监标人等有关人员姓名。

(4) 按照投标人须知前附表规定检查投标文件的密封情况。

(5) 按照投标人须知前附表的规定确定并宣布投标文件开标顺序。

(6) 设有标底的，公布标底。

(7) 按照宣布的开标顺序当众开标，公布投标人名称、标段名称、投标保证金的递交情况、投标报价、质量目标、工期及其他内容，并记录在案。

（8）投标人代表、招标人代表、监标人、记录人等有关人员在开标记录上签字确认。

（9）开标结束。

6. 评标

6.1 评标委员会

6.1.1 评标由招标人依法组建的评标委员会负责。评标委员会由招标人或其委托的招标代理机构熟悉相关业务的代表，以及有关技术、经济等方面的专家组成。评标委员会成员人数及技术、经济等方面专家的确定方式见投标人须知前附表。

6.1.2 评标委员会成员有下列情形之一的，应当回避。

（1）招标人或投标人的主要负责人的近亲属。

（2）项目主管部门或者行政监督部门的人员。

（3）与投标人有经济利益关系，可能影响对投标公正评审的。

（4）曾因在招标、评标及其他与招标投标有关活动中从事违法行为而受过行政处罚或刑事处罚的。

6.2 评标原则

评标活动遵循公平、公正、科学和择优的原则。

6.3 评标

评标委员会按照第三章“评标办法”规定的方法、评审因素、标准和程序对投标文件进行评审。第三章“评标办法”没有规定的方法、评审因素和标准，不作为评标依据。

7. 合同授予

7.1 定标方式

除投标人须知前附表规定评标委员会直接确定中标人外，招标人依据评标委员会推荐的中标候选人确定中标人，评标委员会推荐中标候选人的人数见投标人须知前附表。

7.2 中标通知

在本章第3.3款规定的投标有效期内，招标人以书面形式向中标人发出中标通知书，同时将中标结果通知未中标的投标人。

7.3 履约担保

7.3.1 在签订合同前，中标人应按投标人须知前附表规定的金额、担保形式和招标文件第四章“合同条款及格式”规定的履约担保格式向招标人提交履约担保。联合体中标的，其履约担保由牵头人递交，并应符合投标人须知前附表规定的金额、担保形式和招标文件第四章“合同条款及格式”规定的履约担保格式要求。

7.3.2 中标人不能按本章第7.3.1项要求提交履约担保的，视为放弃中标，其投标保证金不予退还，给招标人造成的损失超过投标保证金数额的，中标人还应当对超过部分予以赔偿。

7.4 签订合同

7.4.1 招标人和中标人应当自中标通知书发出之日起30日内，根据招标文件和中标

人的投标文件订立书面合同。中标人无正当理由拒签合同的，招标人取消其中标资格，其投标保证金不予退还；给招标人造成的损失超过投标保证金数额的，中标人还应当对超过部分予以赔偿。

7.4.2 发出中标通知书后，招标人无正当理由拒签合同的，招标人向中标人退还投标保证金；给中标人造成损失的，还应当赔偿损失。

8. 重新招标和不再招标

8.1 重新招标

有下列情形之一的，招标人将重新招标。

(1) 投标截止时间止，投标人少于3个的。

(2) 经评标委员会评审后否决所有投标的。

8.2 不再招标

重新招标后投标人仍少于3个或者所有投标被否决的，属于必须审批或核准的工程建设项目，经原审批或核准部门批准后不再进行招标。

9. 纪律和监督

9.1 对招标人的纪律要求

招标人不得泄露招标投标活动中应当保密的情况和资料，不得与投标人串通损害国家利益、社会公共利益或者他人合法权益。

9.2 对投标人的纪律要求

投标人不得相互串通投标或者与招标人串通投标，不得向招标人或者评标委员会成员行贿谋取中标，不得以他人名义投标或者以其他方式弄虚作假骗取中标；投标人不得以任何方式干扰、影响评标工作。

9.3 对评标委员会成员的纪律要求

评标委员会成员不得收受他人的财物或者其他好处，不得向他人透漏对投标文件的评审和比较、中标候选人的推荐情况及与评标有关的其他情况。在评标活动中，评标委员会成员不得擅离职守，影响评标程序正常进行，不得使用第三章“评标办法”没有规定的评审因素和标准进行评标。

9.4 对与评标活动有关的工作人员的纪律要求

与评标活动有关的工作人员不得收受他人的财物或者其他好处，不得向他人透漏对投标文件的评审和比较、中标候选人的推荐情况及与评标有关的其他情况。在评标活动中，与评标活动有关的工作人员不得擅离职守，影响评标程序正常进行。

9.5 投诉

投标人和其他利害关系人认为本次招标活动违反法律、法规和规章规定的，有权向有关行政监督部门投诉。

开标记录表

10. 需要补充的其他内容

需要补充的其他内容：见投标人须知前附表。

附表一：开标记录表（见第5章“知识链接5-1”）

特别提示

开标一览表：是我国最早承担世界银行招标项目的招标代理公司中技国际招标公司创建的，要求投标人把在开标时宣读的内容填写在统一规定的表格中。开标一览表一般单独密封。开标时，只需打开封装的开标一览表就可以唱标了。招标代理公司一般还会在招标文件中规定，开标一览表与投标文件不一致的以开标一览表为准。

开标记录表：唱标后由投标人签字确认后的记录表。

附表二：问题澄清通知

问题澄清通知

编号：

__________________（投标人名称）：

__________________（项目名称）__________标段施工招标的评标委员会，对你方的投标文件进行了仔细的审查，现需你方对下列问题以书面形式予以澄清：

1.

2.

……

请将上述问题的澄清于____年____月____日____时前递交至__________________（详细地址）或传真至__________________（传真号码）。采用传真方式的，应在____年____月____日____时前将原件递交至__________________（详细地址）。

评标工作组负责人：________（签字）

____年____月____日

附表三：问题的澄清（略）

附表四：中标通知书

中标通知书

__________________（中标人名称）：

你方于______________（投标日期）所递交的______________（项目名称）________标段施工投标文件已被我方接受，被确定为中标人。

中标价：__________________元。

工期：__________________日历天。

工程质量：符合______________标准。

项目经理：__________________（姓名）。

请你方在接到本通知书后的____日内到__________________（指定地点）与我方签订施工承包合同，在此之前按招标文件第二章“投标人须知”第7.3款规定向我方提交履约担保。

特此通知。

招标人：__________（盖单位章）
法定代表人：__________（签字）
____年____月____日

附表五：中标结果通知书（略）
附表六：确认通知（略）

3.3.2 编写施工招标文件应注意的问题

1. 招标文件应体现工程建设项目的特点和要求

▶ 招标文件的编制要求

招标文件涉及的专业内容比较广泛，具有明显的多样性和差异性，编写一套适用于具体工程建设项目的招标文件，需要具有较强的专业知识和一定的实践经验，还要准确把握项目的专业特点。

编制招标文件时必须认真阅读研究有关设计与技术文件，了解招标项目的特点和需求，包括项目概况、性质、审批或核准情况、标段划分计划、资格审查方式、评标方法、承包模式、合同计价类型、进度时间节点要求等，并充分反映在招标文件中。

招标文件应该内容完整、格式规范，按规定使用标准招标文件，结合招标项目特点和需求，参考以往同类项目的招标文件进行调整、完善。

2. 招标文件必须明确投标人实质性响应的内容

投标人必须完全按照招标文件的要求编写投标文件，如果投标人没有对招标文件的实质性要求和条件做出响应，或者响应不完全，都可能导致投标人投标失败。所以，招标文件中需要投标人做出实质性响应的所有内容，如招标范围、工期、投标有效期、质量要求、技术标准和要求等应具体、清晰、无争议，避免使用原则性的、模糊的或者容易引起歧义的词句。

3. 防范招标文件中的违法、歧视性条款

▶ 干部违法干预招投标

编制招标文件必须熟悉和遵守招投标的法律法规，并及时掌握最新规定和有关技术标准，坚持公平、公正、遵纪守法的要求。严格防范招标文件中出现违法、歧视、倾向条款限制、排斥或保护潜在投标人，并要公平合理地划分招标人和投标人的风险责任。只有招标文件客观与公正才能保证整个招投标活动的客观与公正。招标人不得以不合理的条件限制、排斥潜在投标人或者投标人。

招标人有下列行为之一的，属于以不合理条件限制、排斥潜在投标人或者投标人。

（1）就同一招标项目向潜在投标人或者投标人提供有差别的项目信息。

（2）设定的资格、技术、商务条件与招标项目的具体特点和实际需要不相适应或者与合同履行无关。

（3）依法必须进行招标的项目以特定行政区域或者特定行业的业绩、奖项作为加分条

件或者中标条件。

（4）对潜在投标人或者投标人采取不同的资格审查或者评标标准。

（5）限定或者指定特定的专利、商标、品牌、原产地或者供应商。

（6）依法必须进行招标的项目非法限定潜在投标人或者投标人的所有制形式或者组织形式。

（7）以其他不合理条件限制、排斥潜在投标人或者投标人。

4. 保证招标文件格式、合同条款的规范一致

编制招标文件应保证文件格式、合同条款规范一致，从而保证招标文件逻辑清晰、表达准确，避免产生歧义和争议。

招标文件合同条款部分如采用通用合同条款和专用合同条款形式编写的，正确的合同条款编写方式为："通用合同条款"应全文引用，不得删改；"专用合同条款"则应按其条款编号和内容，根据工程实际情况进行修改和补充。

5. 招标文件语言要规范、简练

编制、审核招标文件应一丝不苟、认真细致。招标文件语言文字要规范、严谨、准确、精练、通顺，要认真推敲，避免使用含义模糊或容易产生歧义的词语。

招标文件的商务部分与技术部分一般由不同人员编写，应注意两者之间及各专业之间的相互结合与一致性，应交叉校核，检查各部分是否有不协调、重复和矛盾的内容，确保招标文件的质量。

能力拓展

【案例概况】

国有企业××机场有限责任公司，全额利用自有资金新建××机场航站楼，建设地点为A市B区C路D号。经G发改委批准（批准文号：G发改〔2018〕×××号），工程建筑面积12000m^2，批准的设计概算为98000万元，核准的施工招标方式为公开招标，可以自行组织招标。该工程为单体建筑，地下3层，地上3层。根据有关规定和工程实际需要，招标人拟定的招标方案概括如下：自行组织招标；采用施工总承包方式；选择一家施工总承包企业；要求投标人具有房屋建筑工程施工总承包特级资质，并至少具有一项规模相近的机场航站楼类似工程施工业绩；不接受联合体投标；采用资格后审方法；计划于2019年3月1日开工建设，2021年3月1日竣工投入使用；为降低潜在投标人的投标成本，相关文件均免费发放，也不收取图纸押金，且为避免文件传递出现差错，所有文件往来均不接受邮寄；给予潜在投标人准备投标文件的时间为招标文件开始发售之日起30个日历日。该工程现已具备施工总承包招标条件，拟于2018年11月13日通过网络媒介发布邀请不特定潜在投标人参与投标竞争的公告。为加快招标进度，公告第二天即开始发放相关文件。

【问题】

请根据上述资料及有关规定对公告内容的要求，编写该工程施工总承包招标邀请不特定潜在投标人参与投标竞争的公告（要求逻辑合理、语句通顺、文字简洁）。

3.4 工程建设项目施工招标标底与招标控制价的编制

3.4.1 施工招标标底的编制原则及注意事项

1. 施工招标标底的参考作用

标底是招标人通过客观、科学计算，期望控制的招标工程施工造价。工程施工招标标底主要用于评标时分析投标价格的合理性、平衡性、偏离性，分析各投标报价的差异情况，发现和防止投标人恶意竞争报价及其串标投标的参考性依据。

但是，标底不能作为评定投标报价有效性和合理性的直接依据。招标文件中不得规定投标报价最接近标底的投标人为中标人，也不得规定超出标底价格上下允许浮动范围的投标报价直接做无效标处理。同时，限制使用标底与投标报价复合形成评标基准价，并与评标打分紧密挂钩。

招标人可以自行决定是否编制标底。一个招标项目只能有一个标底。标底在开标前应当保密。接受委托编制标底的中介机构不得参加受托编制标底项目的投标，也不得为该项目的投标人编制投标文件或者提供咨询。招标人设有最高投标限价的，应当在招标文件中明确最高投标限价或者最高投标限价的计算方法。招标人不得规定最低投标限价。

2. 编制施工招标标底的原则

(1) 遵守招标文件的规定，充分研究招标文件相关技术和商务条款、设计图纸及有关计价规范的要求。标底应该客观反映工程建设项目实际情况和施工技术管理要求。

(2) 标底的编制应结合市场状况，客观反映工程建设项目的合理成本和利润。

3. 编制施工招标标底的依据

标底价格一般依据工程招标文件的发包内容范围和工程量清单，参照现行有关工程消耗定额和人工、材料、机械等要素的市场平均价格，结合常规施工组织设计方案编制。各类工程建设项目标底编制的主要强制性、指导性或参考性依据如下。

(1) 各行业建设工程工程量清单计价规范。

(2) 国家或省级行业建设主管部门颁发的计价定额和计价办法。

(3) 建设工程设计文件及相关资料。

(4) 招标文件的工程量清单及有关要求。

(5) 工程建设项目相关标准、规范、技术资料。

(6) 工程造价管理机构或物价部门发布的工程造价信息或市场价格信息。

(7) 其他相关资料。

标底主要是评标分析的参考依据，编制标底的依据和方法没有统一的规定，一般根据招标项目的技术管理特点、工程发包模式、合同计价方式等选择标底编制的方法和依据。

4. 编制施工招标标底的几个重要问题

(1) 注重工程现场调查研究。应主动收集、掌握大量的第一手相关资料，分析确定恰当的、切合实际的各种基础价格和工程单价，以确保编制出科学合理的标底。

(2) 注重施工组织设计。应通过详细的技术经济分析比较后再确定相关施工方案、施工总平面布置、进度控制网络图、交通运输方案、施工机械设备选型等，以保证所选择的施工组织设计安全可靠、科学合理，这是编制出科学合理的标底的前提，否则将直接导致工程消耗定额选择和单价组成的偏差。

国有资金投资的工程进行招标，根据《招标投标法》的规定，招标人可以设标底。当招标人不设标底时，为有利于客观、合理地评审投标报价和避免哄抬标价，造成国有资产流失，招标人应编制招标控制价。招标人设有最高投标限价的，应当在招标时公布最高投标限价的总价，以及各单位工程的分部分项工程费、措施项目费、其他项目费、规费和税金。

3.4.2 招标控制价

招标人设有最高投标限价的，又称招标控制价，是招标人根据国家或省级、行业建设主管部门颁发的有关计价依据和办法，按设计施工图纸计算的，对招标工程限定的最高工程造价。招标控制价是招标人在工程招标时能接受投标人报价的最高限价。

我国对国有资金投资项目的投资控制实行的是投资概算审批制度，国有资金投资的工程原则上不能超过批准的投资概算。因此，在工程招标发包时，当编制的招标控制价超过批准的投资概算时，招标人应当将其报原概算审批部门重新审核。

综合应用案例

【案例概况】

某市某局利用财政性资金建设某政府办公楼项目，预算为3000万元，总建筑面积为20000m^2。招标人采用公开招标的方式组织施工招标。招标公告编制完成后，招标人在该市很有影响力的一份报纸上发布了招标公告。招标公告规定的投标人资格条件中有一项为“注册资本金在5000万元以上”；另外还说明，为了保证该项目招标工作顺利开展，潜在投标人在购买招标文件的同时须提交50%的投标保证金（该项目投标保证金为5万元）。招标公告发布后3天，有两家单位购买了招标文件，招标人经分析后认为“注册资本金在5000万元以上”的资格条件可能过高，影响了潜在投标人参与竞争，于是决定将其修改为“注册资本金在1000万元以上”。为减少招标时间，经商讨，招标人决定直接在招标文件中对上述资格条件进行调整，并在开标前15日通知所有购买招标文件的投标人，而不再重新发布招标公告，以保证开标计划能够如期进行。最终共有8名投标人参加投标，开标计划如期进行。

【问题】

(1) 招标公告中应列明哪些内容？

(2) 招标人在上述招标公告的发布过程中有哪些不正确的行为？为什么？正确的处理

方法是怎样的？

【案例评析】

(1) 依法必须招标项目的招标公告，应当载明以下内容。

① 招标项目的名称、内容、范围、规模、资金来源。

② 投标资格能力要求及是否接受联合体投标。

③ 获取资格预审文件或招标文件的时间、方式。

④ 递交资格预审文件或投标文件的截止时间、方式。

⑤ 招标人及其招标代理机构的名称、地址、联系人及联系方式。

⑥ 采用电子招投标方式的，潜在投标人访问电子招投标交易平台的网址和方法。

⑦ 其他依法应当载明的内容。

(2) 招标人在上述招标公告的发布过程中，有以下不正确的行为。

① 仅在该市很有影响的一份报纸上发布招标公告。

② 要求潜在投标人提交5万元人民币的投标保证金后才能购买招标文件。

③ 在招标文件中直接调整招标公告规定的资格条件，而未重新发布招标公告。

上述行为不正确的原因及正确做法如下。

① 本项目为利用财政性资金投资建设的项目，且工程总投资为3000万元，属于必须招标的项目。依法必须进行招标的项目的招标公告，应当通过国家指定的报刊、信息网络或者其他媒介发布，而本项目仅在地方报纸上发布招标公告不符合规定。依法必须招标项目的招标公告应当在“中国招标投标公共服务平台”或者项目所在地省级电子招标投标公共服务平台发布。招标公告和公示信息除在指定媒介发布外，招标人或其招标代理机构也可以同步在其他媒介公开，并确保内容一致。

② 投标保证金从性质上属于投标文件的一部分，是用来保证投标人从递交投标要约到中标后，按照招标文件的要求递交履约保证金，并与招标人签订合同等一系列缔约行为的。在投标截止时间前，投标人都有权力决定是否递交投标要约，即递交投标文件，这是法律赋予潜在投标人的一个基本权利。本案中，招标人要求潜在投标人须提交50%的投标保证金才能够购买招标文件的做法侵害了投标人的权利，是不正确的。因此，应取消该规定，重新发布招标公告。

③ 招标公告属于订立合同过程中的要约邀请，招标文件属于在招标公告基础上的细化和补充，但不能修改招标公告中已经明确的实质性内容，如本案中的资格条件等。因此，招标人在招标公告发布后修改其中实质性条件的，需要重新发布招标公告，而不能直接在招标文件中进行调整。

本章小结

工程建设项目施工招标是建设工程项目招标中的重要类型之一。在施工招标工作中，招标人应合理划分招标标段，编制详细合理的资格预审文件和招标文件，具体可以参照国家颁布的标准施工招标资格预审文件和标准施工招标文件的内容。

习　　题

一、单选题

1. 甲、乙两个工程承包单位组成施工联合体投标，参与竞标某房地产开发商的住宅工程，则下列说法错误的有（　　）。

A. 甲、乙两个单位以一个投标身份参与投标

B. 如果中标，甲、乙两个单位应就中标项目向该房地产开发商承担连带责任

C. 如果中标，甲、乙两个单位应就各自承担部分与该房地产开发商签订合同

D. 如在履行合同中乙单位破产，则甲单位应当承担原由乙单位承担的工程任务

2. 下列关于建设工程招投标的说法，正确的是（　　）。

A. 在投标有效期内，投标人可以补充、修改或者撤回其投标文件

B. 投标人在招标文件要求提交投标文件的截止时间前，可以补充、修改或者撤回投标文件

C. 投标人可以挂靠或借用其他企业的资质证书参加投标

D. 投标人之间可以先进行内部竞价，内定中标人，然后再参加投标

3. 招标人对已发出的招标文件进行必要的澄清或者修改的，应当在招标文件要求提交投标文件截止时间至少（　　）前，以书面形式通知所有招标文件收受人。

A. 20 日　　B. 10 日　　C. 15 日　　D. 7 日

4. 甲、乙工程承包单位组成施工联合体参与某项目的投标，中标后联合体接到中标通知书，但未与招标人签订合同，联合体投标时提交了 5 万元投标保证金。此时两家单位认为该项目盈利太少，于是就放弃了该项目，对此，《招标投标法》的相关规定是（　　）。

A. 5 万元投标保证金不予退还

B. 5 万元投标保证金退还一半

C. 若未给招标人造成损失，投标保证金可全部退还

D. 若未给招标人造成损失，投标保证金退还一半

5.《招标投标法》规定，依法必须招标的项目自招标文件开始发出之日起至投标人提交投标文件截止之日止，最短不得少于（　　）。

A. 20 日　　B. 30 日　　C. 10 日　　D. 15 日

6. 甲、乙两个工程承包单位组成施工联合体投标，甲单位为施工总承包一级资质，乙单位为二级资质，则该施工联合体应按（　　）资质确定等级。

A. 一级　　B. 二级　　C. 三级　　D. 特级

7. 下列不属于招标文件内容的是（　　）。

A. 投标邀请书　　B. 设计图纸

C. 合同主要条款　　D. 财务报表

8. 招标文件发售后，招标人要在招标文件规定的时间内组织投标人踏勘现场，了解工程现场和周围环境情况，并对潜在投标人针对（　　）及现场提出的问题进行答疑。

A. 设计图纸　　B. 招标文件

C. 地质勘察报告　　　　　　　　　　D. 合同条款

9.《招标投标法》规定，招标人收到投标文件后，应当（　　），不得开启。在招标文件要求提交投标文件的截止时间后送达的投标文件，招标人应当拒收。

A. 登记备案　　B. 签收送审　　C. 集中上报　　D. 签收保存

10. 资格预审程序中应首先进行（　　）。

A. 资格预审资料分析　　　　　　　　B. 发出资格预审合格通知书

C. 发布资格预审通告　　　　　　　　D. 发售资格预审文件

11. 根据《工程建设项目施工招标投标办法》，下列选项中，可以不进行施工招标的是（　　）。

A. 地震灾区恢复重建项目

B. 施工企业自行投资开发的商品房项目，该施工企业资质等级符合工程要求

C. 某特级施工企业承建的大型商场竣工验收后追加的入口围栏

D. 涉及国家秘密不适合公开招标的项目

12. 工程量清单是招标单位按国家颁布的统一工程项目划分、统一计量单位和统一工程量计算规则，根据施工图纸计算工程量，提供给投标单位作为投标报价的基础。结算拨付工程款时以（　　）为依据。

A. 工程量清单　　　　　　　　　　　B. 实际工程量

C. 承包方报送的工程量　　　　　　　D. 合同中的工程量

13. 我国施工招标文件部分内容的编写应遵循的规定有（　　）。

A. 明确投标有效期不超过18日

B. 明确评标原则和评标方法

C. 招标文件的修改，可用各种形式通知所有招标文件接收人

D. 明确评标委员会成员名单

14. 不属于施工投标文件的内容有（　　）。

A. 投标函　　　　　　　　　　　　　B. 投标报价

C. 拟签订合同的主要条款　　　　　　D. 施工方案

15. 根据相关规定，对招标文件或者资格预审文件的收费应当合理，不得以营利为目的。对于所附的设计文件，招标人可以向投标人酌收（　　）。

A. 押金　　B. 成本费　　C. 手续费　　D. 租金

二、多选题

1. 在施工招标中，进行合同数量的划分应考虑的主要因素有（　　）。

A. 施工内容的专业要求　　　　　　　B. 施工现场条件

C. 投标人的财务能力　　　　　　　　D. 对工程总投资的影响

E. 投标人的所在地

2. 某省地税局办公楼扩建工程项目招标，有十多家单位参与竞标，根据《招标投标法》关于联合体投标的规定，下列说法正确的有（　　）。

A. A单位资质不够，可以与别的单位组成联合体参与竞标

B. B、C两单位组成联合体投标，它们应当签订共同投标协议

C. D、E两单位构成联合体，它们签订的共同投标协议应当提交招标人

D. F、G两单位构成联合体，它们各自对招标人承担责任

E. H、I两单位构成联合体，两家单位对投标人承担连带责任

3. 依照相关规定，建设项目（　　），经项目主管部门批准，可以不进行招标。

A. 与科技、教育、文化相关的

B. 涉及生态环境保护的

C. 建筑艺术造型有特殊要求的

D. 勘察、设计采用特定专利的

E. 勘察、设计采用专有技术的

4. 招标文件应当包括（　　）等所有实质性要求和条件及拟签订合同的主要条款。

A. 招标工程的报批文件　　B. 招标项目的技术要求

C. 对投标人资格审查的标准　　D. 投标报价要求

E. 评标标准

5. 某政府投资民用建筑工程项目拟进行施工招标，该施工招标应当具备的条件有（　　）。

A. 资金或资金来源已经落实

B. 按照国家有关规定需要履行项目审批手续的，已经履行审批手续

C. 建筑施工许可证已经取得

D. 有满足施工招标需要的设计文件及其他技术资料

E. 施工组织设计已经完成

6. 招标人甲欲完成一项招标工作，则根据《招标投标法》的规定，以下（　　）活动是必需的。

A. 招标人甲发布招标公告或寄送投标邀请书

B. 招标人甲编制相应的招标文件

C. 招标人甲组织潜在投标人踏勘项目现场

D. 招标人甲要求投标人提供有关资质证明文件和业绩情况，并对投标人进行资格审查

E. 计算出标底并报招标主管部门审定

7. 建筑业企业资质分为（　　）三个序列，每个序列各有其相应的等级。

A. 施工总承包　　B. 专业承包　　C. 劳务分包

D. 施工承包　　E. 分包

8. 招标文件内容中既说明招投标的程度要求，将来又构成合同文件的是（　　）。

A. 合同条款　　B. 投标人须知　　C. 设计图纸

D. 技术标准与要求　　E. 工程量清单

9. 关于工程招标的投标预备会，下列说法中正确的有（　　）。

A. 投标预备会是招标必不可少的程序之一

B. 招标人可以在投标预备会上澄清、解答潜在投标人提出的疑问

C. 招标人在投标预备会上不能主动对招标文件中的内容做出说明

D. 投标预备会一般在现场踏勘后召开

E. 招标文件应明确是否召开投标预备会

10. 招标人出现（　）行为的，责令改正，可以处1万元以上5万元以下的罚款。

A. 对潜在投标人实行歧视待遇

B. 强制要求投标人组成联合体共同投标

C. 招标人以不合理的条件限制或者排斥潜在投标人

D. 不具备招标条件

E. 限制投标人之间竞争

三、案例题

1. 某市某区工业园区内腾飞一路、腾飞二路，由该省发改委批准建设，批准编号为发改投标字〔2019〕第×××号，其中政府投资24%，企业筹资76%，采用公开招标方式修建。两条公路各为一个标段，统一组织施工招标，投标人仅能就上述两个标段中的一个标段投标。招标文件计划于2019年7月8日起开始发售，售价800元/套，图纸押金2000元/套。2019年7月30日投标截止，投标文件递交地点为××省××市××区××路工业园区管委会第一会议室。

项目基本情况如下。

工程位于××区，其中腾飞一路长998m、宽40m，计划投资11270000元；腾飞二路长630m、宽30m，计划投资5650000元。

计划开工日期为2019年9月15日，计划竣工日期为2020年4月15日。

质量要求：达到国家质量检验与评定标准合格等级。

对投标人的资格要求是：市政工程施工总承包二级及以上资质，不接受联合体投标。

招标公告拟在《中国建设报》、中国采购与招标网和省日报、市公共资源交易中心网站平台等媒体发布。

问题：

(1) 依法必须进行招标的工程施工项目，其招标条件是什么？

(2) 建筑业企业应具备的条件及资质管理如何规定？

(3) 针对本项目的条件与要求，编写一份施工招标公告。

2. 某办公楼工程项目为依法必须进行公开招标的项目，招标人在资格预审公告中表明选择不多于7名潜在投标人参加投标。资格预审文件中规定资格审查分为初步评审和详细评审两步，其中初步评审中给出了详细的评审因素和评审标准，但详细审查中未规定具体的评审因素和评审标准，仅注明“在对企业实力、技术装备、人员状况、项目经理的业绩和现场考察的基础上进行综合评议，确定投标人名单”。

该项目有10个潜在投标人购买了资格预审文件，并在资格预审申请截止时间前递交了资格预审申请文件。招标人依照相关规定组建了资格审查委员会，对递交的资格预审申请文件进行初步审查，结论均为“合格”。在详细审查过程中，资格审查委员会没有依据资格预审文件中对通过初步审查的申请人逐一进行评审和比较，而采取了去掉3个评审最差的申请人的方法。其中一个申请人为区县级施工企业，评委认为其实力较差；还有一个申请人据说经常被起诉，合同履约信誉差，资格审查委员会一致同意将这两个申请人判为不通过资格审查。资格审查委员会对剩余的8位申请人找不出理由确定哪个申请人不能通过资格审查，后一致同意采取抓阄的方式确定，从而最终确定了7个申请人为投标人。

问题：

（1）招标人在上述资格预审过程中存在哪些不正确的地方？为什么？

（2）资格审查委员会在上述审查过程中存在哪些不正确的做法？为什么？

3. 某公立学校经上级主管部门批准拟新建建筑面积为3000m^{2}的综合办公楼，经工程造价咨询部门估算该工程造价为3450万元，该工程项目决定采用施工总承包的招标方式进行招标，并采用合格制的方式进行资格预审。在招标过程中，发生如下事件。

事件1：由于经资格预审合格的投标申请人过多，在资格预审过程中，又增加了对各投标申请人的注册资金的限制，从而最终确定通过了8家合格的申请人，并向其发出资格预审合格通知书。

事件2：招标文件中明确说明该项目的资金来源落实了2070万元。

事件3：招标文件中规定，投标单位在收到招标文件后，若有问题需要澄清，只能以书面形式提出，招标单位将以书面形式送给提出问题的投标单位。

事件4：招标文件中规定，从招标文件发放之日起，在15日内递交投标文件。

事件5：发售招标文件的价格为编制和印刷招标文件的成本和发布招标公告的费用。

问题：

（1）该工程招标是否可以采用邀请招标方式进行招标？请说明理由。

（2）事件1中，招标人的做法是否正确？为什么？

（3）事件2中，项目资金落实了估算价的60%是否可以进行招标？为什么？

（4）事件3中，该招标文件的规定是否正确？如不正确，请改正。

（5）事件4的规定是否妥当？请说明理由。

（6）事件5中，发售招标文件的价格是否合理？为什么？

四、实训题

实训目标：

为提高学生实践能力，将施工招标理论知识转化为编写施工招标文件的实际操作技能，学生应以《标准施工招标文件》为范本，并结合教材所列施工招标文件案例，练习编写施工招标文件。

实训要求：

（1）工程概况。某住宅小区二期工程组织施工招标（招标文件编号KKHY07－002），该工程总建筑面积为80000m^2，建筑结构为框架-剪力墙结构，工程总投资为15000万元，资金来源为自筹。其中第一标段为1号住宅楼（19层），建筑面积为25000m^2；第二标段为2～6号住宅楼（11层），1号、2号综合楼（1号综合楼11层，2号综合楼8层），建筑面积为55000m^2。每个标段内容包括设计要求的全部施工内容。工程质量等级要求为合格。工期要求为365个日历天。投标单位资质要求为两个标段都具有独立法人资格并具有建设行政主管部门颁发的房屋建筑施工二级以上资质的企业。其他内容辅导教师可根据情况自行设定。

（2）编写内容。教师根据教学实际需要，指导学生根据范本编写资格预审文件及招标文件的部分章节。

（3）编写要求。教师可以将本部分实训教学内容分散安排在各节教学过程中，也可以在本章结束后统一安排。教师指导学生按照教学内容编写，尽量做到规范化、标准化。

第4章 工程建设项目施工投标具体业务

教学目标

本章介绍了工程建设项目施工投标的具体业务。通过本章的学习，学生应了解工程建设项目施工投标的具体知识，掌握工程建设施工投标的步骤和方法，熟悉投标报价的方法、投标文件的内容和编制程序。

思维导图

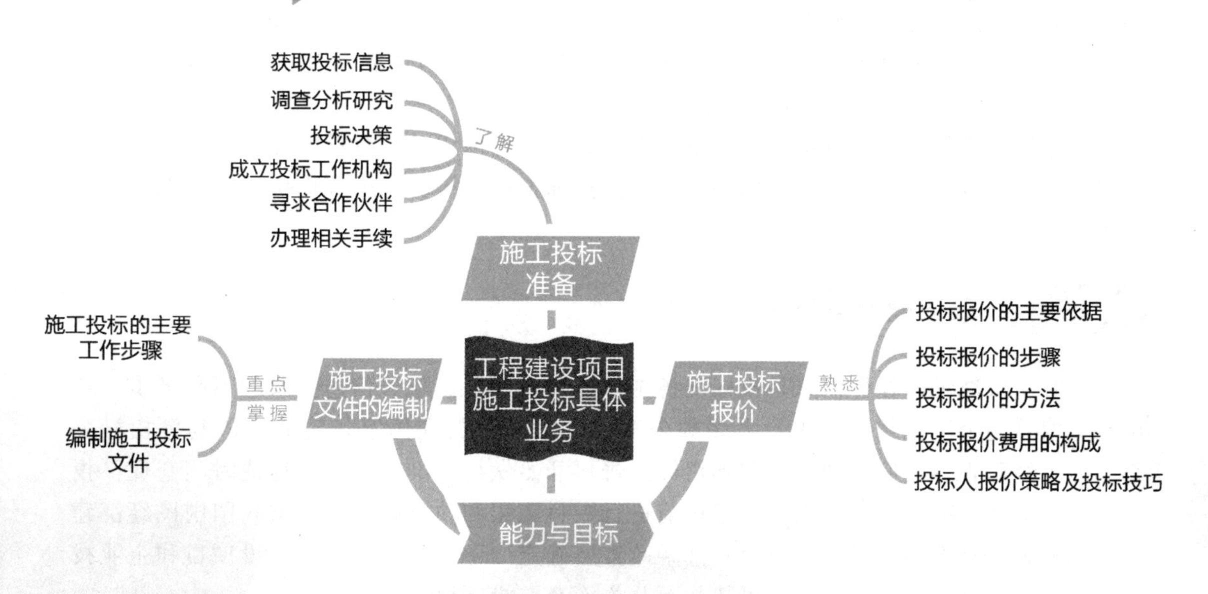

引例

某工程建设项目的招标文件中标明，距离施工现场 1km 处存在一个天然砂场，砂可以免费取用。现场实地考察后承包商没有提出疑问，承包商在投标报价中没有考虑工程买砂的费用，只计算了取砂和运输费用。由于承包商没有仔细了解天然砂场中天然砂的具体情况，中标后，在工程施工中准备使用该砂时，监理工程师认为该砂级配不符合工程施工要求，不允许在施工中使用，于是承包商只得自己另行购买符合要求的砂。

承包商以招标文件中标明现场有砂因而在投标报价中没有考虑为理由，要求业主补偿现在必须购买砂的费用，监理工程师不同意承包商的补偿要求。

思考：监理工程师不同意承包商的补偿要求是否合理？为什么？

4.1 工程建设项目施工投标准备

随着我国市场经济体制的逐步完善，建筑施工企业作为建筑市场竞争的主体之一积极参与招投标活动是其生存与发展的重要途径，是施工企业在激烈的竞争中，凭借本企业的实力和优势、经验和信誉，以及投标水平和技巧获得工程项目承包任务的过程。因此，掌握投标工作内容，做好投标准备工作，运用恰当的投标技巧，编制科学、合理、具有竞争力的投标文件是施工企业投标成功的关键因素。

投标人应当具备承担投标项目的能力及资格条件。投标人是响应招标、参加投标竞争的法人或者其他组织。招标人的任何不具有独立法人资格的附属机构（单位），或者为招标项目的前期准备或者监理工作提供设计、咨询服务的任何法人及其任何附属机构（单位），都无资格参加该招标项目的投标。

正式投标前积极做好各项投标准备工作，有助于投标成功。投标准备工作主要包括获取投标信息、调查分析研究、投标决策、成立投标工作机构、寻求合作伙伴和办理相关手续等内容。

4.1.1 获取投标信息

及时获取准确的投标信息是投标准备工作的首要任务。随着信息技术的不断进步，获取投标信息的渠道也越来越多。大多数公开招标项目都要在国家指定的媒体刊登招标公告。但是经验告诉我们，如果等看到招标公告再开始做投标准备工作，往往时间仓促，投标也处于被动。因此，投标人要注意提前进行资料积累和项目跟踪，根据我国国民经济建设的规划和投资方向、近期国家财政金融政策所确定的中央和地方重点建设项目和企业技术改造项目计划搜集项目信息，可从如下几方面获取投标信息。

（1）对项目的了解，可从投资主管部门、建设银行、金融机构获得具体项目规划信息。

（2）跟踪大型企业新建、扩建和改建项目计划信息。

（3）搜集同行业其他投标人了解到的项目信息。

（4）注重从报纸、杂志、网络获取招标信息。

4.1.2 调查分析研究

投标人要认真研究获取的投标信息，对建设工程项目是否具备招标条件及项目业主的资信情况、偿付能力进行必要的调查研究，确认其信息的可靠性。投标人可以通过与招标单位面谈、电话沟通，查阅招标项目的立项批准文件、招标审批文件等方法来确认招标信息的可靠性。

另外，投标人还需对该项目的一些外部情况和项目内部情况进行调查，以便为后期投标决策做准备，具体可从以下几方面着手调查分析研究。

（1）投标项目的外部环境因素。

① 政治环境。国际项目要调查所在地的政治、社会制度；政局状况，发生政变、内乱风险的概率；项目所在国的风俗习惯、与周边国家的关系等。国内工程主要分析地区经济政策宽松度和稳定程度；当地基础建设的宏观政策，是否属于经济开发区、特区等。

② 经济环境。经济环境主要是指项目所在地的经济发展状况、科学技术发展水平、自然资源状况，交通、运输、通信等基础设施条件。

③ 市场环境。投标人调查市场环境是一项重要的工作任务。市场环境包含很多内容，如建筑材料、施工机械、燃料、动力等供应情况，劳务市场情况，金融市场情况，工程承包市场状况等。

④ 法律环境。对于国内工程承包，自然适用我国的法律、法规。我国的法律、法规具有统一或基本统一的特点，但投标所涉及的地方性法规在具体内容上仍有所不同。因而对外地项目的投标决策，除应研究国家颁布的相关法律、法规外，还应研究地方性法规。进行国际工程承包时，则必须考虑法律适用的原则。

⑤ 自然环境。自然环境主要是指项目所在地的环境和交通状况。项目所在地的环境如地质、地貌、水文、气象情况等决定了项目实施的难度，从而会影响项目的建设成本。而项目所在地的交通状况不但对项目实施方案有影响，而且对项目的建设成本有一定的影响。

（2）投标项目的内部环境因素。

① 建设单位情况。建设单位情况主要包括建设单位的合法地位、支付能力和履约信誉等。建设单位的支付能力差、履约信誉不好都将损害承包商的利益。因此，建设单位情况是投标决策时应予以重视的因素。

② 竞争对手情况。竞争对手情况主要包括竞争对手的数量、竞争对手的实力、竞争对手的优势等情况。因为这些情况直接决定了竞争的激烈程度。竞争越激烈，中标概率越小，投标的费用风险越大，一般来说中标价也越低，对承包商的经济效益影响越大。因此，竞争对手情况是对投标决策影响最大的因素之一。

③ 项目自身情况。项目自身情况主要包括项目规模、标段划分、发包范围；工程技术难度；施工场地地形、地质、地下水位；工程项目资金来源、工程价款支付方式；监理

方的工作业绩、工作作风等。项目自身情况决定了项目的建设难度，也部分决定了项目获利的丰厚程度，因此是投标决策的影响因素。

应用案例 4-1

【案例概况】

某水电站建设工程，采用国际招标，选定国外某承包公司承包引水洞工程施工。该工程在招标文件中列出了应由承包商承担的税赋和税率，但在其中遗漏了承包工程总额3%的营业税，因此承包商报价时也没有包括该税。工程开始后，工程所在地税务部门要求承包商缴纳已完工程的营业税92万元，承包商按时缴纳，同时向业主提出索赔要求。该承包商认为，由于业主在招标文件中仅列出了几个小额税种，而忽视了大额税种，是招标文件的不完备或者是有意的误导行为，业主应该承担责任。该事件的实际索赔处理结果为：索赔发生后，业主向国家申请免除营业税，并被国家批准。但对已交纳的92万元税款，经双方商定各承担50%。

【案例评析】

如果招标文件中没有给出任何税收目录（具体到该案例，业主实际列出了部分税种，存在部分遗漏该如何进行责任认定的问题），而承包商报价中遗漏营业税，本索赔要求是不能成立的。这属于承包商环境调查和报价的失误，应由承包商负责。因为合同明确规定“承包商应遵守工程所在国的一切法律”“承包商应交纳税法所规定的一切税收”。

大庆市招投标新举措

4.1.3 投标决策

1. 投标决策的含义

承包商通过投标获得工程项目是市场经济的必然要求。对于承包商而言，经过前期的调查研究后，应针对实际情况做出决策。首先，要针对项目基本情况确定是否投标。其次，如果确定投标，投什么性质的标，是要选择盈利，还是保本。最后，要根据确定的投标策略选择恰当的投标报价方法。

2. 影响投标决策的内部因素

投标人在投标准备阶段已经对投标项目的外在因素和内部因素做了充分的调查和研究，因此，在投标决策阶段还要对投标决策的主观因素做进一步的分析研究，以便做出更科学合理的决策。

投标人自己的条件是投标决策的决定性因素，主要应从技术、经济、管理、企业信誉等方面去衡量，看是否达到招标文件的要求，能否在竞争中取胜。

(1) 技术实力。

投标人的技术实力主要应考虑下列因素。

① 拥有的精通业务的各种专业人才的情况。

② 拥有的设计、施工及解决技术难题的能力。

③ 拥有的与招标工程相类似工程的施工经验。

④ 拥有的固定资产和机具设备的情况。

⑤ 拥有的一定技术实力的合作伙伴的情况。

技术实力不但决定了承包商能承揽的工程的技术难度和规模，而且是实现较低的成本、较短的工期、优良的工程质量的保证，直接关系到承包商在投标中的竞争能力。

（2）经济实力。

投标人的经济实力主要应考虑下列因素。

① 是否具有融资的实力。

② 自有资金是否能够满足生产需要。

③ 是否具有办理各种担保和承担不可抗力风险的实力。

经济实力决定了承包商承揽工程规模的大小，因此在投标决策时应充分考虑这一因素。

（3）管理实力。

投标人的管理实力主要应考虑下列因素。

① 成本管理、质量管理、进度控制的水平。

② 材料资源及供应情况。

③ 合同管理及施工索赔的水平。

（4）信誉实力。

投标人的信誉实力主要应考虑下列因素。

① 企业的履约情况。

② 获奖情况。

③ 资信情况和经营作风。

承包商的信誉是其无形的资产，这是企业竞争力的一项重要内容。因此投标决策时应正确评价自身的信誉实力。

3. 投标决策类型

投标人在对投标项目内外因素的分析和充分考虑该项目的风险后，基于对于风险的不同态度可以选择保本标、盈利标。结合企业自身状况，具体可以分为如下情形。

（1）企业投标是为了取得业务，满足企业生存的需要。

这是经营不景气或者各方面都没有优势的企业的投标目标。在这种情况下，企业往往选择有把握的项目投标，采取低利或保本策略争取中标。

（2）企业投标是为了创立和提高企业的信誉。

能够创立和提高企业信誉的项目，是大多数企业志在必得的项目，竞争必定激烈，投标人必定采取各种有效的策略和技巧去争取中标。

（3）企业经营业务饱满，为了扩大影响或取得丰厚的利润而投标。

这类企业通常采用高利润策略，即采取投盈利标的策略。

（4）企业投标是为了实现企业的长期利润目标。

企业为了实现利润目标，承揽经营业务就成为头等大事。特别是在竞争十分激烈的情况下，都把投标作为企业的经常性业务工作，采取薄利多销策略以积累利润，必要时甚至采取保本策略占领市场，为今后积累利润创造条件。

4.1.4 成立投标工作机构

投标人确定投标后就要精心组建投标工作机构。投标工作机构通常由以下人员组成。

(1) 决策人。其主要职责是做出项目投标策略，一般由总经济师、部门经理担任。

(2) 技术负责人。其主要职责是带领团队制定施工方案和技术措施，一般由总工程师、技术部长担任。

(3) 投标报价负责人。其主要职责是根据确定的项目报价策略、施工方案和各种技术措施，按照招标文件的要求，合理地计算制定项目的投标报价。一般由造价工程师或预算员担任。

当然，投标项目机构成员在投标工作中还需要企业内部其他各部门的大力配合才能有效完成投标工作，增加中标概率。

4.1.5 寻求合作伙伴

为了能够顺利投标，投标人一般在遇到下列情况时需要选择合作伙伴。

(1) 招标项目要求“统包”。即建设方要求承包人从项目的勘察、设计到施工完工的全过程进行承包，这就使得一家公司一般难以胜任，而必须寻找合作伙伴，组成联合体进行投标。

(2) 招标项目为世界银行贷款项目。世界银行一般会在评标时给予借款国人均收入低于一定水平的承包商、制造商评标优惠。所以，如果是世界银行贷款项目则最好在借款国寻找合作伙伴，这样在评标时可以享受一定的优惠。

(3) 招标项目所在国为保护本国企业利益，将外国公司与本国公司联合作为授标的前提条件。

(4) 实力不强。投标人如果认为自己实力不强或竞争优势不明显，可以采取寻找合作伙伴，以联合体投标的方式弥补不足、优势互补。

选择好合作伙伴后，应与其签订相关协议，在协议中明确各方的权利、责任和义务。

知识链接 4-1

联合体投标

1. 联合体投标的含义

根据《招标投标法》第三十一条第一款的规定：“两个以上法人或者其他组织可以组成一个联合体，以一个投标人的身份共同投标。”

2. 联合体各方的资质要求

《招标投标法》第三十一条第二款规定：“联合体各方均应当具备承担招标项目的相应能力；国家有关规定或者招标文件对投标人资格条件有规定的，联合体各方均应当具备规定的相应资格条件。由同一专业的单位组成的联合体，按照资质等级较低的单位确定资质等级。”

根据《中华人民共和国房屋建筑和市政工程标准施工招标资格预审文件（2010年

版)》，联合体申请人的资质认定如下。

(1) 两个以上资质类别相同但资质等级不同的成员组成的联合体申请人，以联合体成员中资质等级最低者的资质等级作为联合体申请人的资质等级。

(2) 两个以上资质类别不同的成员组成的联合体，按照联合体协议中约定的内部分工分别认定联合体申请人的资质类别和等级，不承担联合体协议约定由其他成员承担的专业工程的成员，其相应的专业资质和等级不参与联合体申请人的资质和等级的认定。

3. 联合体各方如何承担责任

《招标投标法》第三十一条第三款规定："联合体各方应当签订共同投标协议，明确约定各方拟承担的工作和责任，并将共同投标协议连同投标文件一并提交给招标人。联合体中标的，联合体各方应当共同与招标人签订合同，就中标项目向招标人承担连带责任。"

《工程建设项目施工招标投标办法》规定："联合体各方应当指定牵头人，授权其代表所有联合体成员负责投标和合同实施阶段的主办、协调工作，并应当向招标人提交由所有联合体成员法定代表人签署的授权书。""联合体投标的，应当以联合体各方或者联合体中牵头人的名义提交投标保证金。以联合体中牵头人名义提交的投标保证金，对联合体各成员具有约束力。"

《招标投标法实施条例》规定："招标人应当在资格预审公告、招标公告或者投标邀请书中载明是否接受联合体投标。招标人接受联合体投标并进行资格预审的，联合体应当在提交资格预审申请文件前组成。资格预审后联合体增减、更换成员的，其投标无效。联合体各方在同一招标项目中以自己名义单独投标或者参加其他联合体投标的，相关投标均无效。"

4.1.6 办理相关手续

建筑企业跨省承揽业务的，应当持企业法定代表人授权委托书向工程所在地省级住房城乡建设主管部门报送企业基本信息。企业基本信息内容应包括：企业资质证书副本（复印件），安全生产许可证副本（复印件，施工企业），企业诚信守法承诺书，在本地承揽业务负责人的任命书、身份信息及联系方式等，建筑企业应当对报送信息的真实性负责。

能力拓展

【案例概况】

投标决策的优化

某承包商拥有的资源有限，只能在A和B两项工程项目中选择一项参加投标，或者对两项工程都不参加投标。根据承包商的投标经验资料，对A和B两项工程有两种投标策略：一种是投盈利标，即高报价，则中标概率为0.3；另一种是投保本标，即低报价，则中标概率为0.5。这样共有$A_{高}$、$A_{低}$、$B_{高}$、$B_{低}$、不投五种方案。投标不中时，则对A项目损失5万元（投标所花费用），对B项目损失10万元（投标所花费用）。该承包商根据以往类似工程统计资料，得出各方案的利润和出现的概率，具体见表4-1。

表4-1 各方案的利润和出现的概率

方案	效果	可能的利润/万元	概率
$A_{高}$	优	500	0.3
	一般	100	0.5
	赔	−300	0.2
$A_{低}$	优	400	0.2
	一般	50	0.6
	赔	−400	0.2
不投	—	0	1.0
$B_{高}$	优	700	0.3
	一般	200	0.5
	赔	−300	0.2
$B_{低}$	优	600	0.3
	一般	100	0.6
	赔	−100	0.1

【问题】

从损益期望值的角度分析该承包商应选择哪个投标决策方案?

4.2 工程建设项目施工投标文件的编制

4.2.1 工程建设项目施工投标主要工作步骤

投标人经过调查分析确定参与公开招标项目的投标，一般要经过以下几个工作步骤(图4.1)。

(1) 建筑企业根据招标公告或投标邀请书，向招标人提交有关资格预审资料。

(2) 接受招标人的资格审查。

(3) 购买招标文件及有关技术资料。

(4) 参加现场踏勘。

(5) 参加投标答疑会(标前答疑会)。

(6) 编制、递交投标书。投标书是投标人的投标文件，是对招标文件提出的要求和条件做出实质性响应的文本。

(7) 参加开标会议。

(8) 如果中标，接受中标通知书，与招标人签订合同。

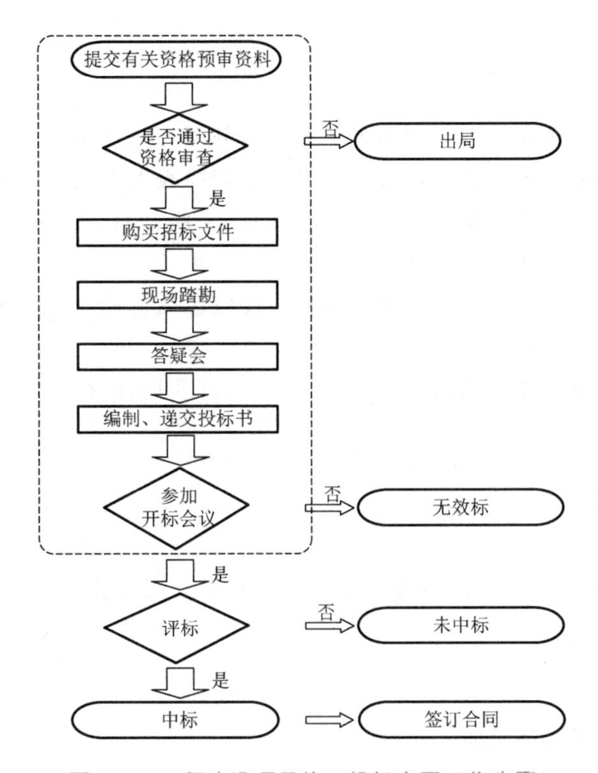

图 4.1　工程建设项目施工投标主要工作步骤

特别提示

本章引例中工程师否决承包商的要求是合法的。因为招标文件中规定砂可以免费采用，但《建设工程质量管理条例》规定进入工程现场的原材料必须复检合格后方可使用。没有合格的检验报告工程师当然不可能同意使用。投标人在进行现场踏勘时应对砂的质量进行详细的了解，且因为砂的级配用肉眼不能判断，所以应通过试验来确认，投标人在现场踏勘时缺乏对砂的试验，所以承包人要为砂场的砂不能用于工程而承担责任。

能力拓展

党的二十大报告中提出，弘扬社会主义法治精神，传承中华优秀传统法律文化，引导全体人民做社会主义法治的忠实崇尚者、自觉遵守者、坚定捍卫者。

【问题】

在建筑工程项目投标过程中经常会出现不合规现象，如围标、串标等行为，对此要承担哪些法律责任？

4.2.2 编制施工投标文件

在投标人参与投标的工作过程中，编制一份具有竞争力的投标文件是其是否能够中标的重要因素之一。

1. 施工投标文件的构成

投标书一般由商务标和技术标两部分组成。商务标有时被称作经济标，主要包括投标函及投标函附录、投标保函、法定代表人证书、法定代表人委托书、投标人有关的资格证明文件、投标预算书等。技术标主要包括初步的施工组织计划、项目班子配备及人员状况、项目组织机构的设置和企业近几年来的业绩等。

根据《标准施工招标文件》的要求，投标文件应包括下列内容（参见附录 B)。

（1）投标函及投标函附录。

（2）法定代表人身份证明或附有法定代表人身份证明的授权委托书。

（3）联合体协议书。

特别提示

投标人须知前附表规定不接受联合体投标的，或投标人没有组成联合体的，投标文件不包括联合体协议书。

（4）投标保证金。

（5）已标价工程量清单。

（6）施工组织设计（参见能力拓展和附录 B)。

（7）项目管理机构。

（8）拟分包项目情况表。

（9）资格审查资料。

（10）其他材料。

特别提示

本部分可根据附录 B 提供的示范文本部分内容格式，依照本章实训目标完成相关实训任务。

2. 编制、递交施工投标文件的基本要求

（1）投标文件应按招标文件的“投标文件格式”进行编写，如有必要，可以增加附页，作为投标文件的组成部分。其中，投标函附录在满足招标文件实质性要求的基础上，可以提出比招标文件要求更有利于招标人的承诺。

（2）投标文件应当对招标文件有关工期、投标有效期、质量要求、技术标准和要求、招标范围等实质性内容做出响应。

（3）投标文件应用不褪色的材料书写或打印，并由投标人的法定代表人或其委托代理人签字或盖单位章。委托代理人签字的，投标文件应附法定代表人签署的授权委托书。投标文件应尽量避免涂改、行间插字或删除。如果出现上述情况，改动之处应加盖单位章或

由投标人的法定代表人或其授权的代理人签字确认。签字或盖章的具体要求见投标人须知前附表。

(4) 投标文件正本一份，副本份数见投标人须知前附表。正本和副本的封面上应清楚地标记“正本”或“副本”的字样。当副本和正本不一致时，以正本为准。

(5) 投标文件的正本与副本应分别装订成册，并编制目录，具体装订要求见投标人须知前附表的规定。

(6) 投标人应当在招标文件要求提交投标文件的截止时间前，将投标文件送达投标地点。在招标文件要求提交投标文件的截止时间后送达的投标文件，招标人应当拒收。

(7) 投标人在招标文件要求提交投标文件的截止时间前，可以补充、修改或者撤回已提交的投标文件，并书面通知招标人。补充、修改的内容为投标文件的组成部分。

(8) 投标文件有下列情形之一的，招标人不予受理。

① 逾期送达的或者未送达指定地点的。

② 未按招标文件要求密封的。

特别提示

在招标实践中，投标文件有下述情形之一的，属于重大偏差，因为未能对招标文件做出实质性响应，会做否决投标处理。

(1) 没有按照招标文件要求提供投标担保或者所提供的投标担保存在瑕疵。

(2) 投标文件没有投标人授权代表签字和加盖公章。

(3) 投标文件载明的招标项目完成期限超过招标文件规定的期限。

(4) 明显不符合技术规格、技术标准的要求。

(5) 投标文件载明的货物包装方式、检验标准和方法等不符合招标文件的要求。

(6) 投标文件附有招标人不能接受的条件。

(7) 不符合招标文件中规定的其他实质性要求。

根据《招标投标法实施条例》规定，有下列情形之一的，被视为投标人相互串通投标。

(1) 不同投标人的投标文件由同一单位或者个人编制。

(2) 不同投标人委托同一单位或者个人办理投标事宜。

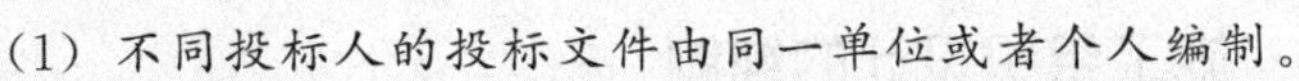

(3) 不同投标人的投标文件载明的项目管理成员为同一人。

(4) 不同投标人的投标文件异常一致或者投标报价呈规律性差异。

(5) 不同投标人的投标文件相互混装。

(6) 不同投标人的投标保证金从同一单位或者个人的账户转出。

根据《工程建设项目施工招标投标办法》，下列行为均属投标人串通投标报价。

(1) 投标人之间相互约定抬高或压低投标报价。

(2) 投标人之间相互约定在招标项目中分别以高、中、低价位报价。

(3) 投标人之间先进行内部竞价，内定中标人，然后再参加投标。

(4) 投标人之间其他串通投标报价的行为。

应用案例 4-2

【案例概况】

某省际光传送网项目，由17人组成的评标委员会于2021年9月3日开始了封闭式评标。评标开始前，招标人把参加评标人员的移动电话统一封存保管，关闭了市内电话。评标委员会按照评标程序（符合性检查、商务评议、技术评议、评比打分）对投标文件进行评议。

评标委员会对8家公司所投投标文件的投标书、投标保证金、法人授权书、资格证明文件、技术文件、投标分项报价表等各个方面进行符合性检查时，发现A公司的投标文件未经法人代表签署，也未能提供法人授权书。

评标委员会依照招标文件的要求，对通过符合性检查的投标文件进行商务评议。发现投标人B公司投标文件的竣工工期为“合同签订后150天”（招标文件规定“竣工工期为合同签订后3个月”）。

【问题】

评标委员会对A公司、B公司的投标文件应如何处理?

【案例评析】

对A公司、B公司的投标文件评标委员会应认定为无效标。

评标的目的之一是审查投标文件是否对招标文件提出的所有实质性要求和条件做出响应。投标文件应当对招标文件提出的实质性要求和条件做出响应，这是确认投标文件是否有效的最基本要求。

一般而言，投标文件对招标文件或多或少会存在一些偏差，这是正常情况，并不是所有偏差都会造成非实质性响应，只有那些重大偏差才会构成对实质性内容的改变。

能力拓展

施工组织设计目录

施工组织设计的编制

一般情况下，业主在招标文件中要求投标人在报价的同时附上施工规划，即初步的施工组织设计，业主将根据它来判断投标人是否采取了充分合理的施工措施，是否能按时完成施工任务，并以此作为评标依据。制订施工规划时的依据是设计图纸、复核工程量、现场施工条件、开（竣）工的日期要求，以及设备来源、劳动力来源等。这些与工程成本直接相关，决定工程质量、施工进度，直接影响成本及报价高低。因此，在确定报价前，应精心合理地编制施工组织设计，提高报价的竞争力，主要应注意以下几个方面的内容。

1. 施工方案

施工方案要服从和服务于工期要求、质量要求、成本要求和技术性能标准要求等。其具体内容包括施工总体部署和施工方案的编制。

其中施工总体部署是对整个工程项目的全面安排，并对工程施工中的重大战略问题进行决策，主要包括以下几个方面的内容。

（1）建立项目管理机构，包括项目经理部的人员设置及分工；划分施工阶段，确定分期分批施工、交工的安排；建立专业化施工组织和进行工程分包等工作。

（2）施工准备工作的规划，包括场地准备、组织准备、技术准备和物资准备。安排好场内外运输、施工用主干道、水电来源及引入方案；安排好场地平整方案和全场性的排水、防洪，安排好生产、生活基地。

（3）在施工方案中要确定工程开展顺序，一般按照“先地下后地上，先深后浅，先干线后支线”的原则安排，还要注意季节的影响及工程物资平衡等因素。对于主要的单项工程和单位工程及特殊的分项工程，应在施工组织设计中初步拟订其施工方案。

2. 施工总进度计划和资源需要量计划的编制

施工总进度计划是根据施工部署和施工方案，确定各单项工程的控制工期及它们之间的施工顺序和搭接关系的计划，形成总计划进度表和主要分部分项工程流水施工进度计划。

按照施工准备工作计划、施工总进度计划和主要分部分项工程流水施工进度计划编制劳动力需要量计划、材料和预制加工品需要量计划及主要施工机具和临时设施需要量计划。

3. 施工总平面图设计

施工总平面图的作用是为了正确处理全工地在施工期间所需各项设施和永久性建筑物之间的空间关系，按施工方案和施工进度计划合理规划交通道路、材料仓库、附属生产企业、临时房屋建筑和临时水电管网等，并用来指导现场文明施工。施工总平面图按规定的图例绘制，一般为1∶1000或1∶2000。

施工总平面图的设计步骤一般是：引入场外交通道路→布置仓库→布置加工厂和混凝土搅拌站→布置内部运输道路→布置临时水电管网和其他动力设施→绘制正式施工总平面图。

4.3 工程建设项目施工投标报价

投标报价是投标书的核心组成部分，招标人往往将投标人的报价作为主要标准来选择中标人。投标报价是影响投标人投标成败的关键，正确合理地计算和确定投标报价非常重要。

4.3.1 投标报价的主要依据

一般来说，投标报价的主要依据包括以下几个方面的内容。

（1）设计图纸及说明。

(2) 工程量表。

(3) 本工程施工组织设计。

(4) 技术标准及要求。

(5) 招标文件。

(6) 相关的法律、法规。

(7) 当地的物价水平。

特别提示

招标标底是业主对招标工程所需费用的预测和控制，是招标工程的期望价格，也是评标的主要依据之一。招标人可以自行决定是否编制标底。一个招标项目只能有一个标底。标底在开标前必须保密。招标人设有最高投标限价的，应当在招标文件中明确最高投标限价或者最高投标限价的计算方法。招标人不得规定最低投标限价。有下列情形之一的，评标委员会可以要求投标人做出书面说明并提供相关材料。

(1) 设有标底的，投标报价低于标底合理幅度的。

(2) 不设标底的，投标报价明显低于其他投标报价，有可能低于其企业成本的。

经评标委员会论证，认定该投标人的报价低于其企业成本的，不能推荐为中标候选人或者中标人。

4.3.2 投标报价的步骤

做好投标报价工作，需充分了解招标文件的全部含义，采用已熟悉的投标报价程序和方法。应对招标文件有一个系统而完整的理解，从合同条件到技术规范、工程设计图纸，从工程量清单到具体投标书和报价单的要求，都要严肃认真对待。投标报价的步骤一般如下。

(1) 熟悉招标文件，对工程项目进行调查与现场考察。

(2) 结合工程项目的特点、竞争对手的实力和本企业的自身状况、经验、习惯，制定投标策略。

(3) 核算招标项目实际工程量。

(4) 编制施工组织设计。

(5) 考虑工程承包市场的行情，以及人工、机械及材料供应的费用，计算分项工程直接费。

(6) 分摊项目费用，编制单价分析表。

(7) 计算投标基础价。

(8) 根据企业的施工管理水平、工程经验与信誉、技术能力、机械装备能力、财务应变能力、抵御风险的能力、降低工程成本增加经济效益的能力等，进行获胜分析、盈亏分析。

(9) 提出备选投标报价方案。

（10）编制出合理的报价，以争取中标。

4.3.3 投标报价的方法

投标报价的方法一般分为按工程预算编制和按工程量清单编制两种。

（1）按工程预算编制，即定额计价法的计价模式，又叫传统计价模式。这种方法是指按照工程预算定额来划分分部分项工程，计算各分部分项工程的价格，从而确定投标报价。这种方法准确性较高，适合招标单位已经提供了施工图纸的工程。

（2）按工程量清单编制，即综合单价法的计价模式。这种方法是指投标人按照招标人提供的工程量清单，参照预算定额（理想的是依据企业编制的“企业定额”），结合企业的施工组织技术措施和物价水平计算工程价格。这种投标报价有利于竞争，有利于促进施工生产技术发展。全部使用国有资金投资或以国有资金投资为主的项目必须采用工程量清单计价。

4.3.4 投标报价费用的构成

为适应深化工程计价改革的需要，根据国家有关法律、法规及相关政策，在原《建筑安装工程费用项目组成》（建标〔2003〕206号）执行情况的基础上，修订完成了《建筑安装工程费用项目组成》（建标〔2013〕44号），并于2013年7月1日开始执行。建筑安装工程费的组成分别按照费用构成要素和造价形成来划分。

1. 按照费用构成要素划分

建筑安装工程费按照费用构成要素由人工费、材料（包含工程设备，下同）费、施工机具使用费、企业管理费、利润、规费和税金组成。其中人工费、材料费、施工机具使用费、企业管理费和利润包含在分部分项工程费、措施项目费、其他项目费中，如图4.2所示。

2. 按照造价形成划分

建筑安装工程费按照造价形成由分部分项工程费、措施项目费、其他项目费、规费、税金组成，分部分项工程费、措施项目费、其他项目费包含人工费、材料费、施工机具使用费、企业管理费和利润，如图4.3所示。

（1）分部分项工程费：是指各专业工程的分部分项工程应予列支的各项费用。各类专业工程的分部分项工程划分见现行国家或行业计量规范。

（2）措施项目费：是指为完成建设工程施工，发生于该工程施工前和施工过程中的技术、生活、安全、环境保护等方面的费用。

（3）其他项目费。

① 暂列金额：是指建设单位在工程量清单中暂定并包括在工程合同价款中的一笔款项。用于施工合同签订时尚未确定或者不可预见的所需材料、工程设备、服务的采购，施工中可能发生的工程变更、合同约定调整因素出现时的工程价款调整，以及发生的索赔、现场签证确认等的费用。

② 计日工：是指在施工过程中，施工企业完成建设单位提出的施工图纸以外的零星项目或工作所需的费用。

③ 总承包服务费：是指总承包人为配合、协调建设单位进行的专业工程发包，对建

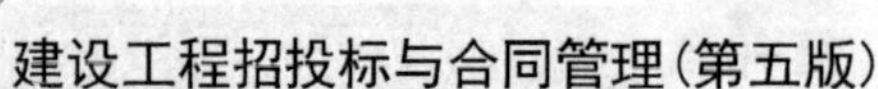

设单位自行采购的材料、工程设备等进行保管，以及施工现场管理、竣工资料汇总整理等服务所需的费用。

（4）规费：是指按国家法律、法规规定，由省级政府和省级有关权力部门规定必须缴纳或计取的费用。规费中社会保险费的建立有利于推动基本医疗保险、失业保险、工伤保险省级统筹，健全社会保障体系[①]。

（5）税金：是指根据国家现行税法规定应计入建筑安装工程造价内的税金。

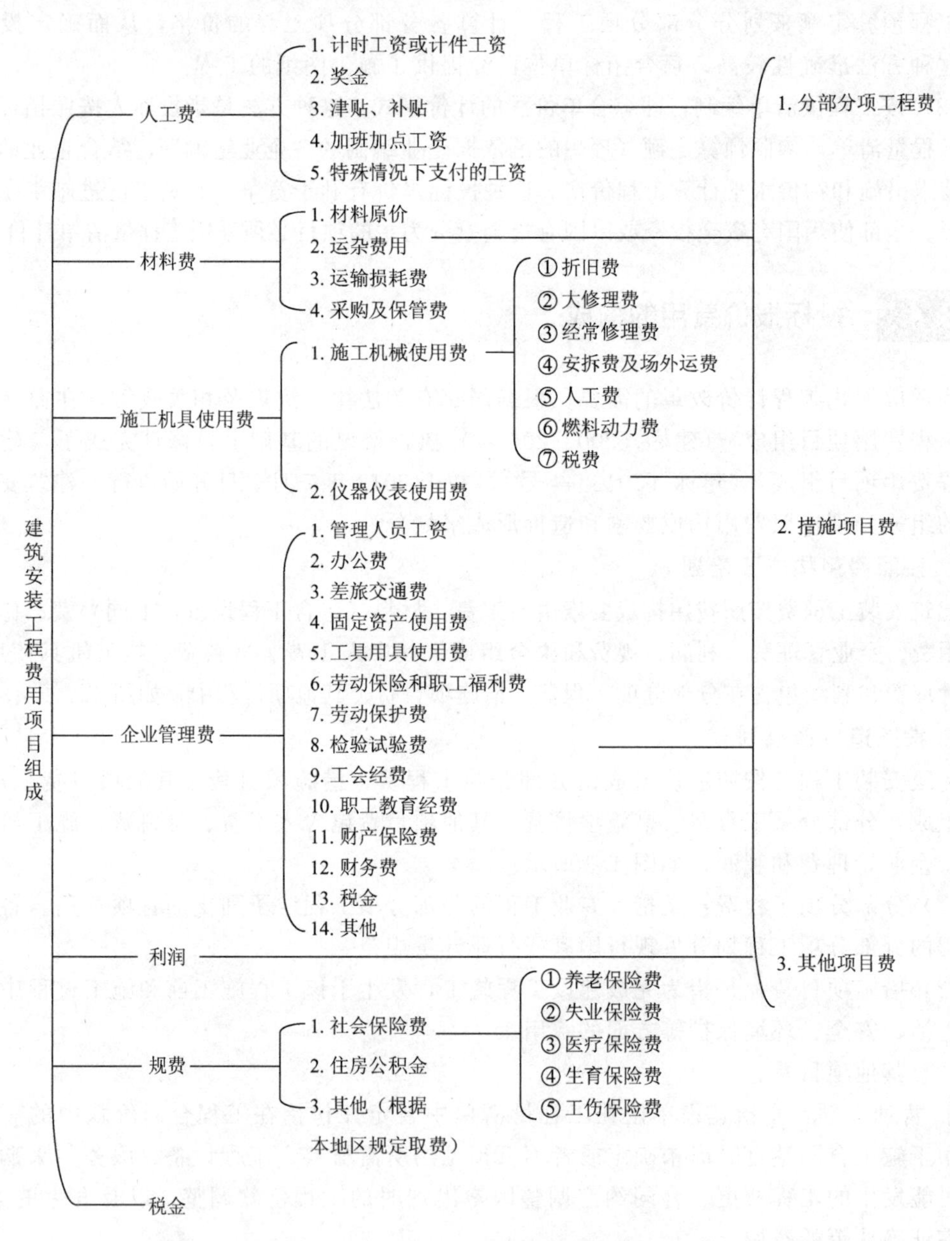

图 4.2　建筑安装工程费用项目组成（按照费用构成要素划分）

[①] 引自党的二十大报告第九条增进民生福祉，提高人民生活品质“（三）健全社会保障体系”。

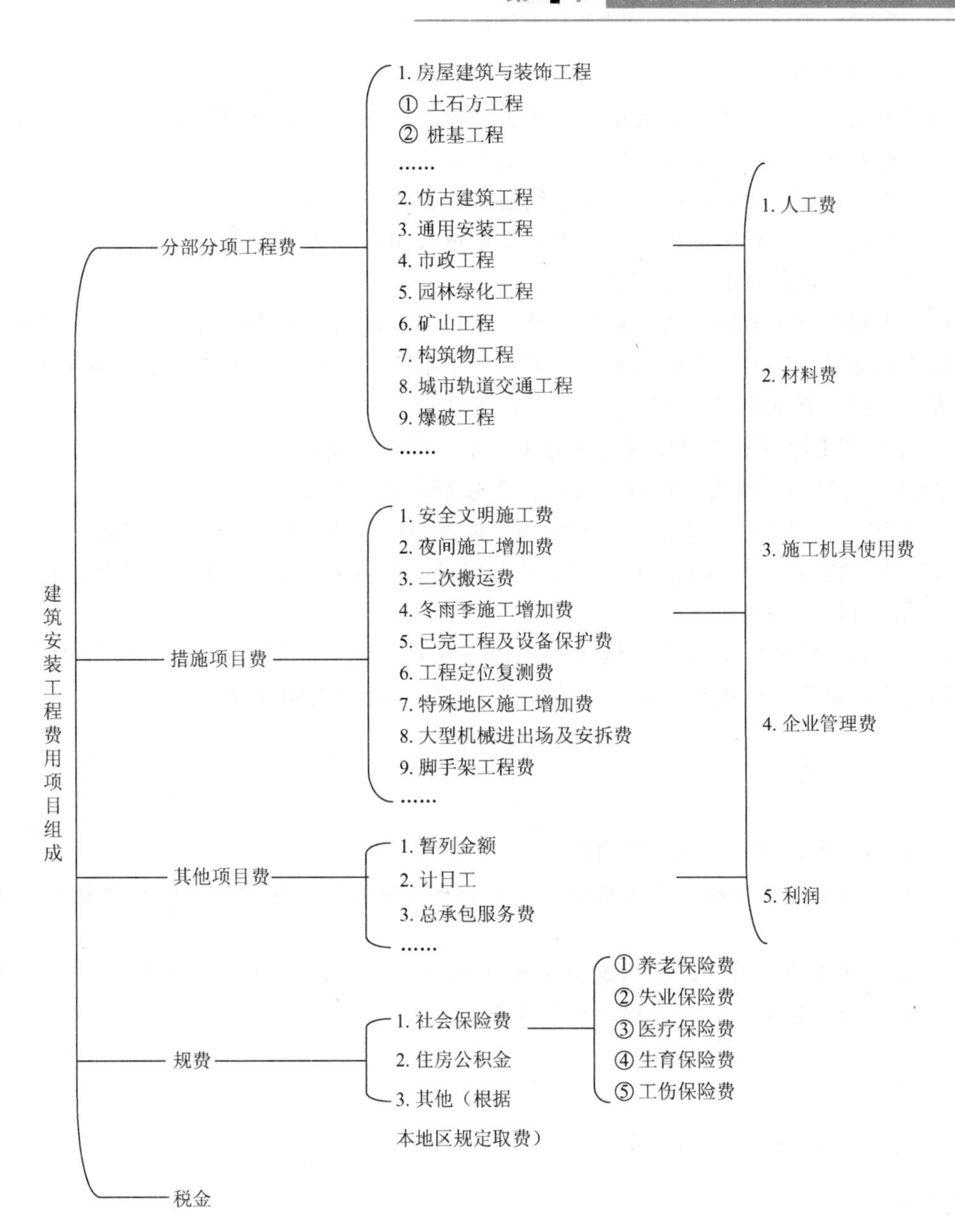

图 4.3 建筑安装工程费用项目组成（按照造价形成划分）

4.3.5 投标人报价策略及投标技巧

报价策略是指投标人通过投标决策确定的既能提高中标率，又能在中标后获得期望效益的编制投标文件及其报价的方针、策略和措施。一般情况下，投标报价的高低是决定投标人能否中标及获利的重要因素之一。投标人在投标全过程中应贯彻诚实信用原则，并选择和应用恰当的报价策略及投标技巧。

1. 不平衡报价

不平衡报价是指对工程量清单中各项目的单价按投标人预定的策略做上下浮动，但不变动按中标要求确定的总报价，使中标后能获取较好收益的投标技巧。

在建设工程施工项目投标中，不平衡报价的具体方法主要有以下几种。

(1) 前高后低。对早期工程可适当提高单价，相应地适当降低后期工程的单价。这种方法对竣工后一次结算的工程不适用。

(2) 工程量有可能增加的项目报高价。工程量有可能增加的项目单价可适当提高，反之则可适当降低。这种方法适用于按工程量清单报价、按实际完成工程量结算工程款的招标工程。工程量有可能增减的情形主要有以下几种。

① 在校核工程量清单时发现的实际工程量将增减的项目。

② 图纸内容不明确或有错误，修改后工程量将增减的项目。

③ 暂定工程中预计要实施（或不实施）的项目所包含的分部分项工程等。

(3) 工程内容不明确的报低价。没有工程量只填报单价的项目，如果是不计入总价的，则单价可适当提高。

(4) 计日工资和零星施工机械台班小时单价报价时，可稍高于工程单价中的相应单价。因为这些单价不包括在投标报价的价格中，发生时将按实计算。

特别提示

应用不平衡报价法的注意事项。

(1) 避免各项目的报价畸高畸低，注意招标文件的相关要求，否则有可能失去中标机会。

(2) 上述不平衡报价的具体做法要统筹考虑。例如，某分项工程虽然属于早期工程，但工程量可能是减少的，则不宜报高价。

应用案例 4-3

【案例概况】

某投标单位参与某商用办公楼项目投标，为了既不影响中标又能在中标后取得良好的收益，决定采用不平衡报价法对原估价做适当调整，具体报价情况见表 4-2。

表 4-2 调整前后报价表　　单位：万元

报价	分部工程			总　　价
	桩基维护工程	主体结构工程	装饰工程	
调整前（投标估价）	1480	6600	7200	15280
调整后（正式报价）	1600	7200	6480	15280

现假设桩基维护工程、主体结构工程和装饰工程的工期分别为 4 个月、12 个月和 8 个月，贷款月利率为 1%，现值系数表见表 4-3，各分部工程每月完成的工程量相同并能按

月度及时拨付工程款。

表 4-3 现值系数表

现值系数计算公式	n			
	4	8	12	16
$(P/A, 1\%, n)$	3.9020	7.6517	11.2551	14.7179
$(P/F, 1\%, n)$	0.9610	0.9235	0.8874	0.8528

【问题】

(1) 上述报价方案的调整是否合理?

(2) 计算调价前后的工程款现值差额。

【案例评析】

(1) 本案例中,投标人将前期的桩基维护工程和主体结构工程报价调高,而将后期的装饰工程报价调低,可以在施工的早期阶段收到较多的工程款,从而提高其所得工程款现值;而且调整幅度均未超过±10%,在合理范围之内,因此,该报价方案调整合理。

(2) 调价前后的工程款现值如下。

① 调整前。

桩基维护工程每月工程款 $A_1=1480/4=370$(万元)

主体结构工程每月工程款 $A_2=6600/12=550$(万元)

装饰工程每月工程款 $A_3=7200/8=900$(万元)

调整前的工程款现值:

$$\begin{aligned}PV_0&=A_1(P/A,1\%,4)+A_2(P/A,1\%,12)(P/F,1\%,4)+A_3(P/A,1\%,8)(P/F,1\%,16)\\&=370\times3.9020+550\times11.2551\times0.9610+900\times7.6517\times0.8528\\&\approx1443.74+5948.88+5872.83\\&=13265.45(\text{万元})\end{aligned}$$

② 调整后。

桩基维护工程每月工程款 $A_1'=1600/4=400$(万元)

主体结构工程每月工程款 $A_2'=7200/12=600$(万元)

装饰工程每月工程款 $A_3'=6480/8=810$(万元)

调整后的工程款现值:

$$\begin{aligned}PV&=A_1'(P/A,1\%,4)+A_2'(P/A,1\%,12)(P/F,1\%,4)+A_3'(P/A,1\%,8)(P/F,1\%,16)\\&=400\times3.9020+600\times11.2551\times0.9610+810\times7.6517\times0.8528\\&\approx1560.80+6489.69+5285.55\\&=13336.04(\text{万元})\end{aligned}$$

$PV-PV_0=13336.04-13265.45=70.59$(万元)

因此,投标人采用不平衡报价法后所得工程款现值差额为 70.59 万元。

2. 多方案报价法

多方案报价法是投标人针对招标文件中的某些不足,提出有利于业主的替代方案(又称备选方案),用合理化建议吸引业主争取中标的一种投标技巧。

多方案报价法具体做法：按招标文件的要求报正式标价；在投标书的附录中提出替代方案，并说明如果被采纳，报价将降低的数额。

(1) 替代方案的种类。

① 修改合同条款的替代方案。

② 合理修改原设计的替代方案等。

(2) 多方案报价法的特点。

① 多方案报价法是投标人的“为业主服务”经营思想的体现。

② 多方案报价法要求投标人有足够的商务经验或技术实力。

③ 招标文件明确表示不接受替代方案时，应放弃采用多方案报价法。

3. 提高中标率的投标技巧

业主在招标择优选择中标人时，往往在价格、技术、质量、期限、服务等方面有不同的要求，投标人应通过信息资料的收集掌握业主的意图，采用有针对性的策略和技巧，满足业主的要求，增加中标的可能性。

(1) 服务取胜法。

服务取胜法是投标人在工程建设的前期阶段，主动向业主提供优质的服务，如代办征地、拆迁、报建、审批、申办施工许可证等各种手续，与业主建立起良好的合作关系，有了这个基础，只要能争取进入评标委员会的推荐名单，就能增加中标的概率。

(2) 低标价取胜法。

建设工程中的中小型项目，往往技术要求明确，有成功的建设经验，业主大多采用“经评审的最低投标报价法”评标、定标。对于这类工程的投标人，应切实把握自己的成本，在不低于成本的条件下，尽可能降低报价，争取以最低价中标。

(3) 缩短工期取胜法。

建设项目实行法人负责制后，业主投资的资金时间价值的意识明显提高。投标人应在充分认识缩短工期的风险的前提下，制定切实可行的技术措施，合理压缩工期，以业主满意的期限，争取中标。

(4) 质量信誉取胜法。

质量信誉取胜法是指投标人依靠自己长期努力建立起来的质量信誉争取中标的策略。质量信誉是企业信誉的重要组成部分，是企业长期诚信经营的结晶，一旦获得市场的认同，意味着企业能够进入良性循环阶段。企业在创建质量信誉的过程中，需要付出一定的代价。

投标技巧是投标人在长期的投标实践中，逐步积累的授标竞争取胜的经验，在国内外的建筑市场上，经常运用的投标技巧还有很多，如突然降价法、先亏后赢法等。投标人应用时，一要注意项目所在地国家法律、法规是否允许使用；二要根据招标项目的特点选用；三要坚持贯彻诚实信用原则，否则只能获得短期利益，却有可能损害自己的声誉。

综合应用案例

【案例概况】

某工程项目为非洲某国政府建设的两所学院，资金由非洲银行提供，属技术援助项目，招标范围仅为土建工程的施工。

1. 投标过程

我国某工程承包公司（以下简称我国公司）获得该国建设两所学院的招标信息后，考虑到准备在该国发展业务，决定参加该项目的投标。由于我国与该国没有外交关系，经过几番周折，我国公司组建的投标小组到达该国时离投标截止日仅 20 天。购买招标文件后，投标小组没有时间进行全面的招标文件分析和详细的环境调查，仅粗略地估算了各种费用，便进行投标报价，待开标后才发现报价低于正常价格的 30%。开标后业主代表、监理工程师进行了投标文件的分析，对授标产生了分歧。监理工程师坚持认定我国公司的标为无效标，因为报价太低肯定亏损，如果授标则肯定不能完成。但业主代表坚持将该标授予我国公司，并坚信该项目一定能顺利完成。最终，我国公司中标。

2. 合同中的问题

中标后我国公司认真分析了招标文件并调查了该地区的市场价格，发现报价确实过低，合同风险较大，如果承接，至少要亏损 100 万美元以上。合同中主要存在如下问题。

(1) 没有固定汇率条款，合同以当地货币计价，而经过调查发现，汇率一直变动不定。

(2) 合同中没有预付款的条款，按照合同所确定的付款方式，我国公司要投入很多自有资金，这样不仅会造成资金困难，而且财务成本也会相应增加。

(3) 合同条款规定不免税，工程的税收约为 13%的合同价格，而按照非洲银行与该国政府的协议本工程应该免税。

3. 我国公司的努力

在收到中标函后，我国公司与业主代表进行了多次接触。一方面感谢其支持和信任，决心搞好工程，另一方面也讲述了所遇到的困难——由于报价太低，合同风险过大，希望业主在以下几个方面给予支持。

(1) 按照国际惯例将汇率以投标截止日前 28 天的中央银行的外汇汇率固定下来，以减少我国公司的汇率风险。

(2) 合同中虽没有预付款，但作为非洲银行的经济援助项目通常有预付款，希望业主拨付相应的预付款以保证合同顺利推进。

(3) 通过调查了解获悉，在非洲银行与该国政府的经济援助协议上该项目是免税的，因此该项目应执行这个协议。合同中规定由我国公司交纳税赋，应予修改。

4. 最终结果

由于业主代表坚持将该项目授予我国公司，如果该项目失败，业主也要承担责任。所以，对我国公司提出的上述三个要求，业主也尽了最大努力与政府交涉。最终，我国公司的三点要求都得到满足，在该项目中我国公司顺利地完成了合同，业主也比较满意。

【思考】

(1) 我国公司在投标过程中采用了何种投标技巧？

(2) 我国公司在投标过程中存在哪些失误？

【案例评析】

该项目投标工作带来以下启示。

(1) 承包商在开辟新市场时必须十分谨慎，特别在国际招标工程项目中，必须详细地进行一般环境和特殊环境的调查和研究，对招标文件进行深入细致的分析。

(2) 合同中没有固定汇率的条款，在进行标后谈判时可以引用国际惯例要求业主修改合同条件。

(3) 工程中承包商与业主代表的关系是关键。能够获得业主代表、监理工程师的支持，这对合同的签订、履行和工程实施是十分重要的。

本章小结

本章对工程建设项目施工投标工作的主要内容进行了详细介绍和说明。工程建设项目施工投标的主要工作包括施工投标准备，投标过程中按照招标文件的规定参加投标活动，编制符合要求且具有竞争力的投标文件。其中投标报价的基本策略和方法运用是否得当是直接关系到投标人能否中标的决定性因素之一。因此，作为投标人必须熟悉投标工作的基本步骤，编制合格的投标文件，并能够恰当运用投标报价策略和技巧进行报价。

习　题

一、单选题

1. 投标书是投标人的投标文件，是对招标文件提出的要求和条件做出（　　）的文本。

A. 附和　　B. 否定　　C. 响应　　D. 实质性响应

2. 投标文件正本（　　），副本份数见投标人须知前附表。正本和副本的封面上应清楚地标记“正本”或“副本”的字样。当副本和正本不一致时，以正本为准。

A. 1 份　　B. 2 份　　C. 3 份　　D. 4 份

3. 投标文件应用不褪色的材料书写或打印，并由投标人的法定代表人或其委托代理人签字或盖单位章。委托代理人签字的，投标文件应附法定代表人签署的（　　）。

A. 意见书　　B. 法定委托书　　C. 指定委托书　　D. 授权委托书

4. 下列选项中关于投标预备会的解释正确的是（　　）。

A. 投标预备会是招标人为投标人踏勘现场而召开的准备会

B. 投标预备会是招标人为解答投标人在踏勘现场提出的问题召开的会议

C. 投标预备会是招标人为解答投标人在阅读招标文件后提出的问题召开的会议

D. 投标预备会是招标人为解答投标人在阅读招标文件和踏勘现场后提出的疑问，按照招标文件规定的时间而召开的会议

5. 根据《房屋建筑和市政基础设施工程施工招标投标管理办法》关于投标保证金最高限额的规定说法正确的是（　　）。

A. 投标保证金一般不得超过投标总价的 1%，最高不超过 50 万元人民币

B. 投标保证金一般不得超过投标总价的2%，最高不超过80万元人民币
C. 投标保证金一般不得超过投标总价的2%，最高不超过50万元人民币
D. 投标保证金一般不得超过投标总价的1%，最高不超过80万元人民币
6. 下列选项中，属于投标文件密封的规范中要求投标文件外层封套应写明的是（　　）。
A. 开启时间　　B. 投标人地址　　C. 投标人名称　　D. 投标人邮政编码
7. 工程投标文件一般的内容组成不包括（　　）。
A. 技术性能参数的详细描述　　B. 投标函及投标函附录
C. 施工组织设计　　D. 已标价的工程量清单
8. 下列行为中，表明投标人已参与投标竞争的是（　　）。
A. 资格预审通过　　B. 提交投标文件
C. 购买招标文件　　D. 编写投标文件
9. 下列选项中，对投标保证金金额的相关内容描述不正确的是（　　）。
A. 投标保证金金额通常有相对比例金额和固定金额两种形式
B. 相对比例金额以投标总价作为计算基数
C. 固定金额是招标文件规定投标人提交统一金额的投标保证金
D. 相对比例投标保证金金额与投标报价无关
10. 投标人递交投标文件时，出现下列情形，招标人仍可接收的是（　　）。
A. 未送达指定地点
B. 未按招标文件要求提交投标保证金
C. 未按规定时间送达，但招标人愿意接纳
D. 未按照规定密封的
11. 下列关于投标有效期的说法中，错误的是（　　）。
A. 拒绝延长投标有效期的投标人有权收回投标保证金
B. 投标有效期从投标人递交投标文件之日起计算
C. 在投标有效期内，投标文件对投标人有法律约束力
D. 投标有效期的设定应保证招标人有足够的时间完成评标和与中标人签订合同
12. 下列关于投标人对投标文件修改的说法中，正确的是（　　）。
A. 投标人提交投标文件后不得修改其投标文件
B. 投标人可以利用评标过程中对投标文件澄清的机会修改其投标文件，且修改内容应当作为投标文件的组成部分
C. 投标人对投标文件的修改，可以使用单独的文件进行密封、签署并提交
D. 投标人修改投标文件的，招标人有权接受较原投标文件更为优惠的修改并拒绝对招标人不利的修改
13. 下列关于投标文件密封的说法中，错误的是（　　）。
A. 投标文件的密封要求应在招标文件中写明
B. 投标文件未按照招标文件要求密封的，招标人有权不予退还该投标人的投标保证金
C. 招标人可以在法律规定的基础上，对密封和标记增加要求
D. 投标文件未密封的不得进入开标

14. 关于投标文件的构成和标志，下列说法正确的是（　　）。

A. 投标文件应当全面响应招标文件提出的实质性要求和条件

B. 工程施工项目的投标文件必须包括用于完成招标项目的机械设备和分包人名单

C. 联合体投标的，投标文件应包括每个联合体成员提供的投标函

D. 公开招标项目，投标文件应包括经公证的授权委托书

15. 下列主体从事招投标活动时，可以不适用《招标投标法》的是（　　）。

A. 境外中资企业　　B. 境内外商独资企业

C. 境内私营企业　　D. 境内中外合资企业

二、多选题

1. 投标资格申请人不得存在的情况包括（　　）。

A. 为本标段的代建人

B. 为本标段的监理单位

C. 为本标段前期准备提供设计或咨询服务的设计施工总承包单位

D. 为本标段提供招标代理服务的单位

E. 与本标段的代建人同为一个法定代表人的

2. 以下项目属于措施费的包括（　　）。

A. 安全文明施工费　　B. 临时设施费

C. 夜间施工费　　D. 材料二次搬运费

E. 工程排污费

3. 采用工程量清单报价法编制的投标报价，主要由（　　）几部分构成。

A. 分部分项工程费　　B. 其他项目费

C. 措施项目费　　D. 规费和税金

E. 间接费

4. 某施工招标项目接受联合体投标，其资质条件为钢结构工程专业承包二级和装饰装修专业承包一级施工资质。以下符合该资质要求的联合体是（　　）。

A. 具有钢结构工程专业承包二级和装饰装修专业承包二级施工资质

B. 具有钢结构工程专业承包一级和装饰装修专业承包一级施工资质

C. 具有钢结构工程专业承包一级和装饰装修专业承包二级施工资质

D. 具有钢结构工程专业承包二级和装饰装修专业承包一级施工资质

E. 具有钢结构工程专业承包二级和装饰装修专业承包三级施工资质

5. 下列内容是投标文件的，包括（　　）。

A. 施工组织设计　　B. 投标函及投标函附录

C. 缴税证明　　D. 固定资产证明

E. 投标保证金或保函

三、简答题

1. 试述工程建设项目投标文件的组成部分。

2. 建设工程投标的步骤有哪些？

四、案例题

1. 某依法必须招标的大型工程项目，其招标方式经核准为公开招标，业主委托某招

标代理公司实施代理。招标代理公司在规定媒体发布了招标公告，编制并发售了招标文件。招标文件规定：投标担保可采用投标保证金或投标保函方式担保；评标方法采用经评审的最低投标价法；投标有效期为60天。开标后发现以下情况。

（1）A投标人的投标报价为8000万元，经评审后推荐其为中标候选人。

（2）B投标人在开标后又提交了一份补充说明，提出可以降价5%。

（3）C投标人提交的银行投标保函有效期为70天。

（4）D投标人投标文件的投标函盖有企业及企业法定代表人的印章，但没有加盖项目负责人的印章。

（5）E投标人与其他投标人组成了联合体投标，附有各方资质证书，但没有联合体共同投标协议书。

（6）F投标人的投标报价最低，故F投标人在开标后第二天撤回了其投标文件。

经过对投标书的评审，A投标人被确定为中标候选人。发出中标通知书后，招标人和A投标人进行了合同谈判，希望A投标人能再压缩工期、降低费用。经谈判后双方达成一致，不压缩工期，降价3%。

问题：

（1）分析A、B、C、D、E投标人的投标文件是否有效？请说明理由。

（2）F投标人的投标文件是否有效？对其撤回投标文件的行为应如何处理？

（3）该项目施工合同的签订依据是什么？合同价格应是多少？

2. 某项工程公开招标，在投标文件的编制与递交阶段，某投标单位认为该工程原设计结构方案采用框架-剪力墙体系过于保守，该投标单位在投标报价书中建议，将框架-剪力墙体系改为框架体系，经技术经济分析和比较，可降低造价约2.5%。该投标单位将技术标和商务标分别封装，在投标截止日前一天上午将投标文件报送业主。次日（即投标截止日当天）下午，在规定的开标时间前一小时，该投标单位又递交了一份补充资料，其中声明将原报价降低4%。但招标单位的有关工作人员认为一个投标单位不能递交两份投标文件，因而拒收了投标单位的补充资料。

问题：

（1）招标单位的有关工作人员是否应拒绝该投标单位的投标？请说明理由。

（2）该投标单位在投标中运用了哪几种报价技巧？其是否得当？并加以说明。

3. 某管道工程采用工程量清单招标，其指定的招标原则为“低价优先”。招标文件中提供的工程量为估算量，工程结算以实际完成的工程量结算。现在某投标人有两种报价方案，其报价方案对比见表4-4。

表4-4 报价方案对比

分项工程名称	单位	招标文件工程量	实际完成工程量	方案1单价/元	方案2单价/元
黏土开挖	m^3	9000	18000	5.4	2
岩石开挖	m^3	2800	2800	26	25
7寸钢管铺设	m	800	800	16	18

续表

分项工程名称	单位	招标文件工程量	实际完成工程量	方案 1 单价/元	方案 2 单价/元
级配砂石回填	m^3	3600	3600	21	20
3∶7 灰土回填	m^3	5600	7000	13	20
表层土回填	m^3	500	500	5	6

问题：

(1) 计算方案 1 和方案 2 按照招标文件估算的工程量的工程价格。

(2) 计算方案 1 和方案 2 按照实际完成的工程量的工程价格。

(3) 分别分析招标人和投标人采取哪一种方案在招标阶段占优势，哪一种方案在结算阶段占优势。

五、实训题

实训目标：

为提高学生的实践能力和专业水平，将相关投标理论知识转化为编制施工投标文件的专业技能，以本章《标准施工招标文件》中投标文件格式部分为范本，并结合教材所列施工投标文件案例，练习编写施工投标文件。

实训要求：

案例背景可参照本书第 3 章的实训内容，也可根据学生专业课程学习情况安排。

(1) 编写内容：教师根据教学实际需要，指导学生根据范本编写投标文件。

(2) 编写要求：教师可以将本部分实训教学内容分散安排在各节教学过程中，也可以在本章结束后统一安排。教师指导学生按照教学内容编写，尽量做到规范化、标准化。

第5章 工程建设项目施工开标、评标和定标

教学目标

本章介绍了工程建设项目施工开标、评标和定标的相关知识。通过本章的学习，学生应了解工程建设项目施工开标、评标和定标工作的主要内容和程序，掌握评标委员会成员的组成要求、评标的主要步骤和主要方法。结合本章案例，重点掌握综合评估法的计算规则和方法，熟练掌握《招标投标法》对工程建设项目施工开标、评标和定标的具体规定，并对实际案例做出正确的分析。

思维导图

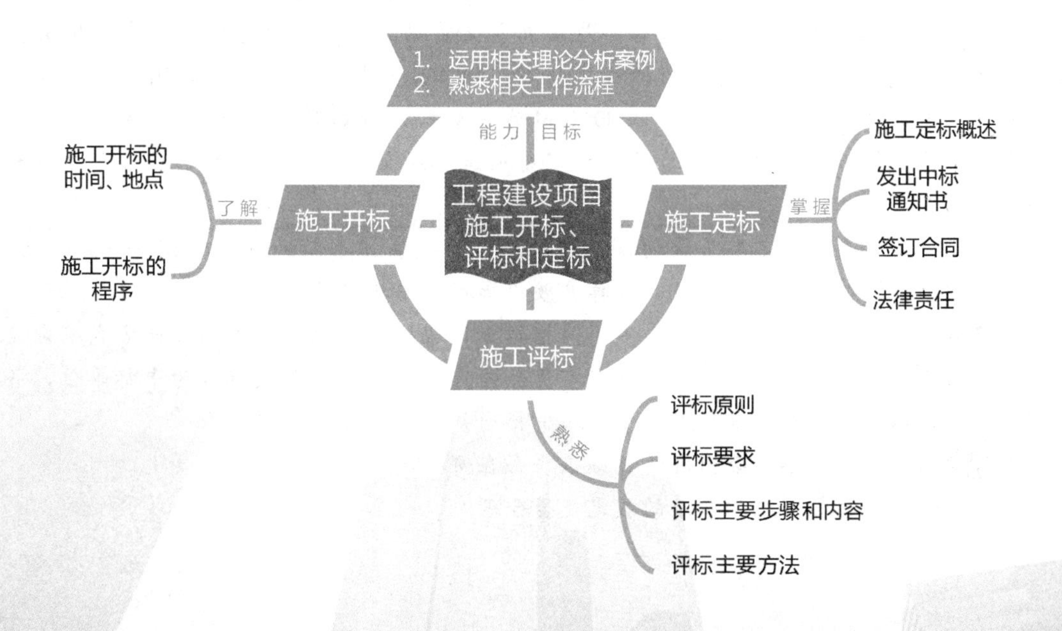

引例

某招标代理机构受某业主的委托办理该单位办公大楼装饰（含幕墙）工程施工项目招投标事宜。该办公大楼装饰（含幕墙）工程施工招标于2020年5月23日公开发布招标公告，到报名截止日2020年5月27日，因响应的供应商报名数（仅有1个）未能达到法定要求，导致招标失败；遂于2020年5月28日在省建设工程信息网络上延长了7天的报名时间，又对该工程进行第二次公开招标，招标人还从当地建筑企业供应商库中电话邀请了7家符合资质的供应商参与竞标。到2020年7月5日投标截止日，共有3家投标单位参与投标，经资格审查，有2家投标企业资格不符合招标文件要求，导致招标再次失败。依据有关规定，拟采用直接发包方式确定施工单位。

监督管理机构的经办人员在资料审查过程中发现，评标委员会出具的评审报告中的综合评审意见与评审中反映的问题如下：A公司与B公司组建了联合体投标，投标报价为473万元，工期为100天，联合体不符合法律规定，应做无效标处理。原因是：双方只有建筑装饰装修工程专业承包资质，没有建筑幕墙工程专业承包资质。评标委员会一致认为：联合体资质不符合要求，应做无效标处理。C公司投标报价为449万元，工期为105天，无建筑幕墙工程专业承包资质，应做无效标处理。在其企业资质证书变更栏中载明：可承担单位工程造价300万元及以下建筑室内、室外装饰装修工程（建筑幕墙工程除外）的施工。其无建筑幕墙工程专业承包资质，应做无效标处理。而第三投标人D公司的投标报价为461万元，工期为102天，该公司既有建筑装饰装修工程专业承包资质又有建筑幕墙工程专业承包资质，完全符合招标文件的要求，属于合格标。这样3家投标，其中2家的投标为无效标，只有1家的投标为有效投标，明显失去了竞争力。因此，评标委员会的评审报告的最后结论是："有效投标人少于3家，建议宣布招标失败。"

监督管理机构的审查人员对这个项目招投标的全过程进行了综合分析。从招标文件的内容来看，比较周密、科学，体现了公开招标的公平性；从3家投标人的投标文件所反映的施工组织设计和预算报价来看，是认真、慎重的，3家报价悬殊且具有一定的竞争性。因此，审查人认为：这次招标程序合法，操作比较规范，体现了我国招投标法的基本精神实质，应当确定第三投标人D公司为中标人，评标委员会的评审结论不够科学。所以，向领导反映审查情况的同时，审查人建议提交当地建设工程专家鉴定委员会评审。

经过建设工程专家鉴定委员会的详细评审及对有关法律条款的充分讨论，一致认为：应当根据两次公开招标的实际情况，推荐有效投标人为中标单位。

最终监督管理机构经集体研究，不予同意招标代理机构要求采用直接发包方式确定施工单位，而要求其采纳建设工程专家鉴定委员会的建议确认其有效投标人为中标单位，并按法定程序予以公示，无异议后发给中标人中标通知书，并签订合同。

思考：（1）该评标委员会出具的评标报告存在哪些问题？

（2）监督管理机构最后的裁定是否合理？

5.1 工程建设项目施工开标

5.1.1 工程建设项目施工开标的时间、地点

公开招标和邀请招标均应举行开标会议，以体现招标的公开、公平和公正原则。开标应在招标文件确定的投标截止时间的同一时间公开进行。开标地点应是招标文件规定的地点，已经建立公共资源交易中心的地方，开标应当在当地公共资源交易中心举行。

5.1.2 工程建设项目施工开标的程序

1. 参加开标会议的人员

开标会议由招标单位主持，并邀请所有投标单位的法定代表人或其代理人参加。建设行政主管部门及其工程招投标监督管理机构依法实施监督。

2. 开标程序

（1）宣布开标纪律。

（2）公布在投标截止时间前递交投标文件的投标人名称，并点名确认投标人是否派人到场。

（3）宣布开标人、唱标人、记录人、监标人等有关人员姓名。

（4）按照投标人须知前附表的规定检查投标文件的密封情况。根据《招标投标法》第三十六条规定：开标时由投标人或其推选的代表检查投标文件的密封情况，也可以由招标人委托的公证机构检查并公证。

（5）按照投标人须知前附表的规定确定并宣布投标文件开标顺序。

开标服务操作规范、开标会现场

（6）设有标底的，公布标底。

（7）按照宣布的开标顺序当众开标，公布投标人名称、标段名称、投标保证金的递交情况、投标报价、质量目标、工期及其他内容，并记录在案。

（8）投标人代表、招标人代表、监标人、记录人等有关人员在开标记录表上签字确认。

（9）开标结束。

特别提示

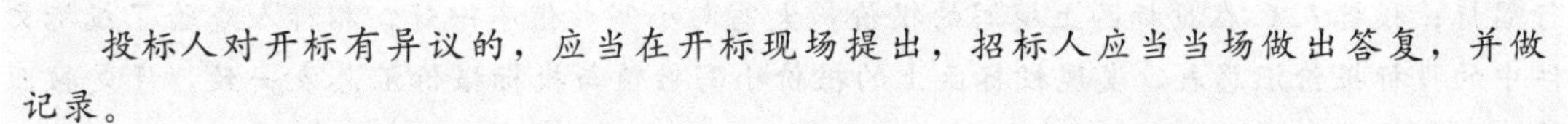

投标人对开标有异议的，应当在开标现场提出，招标人应当当场做出答复，并做记录。

招标项目设有标底的，招标人应当在开标时公布。标底只能作为评标的参考，不得以投标报价是否接近标底作为中标条件，也不得以投标报价超过标底上下浮动范围作为否决投标的条件。

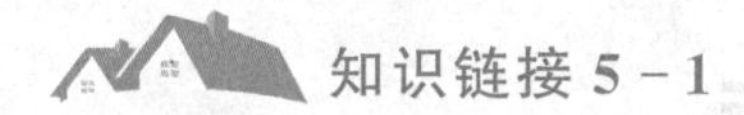

知识链接 5-1

______(项目名称)______标段施工开标记录表

开标时间：____年____月____日____时____分

开标地点：______________________

（一）唱标记录

序号	投标人	密封情况	投标保证金	投标报价/元	质量目标	工期	备注	签名
招标人编制的标底（如果有）								

（二）开标过程中的其他事项记录

（三）出席开标会的单位和人员（附签到表）

招标人代表：　　　　　　记录人：　　　　　　监标人：

年　　月　　日

能力拓展

【案例背景】

某工程施工招标项目采用资格后审方式组织公开招标，在投标截止日前，招标人共收到投标人提交的6份投标文件。随后招标人组织有关人员对投标人的资格进行审查，查验有关证明、证件原件。有一个投标人没有派人参加开标会议，还有一个投标人少携带了一个证件的原件，没能通过招标人组织的资格审查。招标人就对通过资格审查的投标人A、B、C、D组织了开标。

唱标过程中，投标人B的投标函上有两个报价，招标人要求其确认其中的一个报价进行唱标；投标人C在投标函上填写的报价，大写与小写数值不一致，招标人查验了投标文件中的投标报价汇总表，发现投标函上的报价小写数值与投标报价汇总表一致，于是按照其小写数值进行了唱标。

【问题】

(1) 招标人确定能够进入开标阶段的投标人的做法是否正确？为什么？

(2) 招标人在唱标过程中的做法是否正确？为什么？

5.2 工程建设项目施工评标

5.2.1 工程建设项目施工评标原则

评标人员应当按照招标文件确定的评标标准和方法，对投标文件进行评审和比较，要本着实事求是的原则，不得带有任何主观意愿和偏见，高质量、高效率地完成评标工作，并应遵循以下规定。

（1）评标活动遵循公平、公正、科学、择优的原则。

（2）评标活动依法进行，任何单位和个人不得非法干预或者影响评标过程和结果。

（3）招标人应当采取必要措施，保证评标活动在严格保密的情况下进行。

（4）评标活动及其当事人应当接受依法实施的监督。

有关行政监督部门依照国务院或者地方政府的职责分工，对评标活动实施监督，依法查处评标活动中的违法行为。

5.2.2 工程建设项目施工评标要求

1. 评标委员会

评标由招标人依法组建的评标委员会负责。评标委员会由招标人的代表和有关技术、经济等方面的专家组成，成员人数为5人以上单数，其中招标人、招标代理机构以外的技术、经济等方面的专家不得少于成员总数的2/3。评标委员会的专家成员，应当由招标人从建设行政主管部门及其他有关政府部门确定的专家名册或者工程招标代理机构的专家库内相关专业的专家名单中确定。确定专家成员一般应当采取随机抽取的方式。

与投标人有利害关系的人不得进入相关项目的评标委员会，已经进入的应当更换。评标委员会成员的名单在中标结果确定前应当保密。

评标委员会成员有下列情形之一的，应当回避。

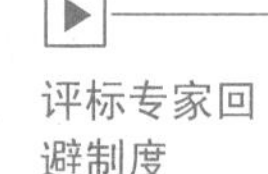

（1）招标人或投标人的主要负责人的近亲属。

（2）项目主管部门或者行政监督部门的人员。

（3）与投标人有经济利益关系，可能影响对投标公正评审的人员。

（4）曾因在招标、评标及其他与招投标有关活动中从事违法行为而受过行政处罚或刑事处罚的人员。

评标委员会成员不得收受他人的财物或者其他好处，不得向他人透漏对投标文件的评审和比较、中标候选人的推荐情况及评标有关的其他情况。在评标活动中，评标委员会成员不得擅离职守，影响评标程序正常进行，不得使用“评标办法”没有规定的评审因素和标准进行评标。

2. 对招标人的纪律要求

招标人不得泄露招投标活动中应当保密的情况和资料，不得与投标人串通损害国家利益、社会公共利益或者他人合法权益。在《招标投标法实施条例》中规定有下列情形之一的，属于招标人与投标人串通投标。

（1）招标人在开标前开启投标文件并将有关信息泄露给其他投标人。

（2）招标人直接或者间接向投标人泄露标底、评标委员会成员等信息。

（3）招标人明示或者暗示投标人压低或者抬高投标报价。

（4）招标人授意投标人撤换、修改投标文件。

（5）招标人明示或者暗示投标人为特定投标人中标提供方便。

（6）招标人与投标人为谋求特定投标人中标而采取的其他串通行为。

3. 对投标人的纪律要求

串标、围标

投标人不得相互串通投标或者与招标人串通投标，不得向招标人或评标委员会成员行贿谋取中标，不得以他人名义投标或者以其他方式弄虚作假骗取中标；投标人不得以任何方式干扰、影响评标工作。在《招标投标法实施条例》中规定，禁止投标人相互串通投标。

有下列情形之一的，属于投标人相互串通投标。

（1）投标人之间协商投标报价等投标文件的实质性内容。

（2）投标人之间约定中标人。

（3）投标人之间约定部分投标人放弃投标或者中标。

（4）属于同一集团、协会、商会等组织成员的投标人按照该组织要求协同投标。

（5）投标人之间为谋取中标或者排斥特定投标人而采取的其他联合行动。

有下列情形之一的，也被视为投标人相互串通投标。

（1）不同投标人的投标文件由同一单位或者个人编制。

（2）不同投标人委托同一单位或者个人办理投标事宜。

（3）不同投标人的投标文件载明的项目管理成员为同一人。

（4）不同投标人的投标文件异常一致或者投标报价呈规律性差异。

（5）不同投标人的投标文件相互混装。

（6）不同投标人的投标保证金从同一单位或者个人的账户转出。

4. 对与评标活动有关的工作人员的纪律要求

与评标活动有关的工作人员不得收受他人的财物或者其他好处，不得向他人透漏对投标文件的评审和比较、中标候选人的推荐情况及与评标有关的其他情况。在评标活动中，与评标活动有关的工作人员不得擅离职守，影响评标程序正常进行。

5. 其他要求

投标人和其他利害关系人认为本次招标活动有违反法律、法规和规章规定的，有权向有关行政监督部门投诉。

5.2.3 工程建设项目施工评标主要步骤和内容

施工招标应依据招标工程的规模、技术复杂程度来决定评标的办法与时间。一般国际性招标项目评标需要3～6个月，如我国鲁布革水电站引水工程国际公开招标项目评标时间约为5个月。但小型工程由于承包工作内容较为简单、合同金额不大，可以采用即开、即评、即定的方式，可由评标委员会直接确定中标人。国内大型工程项目的评审因评审内容复杂、涉及面广，通常分成初步评审和详细评审两个阶段进行。

1. 初步评审

初步评审也称对投标书的响应性审查，此阶段不是比较各投标书的优劣，而是以投标须知为依据，检查各投标书是否为响应性投标，确定投标书的有效性。初步评审从投标书中筛选出符合要求的合格投标书，剔除存在重大偏差的无效投标书和严重违反规定的投标书，以减少详细评审的工作量，保证评审工作的顺利进行。

初步评审主要包括符合性评审、技术性评审和商务性评审几个方面。

(1) 符合性评审。

① 投标人的资格。核对是否为通过资格预审的投标人；或对未进行资格预审提交的资格材料进行审查，该项工作内容和步骤与资格预审大致相同。

② 投标文件的有效性。主要是指投标保证的有效性，即投标保证的格式、内容、金额、有效期、开具单位是否符合招标文件要求。

③ 投标文件的完整性。投标文件是否提交了招标文件规定应提交的全部文件，有无遗漏。

④ 与招标文件的一致性。即投标文件是否实质上响应了招标文件的要求，具体是指投标文件与招标文件的所有条款、条件和规定是否相符，对招标文件的任何条款、数据或说明是否有任何修改、保留和附加条件。

特别提示

通常符合性评审是初步评审的第一步，如果投标文件实质上不响应招标文件的要求，招标单位将予以拒绝，并不允许投标单位通过修正或撤销其不符合要求的差异或保留，使之成为具有响应性的投标。

(2) 技术性评审。投标文件的技术性评审包括施工方案、工程进度与技术措施、质量管理体系与措施、安全保证措施、环境保护管理体系与措施、资源（劳务、材料、机械设备）、技术负责人等方面是否与国家相应规定及招标项目的相关实质性要求符合。

(3) 商务性评审。投标文件的商务性评审主要是指投标报价的审核，审查全部报价数据计算的准确性。如投标书中存在计算或统计的错误，由招标委员会予以修正后请投标人签字确认。修正后的投标报价对投标人起约束作用。如投标人拒绝确认，则没收其投标保证金。

(4) 对招标文件响应的偏差判定。投标文件对招标文件实质性要求和条件响应的偏差分为重大偏差和细微偏差。所有存在重大偏差的投标文件都属于在初步评审阶段应淘汰的投标书。细微偏差是指投标文件在实质上响应招标文件要求，但在个别地方存在漏项或者提供了不完整的技术信息和数据等情况，并且补正这些遗漏或者不完整不会对其他投标人造成不公平的结果。细微偏差不影响投标文件的有效性。评标委员会应当书面要求存在细微偏差的投标人在评标结束前予以补正。拒不补正的，在详细评审时可以对细微偏差做不利于该投标人的量化，量化标准应在招标文件中规定。

《评标委员会和评标方法暂行规定》中规定，评标委员会应当审查每一投标文件是否对招标文件提出的所有实质性要求和条件做出响应。未能在实质上响应的投标，应当予以否决。评标委员会应当根据招标文件，审查并逐项列出投标文件的全部投标偏差。下列情况属于重大偏差。

① 没有按照招标文件要求提供投标担保或者所提供的投标担保有瑕疵。

② 投标文件没有投标人授权代表签字和加盖公章。

③ 投标文件载明的招标项目完成期限超过招标文件规定的期限。

④ 明显不符合技术规格、技术标准的要求。

⑤ 投标文件载明的货物包装方式、检验标准和方法等不符合招标文件的要求。

⑥ 投标文件附有招标人不能接受的条件。

⑦ 不符合招标文件中规定的其他实质性要求。

投标文件有上述情形之一的，为未能对招标文件做出实质性响应，并按《评标委员会和评标方法暂行规定》第二十三条规定做否决投标处理。招标文件对重大偏差另有规定的，从其规定。

2. 详细评审

详细评审指在初步评审的基础上，对经初步评审合格的投标文件，按照招标文件确定的评标标准和方法，对其技术部分（技术标）和商务部分（经济标）做进一步审查，评定其合理性，以及合同授予该投标人在履行过程中可能带来的风险。在此基础上再由评标委员会对各投标书分项进行量化比较，从而评定出优劣次序。

3. 对投标文件的澄清

投标文件中有含义不明确的内容、明显文字或者计算错误，评标委员会认为需要投标人做出必要澄清、说明的，应当书面通知该投标人。投标人的澄清、说明应当采用书面形式，并不得超出投标文件的范围或者改变投标文件的实质性内容。对于大型复杂工程项目，评标委员会可以分别召集投标人对某些内容进行澄清或说明。在澄清会上由评标委员会分别单独对投标人进行询问，先以口头形式询问并解答，随后在规定的时间内投标人以书面形式予以确认，做出正式答复。

特别提示

投标文件中的大写金额和小写金额不一致的，以大写金额为准；总价金额与单价金额不一致的，以单价金额为准，但单价金额小数点有明显错误的除外；对不同文字文本投标文件的解释发生异议的，以中文文本为准。

应用案例5-1

【案例概况】

我国鲁布革水电站引水工程采用国际公开招标时在评标阶段对有关投标文件的澄清情况。

从投标报价来看，排在前三位的是大成公司（日）、前田公司（日）和英波吉洛公司(意美联合)，而且这3家公司的报价比较接近。居第四位及以后的几家公司的报价与前三名相差2720万～3660万元。根据国际评标惯例，第四名及以后的几家公司已经不具备竞争能力，因此，前三名可确定为评标阶段投标澄清会谈对象。

为了进一步弄清这3家公司在各自投标文件中存在的问题，分别对这3家公司进行了为时各3天的投标澄清会谈。在投标澄清会谈中，这3家公司为取得中标，在工期不变、报价不变的前提下，都表示愿意按照中方的意愿修改施工方案和施工布置。此外，还提出了不少优惠条件吸引业主，以达到中标目的。

(1) 在原投标书中，大成公司和前田公司都在进水口附近布置了一条施工支洞。这种施工布置就引水工程而言是合理的，但却会对其他承包商在首部枢纽工程施工时产生干扰。经过在投标澄清会谈中说明，大成公司同意放弃布置施工支洞。前田公司也同意取消，但改用接近首部枢纽工程的1号支洞。投标澄清会谈结束后，前田公司意识到这方面处于劣势，又立即电传答复放弃使用1号支洞，从而改善首部枢纽工程的施工条件。

(2) 关于投标书上压力钢管外混凝土的输送方式，大成公司和前田公司分别采用溜槽和溜管，但这对于倾角为48°、高差达308.8m的长斜井来说，其施工难以保证质量，也缺少先例。投标澄清会谈结束后，为符合业主意愿，大成公司电传表示愿意改变原施工方法，用设有操纵阀的混凝土泵代替。尽管由此会增加水泥用量，但大成公司表示不会因此增加报价。前田公司也电传表示愿意改变原施工方法，用混凝土运输车沿铁轨运送混凝土，仍然保证工期，且不改变原报价。

(3) 根据投标书，前田公司投入的施工设备最强，不仅开挖和混凝土施工设备数量多，而且全部是新设备。为吸引业主，在投标澄清会谈中，前田公司提出在完工后将全部施工设备无偿赠送给我国，并赠送84万元备件。英波吉洛公司为缩小和大成公司、前田公司在报价上的差距，在投标澄清会谈中提出了书面声明，若能中标可向鲁布革工程提供2500万美元的软贷款，贷款利率为2.5%。同时，英波吉洛公司还表示愿与我国的昆明自来水集团有限公司实行标后联合，且愿同业主的下属公司联合共同开展海外合作。大成公司为保住报价最低的优势，也提出愿以41台新施工设备替换原标书中所列的旧施工设备，在完工后也都赠予我国。而且，还提出免费培训中国技术工人，免费对一些新技术转让的建议。

(4) 中国水利水电第十四工程局有限公司（简称中国水电十四局）在昆明附近早已建成一座钢管厂，投标公司能否将高压钢管的制造与运输分包给该厂，也是业主十分关心的问题。在原投标书中，前田公司不分包，已委托外国分包商施工。大成公司也只把部分项目分包给中国水电十四局。通过投标澄清会谈，当了解业主意图后，两家公司都表示愿意

将钢管的制作、运输、安装全部分包给中国水电十四局钢管厂。

(5) 在投标澄清会谈中，业主认为大成公司在水工隧洞方面的施工经验不及前田公司，于是大成公司便立即递交了大量工程履历，并做出了与前田公司的施工经历对比表，以争取业主的信任。

【案例评析】

评标委员会可以分别召集投标人对投标书中某些含义不明确的内容进行澄清或说明，但澄清或说明的内容不得超出投标文件的范围或改变投标文件的实质性内容。是否有实质性改动的一个重要方面是投标人给发包人提出的优惠条件，写在投标书中的优惠条件开标时要当众公布，以体现招标和投标的公开、公平和公正，评标时予以考虑。本例中在投标澄清会谈中的有关优惠条件，评标委员会结合考虑国际惯例和国家的实际利益进行了分析比较。英波吉洛公司提出的中标后的贷款优惠和与中方公司的施工企业联合，都属于对投标书进行了实质性改动而不予考虑。钢管制作分包给中国制造商对投标人的基本义务没有影响，且该分包商是发包方同意接受的分包单位。对大成公司和前田公司的设备赠与、技术合作、免费培训及钢管分包在评标时可作为考虑因素。

4. 提交评标报告

评标报告

评标委员会在完成评标后，应向招标人提出书面评标结论性报告，并抄送有关行政监督部门。

评标报告应当如实记载以下内容。

(1) 本招标项目情况和数据表。

(2) 评标委员会成员名单。

(3) 开标记录。

(4) 符合要求的投标一览表。

(5) 否决投标情况说明。

(6) 评标标准、评标方法或者评标因素一览表。

(7) 经评审的价格或者评分比较一览表。

(8) 经评审的投标人排序。

(9) 推荐的中标候选人名单与签订合同前要处理的事宜。

(10) 澄清、说明、补正事项纪要。

评标报告由评标委员会全体成员签字。对评标结论持有异议的评标委员会成员可以书面方式阐述其不同意见和理由。评标委员会成员拒绝在评标报告上签字且不陈述其不同意见和理由的，视为同意评标结论。评标委员会应当对此做出书面说明并记录在案。评标委员会推荐的中标候选人应当限定在1～3人，并标明排列顺序。

向招标人提交书面评标报告后，评标委员会即告解散。评标过程中使用的文件、表格及其他资料应当即时归还招标人。

依法必须进行招标的项目，招标人应当自收到评标报告之日起3日内公示中标候选人，公示期不得少于3日。

5. 否决投标和重新招标的情形

在评标过程中，评标委员会如果发现法定的否决投标的情况和问题，可以决定对个别或所有的投标文件做否决处理；或者因有效投标不足，以致投标明显缺乏竞争、不能达到招标的目的，则可以依法否决所有投标。投标人少于3个或所有投标被否决的，招标人应依法重新组织招标。

墨西哥高铁招标事件

(1)《招投标法实施条例》规定了有下列情形之一的，评标委员会应当否决其投标。

① 投标文件未经投标单位盖章和单位负责人签字。

② 投标联合体没有提交共同投标协议。

③ 投标人不符合国家或者招标文件规定的资格条件。

④ 同一投标人提交两个以上不同的投标文件或者投标报价，但招标文件要求提交备选投标的除外。

⑤ 投标报价低于成本或者高于招标文件设定的最高投标限价。

⑥ 投标文件没有对招标文件的实质性要求和条件做出响应。

⑦ 投标人有串通投标、弄虚作假、行贿等违法行为。

(2)《工程建设项目施工招标投标办法》规定了有下列情形之一的，评标委员会应当否决其投标。

① 投标文件未经投标单位盖章和单位负责人签字。

② 投标联合体没有提交共同投标协议。

③ 投标人不符合国家或者招标文件规定的资格条件。

④ 同一投标人提交两个以上不同的投标文件或者投标报价，但招标文件要求提交备选投标的除外。

⑤ 投标报价低于成本或者高于招标文件设定的最高投标限价。

⑥ 投标文件没有对招标文件的实质性要求和条件做出响应。

⑦ 投标人有串通投标、弄虚作假、行贿等违法行为。

(3)《评标委员会和评标方法暂行规定》规定了有下列情形之一的，评标委员会应当否决其投标。

① 在评标过程中，评标委员会发现投标人以他人的名义投标、串通投标、以行贿手段谋取中标或者以其他弄虚作假方式投标的，应当否决该投标人的投标。

② 在评标过程中，评标委员会发现投标人的报价明显低于其他投标人的报价或者在设有标底时明显低于标底，使得其投标报价可能低于其个别成本的，应当要求该投标人做出书面说明并提供相关证明材料。投标人不能合理说明或者不能提供相关证明材料的，由评标委员会认定该投标人以低于成本报价竞争，应当否决该投标人的投标。

③ 投标人的资格不符合国家有关规定和招标文件要求的，或者拒不按照要求对投标文件进行澄清、说明或者补正的，评标委员会可以否决其投标。

④ 评标委员会应当审查每一投标文件是否对招标文件提出的所有实质性要求和条件做出响应。未能在实质上响应的投标，应当予以否决。

⑤ 评标委员会应当根据招标文件，审查并逐项列出投标文件的全部投标偏差。投标偏差分为重大偏差和细微偏差。属于重大偏差情形之一的，做否决投标处理。

(4) 否决所有投标和重新招标。

《招标投标法》第四十二条规定：评标委员会经评审，认为所有投标都不符合招标文件要求的，可以否决所有投标。

《招标投标法》第二十八条规定：投标人少于三个的，招标人应当依照本法重新招标。《招标投标法》第四十二条规定：依法必须进行招标的项目的所有投标被否决的，招标人应当依照本法重新招标。根据《评标委员会和评标方法暂行规定》，投标人少于三个或者所有投标被否决的，招标人在分析招标失败的原因并采取相应措施后，应当依法重新招标。

5.2.4 工程建设项目施工评标主要方法

经初步评审合格的投标文件，评标委员会应当根据招标文件确定的评标标准和方法，对其技术部分和商务部分做进一步评审、比较。评标方法包括经评审的最低投标价法、综合评估法，以及法律、行政法规允许的其他评标方法。

1. 经评审的最低投标价法

经评审的最低投标价法是指对符合招标文件规定的技术标准，满足招标文件实质性要求的投标，根据招标文件规定的量化因素及量化标准进行价格折算，按照经评审的投标价由低到高的顺序推荐中标候选人，或根据招标人授权直接确定中标人，但投标报价低于其成本的除外。经评审的投标价相等时，投标报价低的优先；投标报价也相等的，由招标人自行确定。

(1) 适用情况。

一般适用于具有通用技术、性能标准，或者招标人对其技术、性能没有特殊要求的招标项目。

(2) 评标程序及原则。

① 评标委员会根据招标文件中评标办法的规定对投标人的投标文件进行初步评审。有一项不符合评审标准的，做否决投标处理。

② 评标委员会应当根据招标文件中规定的评标价格调整方法，对所有投标人的投标报价及投标文件的商务部分做必要的价格调整。但评标委员会无须对投标文件的技术部分进行价格折算。

评标委员会发现投标人的报价明显低于其他投标报价，或者在设有标底时明显低于标底，使其投标报价可能低于其成本的，应当要求该投标人做出书面说明并提供相应的证明材料。投标人不能合理说明或者不能提供相应证明材料的，由评标委员会认定该投标人以低于成本报价竞标，其投标做否决投标处理。

③ 根据经评审的最低投标价法完成详细评审后，评标委员会应当拟定一份“标价比较表”，连同书面评标报告提交给招标人。“标价比较表”应当注明投标人的投标报价、对商务偏差的价格调整和说明，以及经评审的最终投标价。

④ 除招标文件中授权评标委员会直接确定中标人外，评标委员会应按照经评审的价格由低到高的顺序推荐中标候选人。

应用案例 5-2

【案例概况】

有段公路投资1200万元，经咨询公司测算的标底为1200万元，计划工期为300天。现有甲、乙、丙3家企业参加投标，投标评审情况见表5-1。招标文件规定，该项目采用经评审的最低投标价法进行评标，评标时应考虑如下评标因素：①工期每提前1天为业主带来2.5万元的预期效益；②工程竣工验收时质量达到优良的也将为业主带来20万元的收益。请计算经评审的投标价，并确定排名第一的中标候选人。

表5-1 投标评审情况

企业名称	报价/万元	工期/天	质量目标	经评审的投标价/万元
甲	1000	260	优良	880
乙	1100	200	合格	850
丙	800	310	优良	805

计算各家的投标价。

甲：1000＋(260－300)×2.5＋(－20)＝880(万元)

乙：1100＋(200－300)×2.5＋0＝850(万元)

丙：800＋(310－300)×2.5＋(－20)＝805(万元)

综合考虑报价、工期和质量目标评审因素后，以经评审的投标价作为选定中标候选人的依据，因此，选定乙企业为排名第一的中标候选人。

上述3家企业中丙企业虽然报价最低，但工期已经超过了标底的工期，属于重大偏差，因此丙企业的投标文件在初审阶段就应当被否决而不予考虑。甲企业报价虽比乙企业低，但综合评审各因素后，乙企业较甲企业的经评审的投标价低，因此最后选定乙企业为中标候选人。

【案例评析】

本案例说明，建设工程项目报价最低并不一定是工程综合评审价格最低。在评审时要将所有实质性要求，如工期、质量等商务因素按招标文件的规定综合考虑到评审价格中去。如工期提前可能为投资者节约各种利息，项目及时投入使用后可尽早回收建设资金，创造经济效益。又如可能由于工程质量问题给业主带来销售困难，并给投资者带来不良社会影响等。因此，招标人要合理确定经评审的最低投标价法的具体操作步骤和价格调整因素，这样才可能使评标更加科学、合理。

2. 综合评估法

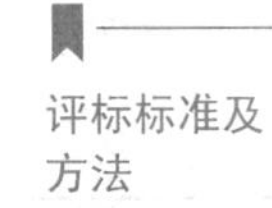

评标标准及方法

不宜采用经评审的最低投标价法的招标项目，一般应当采取综合评估法进行评审。

综合评估法是对价格、施工组织设计（或施工方案）、项目经理的资历和业绩、质量、工期、信誉和业绩等各方面因素进行综合评价，从而确定中标人的评标方法。它是适用性最广泛的评标方法。根据综合评估法，最大限度地满足招标文件中规定的各项综合评价标准的投标人，应当推荐为中标候选人。

衡量投标文件是否能最大限度地满足招标文件中规定的各项综合评价标准，可以采取打分的方法或者其他方法对评审因素和标准进行量化。需量化的因素及其权重应当在招标文件中明确规定。评标委员会对各个评审因素进行量化时，应当将量化指标建立在同一基础或者同一标准上，以使各投标文件具有可比性。

综合评估法通常的做法是，事先在招标文件或评标定标办法中对评标的内容进行分类，形成若干评审因素，并确定各项评审因素在百分之内所占的比例和评分标准，评标组织中的每位成员按照评分规则及标准对每项评审因素赋分，最后统计投标人的得分并排序，得分最高者一般为中标人。

综合评估法的主要特点是要量化各评审因素，因此在招标文件中对评审因素指标的设置和评分标准分值的分配，应能充分体现投标人的整体素质和综合实力，准确反映公开、公平、公正的竞标法则，使质量好、信誉高、价格合理、技术强、方案优的企业能够中标。

应用案例 5-3

几种评标计算方法应用实例

1. 以最低报价为标准值的综合评估法

某综合楼项目经有关部门批准由业主自行进行工程施工公开招标。该工程有 A、B、C、D、E 共 5 家企业经资格审查合格后参加投标。评标采用四项指标综合评估法。四项指标及权重分别为：报价 0.5，施工组织设计合理性 0.1，工期 0.3，投标单位的业绩与信誉 0.1，各项指标均以 100 分为满分。报价以所有投标书中报价最低者为标准（该项满分），在此基础上，其他各家的报价比标准值每上升 1%扣 5 分；工期比计划工期（600 天）提前 15%为满分，在此基础上，每延后 10 天扣 3 分。

5 家投标单位的各项指标情况见表 5-2。

表 5-2　5 家投标单位的各项指标情况

投标单位	报价/万元	施工组织设计/分	工期/天	业绩与信誉/分
A 企业	4080	100	580	95
B 企业	4120	95	530	100
C 企业	4040	100	550	95
D 企业	4160	90	570	95
E 企业	4000	90	600	90

根据表 5-2，计算各投标单位的综合得分，并据此确定中标单位。

解：(1) 5 家企业的报价得分。

根据评标标准，5 家企业中，E 企业报价为 4000 万元，报价最低，E 企业报价得分为满分 100 分。

A 企业报价为 4080 万元，A 企业报价得分：(4080/4000－1)×100%＝2%；100－2×5＝90(分)

B 企业报价为 4120 万元，B 企业报价得分：(4120/4000－1)×100%＝3%；100－3×5＝85(分)

C 企业报价为 4040 万元，C 企业报价得分：(4040/4000－1)×100%＝1%；100－1×5＝95(分)

D 企业报价为 4160 万元，D 企业报价得分：(4160/4000－1)×100%＝4%；100－4×5＝80(分)

(2) 5 家企业的工期得分。

根据评标标准，工期比计划工期（600 天）提前 15%为满分，即 600×(1－15%)＝510（天）为满分。

A 企业所报工期为 580 天，A 企业工期得分：100－(580－510)/10×3＝79(分)

B 企业所报工期为 530 天，B 企业工期得分：100－(530－510)/10×3＝94(分)

C 企业所报工期为 550 天，C 企业工期得分：100－(550－510)/10×3＝88(分)

D 企业所报工期为 570 天，D 企业工期得分：100－(570－510)/10×3＝82(分)

E 企业所报工期为 600 天，E 企业工期得分：100－(600－510)/10×3＝73(分)

(3) 5 家企业的综合得分。

A 企业综合得分：90×0.5＋79×0.3＋100×0.1＋95×0.1＝88.2(分)

B 企业综合得分：85×0.5＋94×0.3＋95×0.1＋100×0.1＝90.2(分)

C 企业综合得分：95×0.5＋88×0.3＋100×0.1＋95×0.1＝93.4(分)

D 企业综合得分：80×0.5＋82×0.3＋90×0.1＋95×0.1＝83.1(分)

E 企业综合得分：100×0.5＋73×0.3＋90×0.1＋90×0.1＝89.9(分)

根据得分情况，C 企业为中标单位。

2. 以标底作为标准值计算报价得分的综合评估法

某工程由于技术难度大，对施工单位的施工设备和同类工程施工经验要求高，工期也十分紧迫。因此，根据相关规定，业主采用邀请招标的方式邀请了国内 3 家施工企业参加投标。招标文件规定该项目采用钢筋混凝土框架结构，采用支模现浇施工方案施工。业主要求投标单位将技术标和商务标分别装订报送。

评分原则如下。

(1) 技术标共 40 分，其中施工方案 10 分（因已确定施工方案，故该项投标单位均得 10 分)，施工总工期 15 分，工程质量 15 分。满足业主总工期要求（32 个月）者得 5 分，每提前 1 个月加 1 分。工程质量自报合格者得 5 分，报优良者得 8 分（若实际工程质量未达到优良将扣罚合同价的 2%)；通过质量管理体系认证得 2 分，如成功运行 2 年以上可再得 2 分；通过环境管理体系认证得 1 分，如成功运行 2 年（含 2 年）以上可再得 1 分。

(2) 商务标共 60 分。标底为 42354 万元，报价为标底的 98%者为满分（即评标基准价）60 分；报价比评标基准价每下降 1%扣 1 分，每上升 1%扣 2 分（计分按四舍五入取整)。各投标单位的各项指标情况见表 5－3。

表 5-3 各投标单位的各项指标情况

投标单位	报价/万元	总工期/月	自报工程质量	质量管理体系认证/年限	环境管理体系认证/年限
甲企业	40748	28	优良	2	1
乙企业	42162	30	优良	1	2
丙企业	42266	30	优良	1	1

根据上述资料运用综合评估法计算。

(1) 计算各投标单位的技术标得分，见表 5-4。

表 5-4 技术标得分

投标单位	施工方案/分	总工期/分	工程质量/分	合　计
甲企业	10	5+(32－28)×1=9	8+2+2+1=13	32
乙企业	10	5+(32－30)×1=7	8+2+1+1=12	29
丙企业	10	5+(32－30)×1=7	8+2+1=11	28

(2) 计算各投标单位的商务标得分，见表 5-5。

计算评标基准价：42354×98%=41506.92 (万元)

表 5-5 商务标得分

投标单位	报价/万元	报价偏差率	扣分/分	得分/分
甲	40748	(40748/41506.92－1)×100%≈－1.83%	1.83×1≈2	60－2=58
乙	42162	(42162/41506.92－1)×100%≈1.58%	1.58×2≈3	60－3=57
丙	42266	(42266/41506.92－1))×100%≈1.83%	1.83×2≈4	60－4=56

(注:评标基准价即为评标标准值,也就是报价评分时的满分标准)

(3) 计算各投标单位的综合得分，见表 5-6。

表 5-6 综合得分

投标单位	技术标得分/分	商务标得分/分	综合得分/分
甲企业	32	58	90
乙企业	29	57	86
丙企业	28	56	84

因此，根据综合得分情况，甲企业为中标单位。

3. 以修正标底值计算报价的评估法

以标底作为报价评定标准时，有可能因为编制的标底没能反映出较先进的施工技术水平和管理能力，导致最终报价评分不合理。因此，在制定评标依据时，既不能全部以标底作为评标依据，也不能全部以报价作为评标依据，而应将这两方面的因素结合起来，形成一个标底的修正值作为衡量标准，此方法也被称为“$A+B$”法。A 值反映投标人报价的平均水平，可采用算术平均值，也可以采用加权平均值；B 值为标底。

某项工程施工招标，报价项评分采用“A+B”法，报价项满分为60分。标底为5000万元。报价项每比修正的标底值高1%扣3分，比修正的标底值低1%扣2分。试求各入围企业报价项得分。

(1) 确定投标报价入围的企业。

入围的5家企业报价如下：C企业报价为5250万元，D企业报价为5050万元，E企业报价为4850万元，F企业报价为4800万元，G企业报价为4750万元。

(2) 计算A值（本例采用加权平均值法计算A值）。

$$A=aX+bY$$

低于标底入围报价的平均值为X，加权系数$a=0.7$。

高于标底入围报价的平均值为Y，加权系数$b=0.3$。

$$X=(4850+4800+4750)/3=4800(\text{万元})$$

$$Y=(5250+5050)/2=5150(\text{万元})$$

$$A=4800\times0.7+5150\times0.3=4905(\text{万元})$$

(3) $B=5000$万元。

(4) 修正后的标准值。

$$(A+B)/2=(4950+5000)/2=4952.5(\text{万元})$$

(5) 计算各企业报价得分。

C企业报价得分：$60-3\times(5250-4952.5)/4952.5\times100\approx41.98$(分)

D企业报价得分：$60-3\times(5050-4952.5)/4952.5\times100\approx54.09$(分)

E企业报价得分：$60-2\times(4952.5-4850)/4952.5\times100\approx55.86$(分)

F企业报价得分：$60-2\times(4952.5-4800)/4952.5\times100\approx53.84$(分)

G企业报价得分：$60-2\times(4952.5-4750)/4952.5\times100\approx51.82$(分)

根据得分情况，E企业为中标单位。

【案例评析】

采用修正标底的评标办法，能够在一定程度上避免预先制定的标底不够准确，对具有竞争性报价的投标人受到不公正待遇的缺点。采用这种评标方法计算时，为鼓励投标的竞争性，如果所有投标报价均高于标底，则通常仍以标底作为标准值。

5.3 工程建设项目施工定标

5.3.1 工程建设项目施工定标概述

定标也称决标，是指招标人最终确定中标的单位。除特殊情况外，评标和定标应当在投标有效期内完成。招标文件应当载明投标有效期。投标有效期从提交投标文件截止日起计算。

招标人可以根据评标委员会提出的书面评标报告和推荐的中标候选人确定中标人，也可以授权评标委员会直接确定中标人。国有资金占控股或者主导地位的依法必须进行招标的项目，招标人应当确定排名第一的中标候选人为中标人。排名第一的中标候选人放弃中标、因不可抗力不能履行合同、不按照招标文件要求提交履约保证金，或者被查实存在影响中标结果的违法行为等情形，不符合中标条件的，招标人可以按照评标委员会提出的中标候选人名单排序依次确定其他中标候选人为中标人，也可以重新招标。

中标候选人公示

依法必须进行招标的项目，招标人应当自收到评标报告之日起 3 日内公示中标候选人，公示期不得少于 3 日。

在确定中标人之前，招标人不得与投标人就投标价格、投标方案等实质性内容进行谈判。中标人的投标应当符合下列条件之一。

(1) 能够最大限度地满足招标文件中规定的各项综合评价标准。

(2) 能够满足招标文件的实质性要求，并且经评审的投标价格最低；但是投标价格低于成本的除外。

招标人在评标委员会依法推荐的中标候选人以外确定中标人的，依法必须进行招标的项目在所有投标被评标委员会否决后自行确定中标人的：①中标无效；②责令改正，可以处中标项目金额 0.5%以上 1%以下的罚款；③对单位直接负责的主管人员和其他直接责任人员依法给予处分。

5.3.2 发出中标通知书

中标人确定后，招标人应当向中标人发出中标通知书，同时通知未中标人，并与中标人在 30 日之内签订合同。中标通知书对招标人和中标人具有法律效力。中标通知书发出后，招标人改变中标结果或者中标人放弃中标的，应当承担法律责任。

招标人迟迟不确定中标人或者无正当理由不与中标人签订合同的，给予警告，根据情节可处 1 万元以下的罚款；造成中标人损失的，招标人应当赔偿损失。

应用案例 5-4

【案例概况】

2017 年 3 月，甲公司准备对其将要完工的大厦工程进行装饰装修，经研究，决定采取公开招标方式向社会公开招标施工单位。乙公司参与了投标，并于 5 月 1 日收到甲公司发出的中标通知书。按甲公司要求，乙公司于 5 月 10 日进场施工，并同时建样板间，在此前后，双方对样板间的验收标准未做约定。

6 月 20 日，甲公司以样板间不合格为由通知乙公司，要求乙公司 3 日内撤离施工现场。乙公司认为，甲公司擅自毁约，不符合《招标投标法》的规定，遂诉至人民法院，要求甲公司继续履约，并签订装修合同。

【案例评析】

本案是一起在招投标过程中引起的纠纷。根据《招标投标法》的相关规定，投标人一旦中标即在招标单位与中标单位之间形成了相应的权利和义务关系，中标通知书即是招标单位与中标单位之间已形成的相应的权利和义务关系的证明。招标单位有义务、中标单位有权利要求自中标通知书发出之日起30日内，按照招标文件和中标人的投标文件订立书面合同，招标人和中标人不得再行订立背离合同实质性内容的其他协议。

本案中甲公司有义务于5月31日以前与中标人乙公司签订正式合同，并不得要求乙公司撤离施工现场，如果因甲公司的违约行为给乙公司造成损失，甲公司还应赔偿乙公司的损失。

5.3.3 签订合同

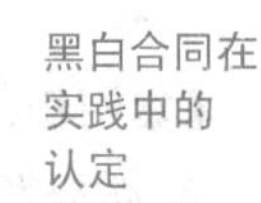

1. 合同签订

招标人和中标人应当自中标通知书发出之日起30日内，按照招标文件和中标人的投标文件订立书面合同，合同的主要条款与招标文件、中标人的投标文件的内容不一致，或者招标人、中标人订立背离合同实质性内容的协议的，由有关行政监督部门责令改正，可以处中标项目金额5‰以上10‰以下的罚款。

如果投标书内提出某些非实质性偏离的意见而发包人也同意接受时，双方应就这些内容谈判达成书面协议，而不改动招标文件中专用条款和通用条款条件。双方对某些条款协商一致后，将改动的部分在合同协议书附录中予以明确。合同协议书附录经双方签字后作为合同的组成部分。

2. 投标保证金和履约保证金

（1）投标保证金的退还。

招标人与中标人签订合同后5日内，应当向中标人和未中标的投标人退还投标保证金及银行同期存款利息。中标人不与招标人订立合同的，投标保证金不予退还并取消其中标资格，给招标人造成的损失超过投标保证金数额的，应当对超过部分予以赔偿；没有提交投标保证金的，应当对招标人的损失承担赔偿责任。

（2）提交履约保证金。

招标文件要求中标人提交履约保证金的，中标人应当提交。履约保证金不得超过中标合同金额的10%。当招标文件要求中标人提供履约保证金时，招标人也应当向中标人提供工程款支付担保。

5.3.4 法律责任

1. 对招标人的相关规定

依法必须进行招标的项目的招标人有下列情形之一的，由有关行政监督部门责令改正，可以处中标项目金额10‰以下的罚款；给他人造成损失的，依法承担赔偿责任；对单位直接负责的主管人员和其他直接责任人员依法给予处分。

（1）无正当理由不发出中标通知书。

（2）不按照规定确定中标人。

（3）中标通知书发出后无正当理由改变中标结果。

（4）无正当理由不与中标人订立合同。

（5）在订立合同时向中标人提出附加条件。

2. 对中标人的相关规定

中标人无正当理由不与招标人订立合同，在签订合同时向招标人提出附加条件，或者不按照招标文件要求提交履约保证金的，取消其中标资格，投标保证金不予退还。对依法必须进行招标的项目的中标人，由有关行政监督部门责令改正，可以处中标项目金额10‰以下的罚款。

综合应用案例

【案例概况】

某办公楼项目，招标人依据招标工作进度安排向具备承担该项目能力的甲、乙、丙3家承包商发出投标邀请书，其中说明，3月25日在该招标人总工程师室领取招标文件，4月5日14时为投标截止时间。该3家承包商均接受邀请，并按规定时间提交了投标文件。

开标时，由招标人检查投标文件的密封情况，确认无误后，由工作人员当众拆封，并宣读了该3家承包商的名称、报价、工期和其他主要内容。

评标委员会成员由招标人直接确定，共4人组成，其中招标人代表2人，经济专家1人，技术专家1人。

该项目的评标指标及评分方法如下。

（1）报价为标底（35500万元）的98%者得满分，在此基础上，每下降1%扣1分，每上升1%扣2分（计分按四舍五入取整）。

（2）计划工期为500天，评分方法是工期比计划工期提前10%为100分，在此基础上每推迟5天扣2分。

（3）企业信誉得分和施工经验得分在资格审查时评定。

上述四项评标指标的总权重分别为报价45%、工期25%、企业信誉和施工经验均为15%。各承包商具体情况见表5-7。

表5-7　各承包商具体情况

投标单位	报价/万元	工期/天	企业信誉得分/分	施工经验得分/分
甲承包商	35642	460	95	100
乙承包商	34364	450	95	100
丙承包商	33867	460	100	95

【问题】

（1）从所介绍的背景资料来看，该项目的招投标过程中有哪些方面不符合《招标投标法》的规定？

（2）请按综合得分最高者中标的原则确定中标单位。

【案例评析】

（1）从所介绍的背景资料来看，该项目的招投标过程中存在以下问题。

① 从3月25日发放招标文件到4月5日提交投标文件截止招标，这段时间太短。根据《招标投标法》第二十四条规定：依法必须进行招标的项目，自招标文件开始发出之日起至投标人提交投标文件截止之日止，最短不得少于20日。

② 开标时，不应由招标人检查投标文件的密封情况。根据《招标投标法》第三十六条规定：开标时，由投标人或者其推选的代表检查投标文件的密封情况，也可以由招标人委托的公证机构检查并公证。

③ 评标委员会成员不应由招标人直接确定，而且评标委员会成员组成也不符合规定。根据《招标投标法》第三十七条规定：评标委员会由招标人的代表和有关技术、经济等方面的专家组成，成员人数为5人以上单数，其中技术、经济等方面的专家不得少于成员总数的2/3。评标委员会中的技术、经济专家，一般招标项目应采取（从专家库中）随机抽取的方式，特殊招标项目可以由招标人直接确定。本项目是办公楼项目，显然属于一般招标项目。

（2）各承包商各项指标得分及综合评定分别见表5－8和表5－9。

表5－8 各承包商各项指标得分

投标单位	报价/万元	报价与标底的比例/%	扣分/分	得分/分
甲承包商	35642	35642/35500×100=100.4	(100.4−98)×2≈5	100−5=95
乙承包商	34364	34364/35500×100=96.8	(98−96.8)×1≈1	100−1=99
丙承包商	33867	33867/35500×100=95.4	(98−95.4)×1≈3	100−3=97
投标单位	工期/天	工期与计划工期的比较/天	扣分/分	得分/分
甲承包商	460	460−500(1−10%)=10	10/5×2=4	100−4=96
乙承包商	450	450−500(1−10%)=0	0	100−0=100
丙承包商	460	460−500(1−10%)=10	10/5×2=4	100−4=96

表5－9 综合评定

项目	甲承包商/分	乙承包商/分	丙承包商/分	权重/%
报价得分	95	99	97	45
工期得分	96	100	96	25
企业信誉得分	95	95	100	15
施工经验得分	100	100	95	15
总得分	96	98.8	96.9	100

乙承包商的综合得分最高，应选择乙承包商为中标单位。

本章小结

工程建设项目施工开标、评标和定标必须遵循国家相关规定。开标时间为提交投标文件截止时间的同一时间。在招标人的主持下邀请所有投标人参加开标会。

评标委员会由招标人代表和评标专家组成，成员人数为5人以上单数，其中技术、经济等方面的专家不得少于成员总数的2/3。评标时可以采用经评审的最低投标价法或综合评估法。

中标人的投标应当能够最大限度地满足招标文件中规定的各项综合评价标准，或者能够满足招标文件的实质性要求，并且经评审的投标价格最低，但低于成本的除外。

习　　题

一、单选题

1. 某工程项目在估算时算得成本是1000万元人民币，概算时算得成本是950万元人民币，预算时算得成本是900万元人民币，投标时某承包商根据自己企业定额算得成本是800万元人民币。根据《招标投标法》中的规定“投标人不得以低于成本的报价竞标”，该承包商投标时报价不得低于（　　）。

A. 1000万元　　B. 950万元　　C. 900万元　　D. 800万元

2. 开标应当在招标文件确定的提交投标文件截止时间的（　　）进行。

A. 当日公开　　B. 当日不公开

C. 同一时间公开　　D. 同一时间不公开

3. 某建设单位就一个办公楼群项目进行招标，依据《招标投标法》，该项目的评标工作应由（　　）来完成。

A. 该建设单位的领导　　B. 该建设单位的上级主管部门

C. 当地的政府部门　　D. 该建设单位依法组建的评标委员会

4. 评标委员会成员应为（　　）人以上的单数，评标委员会中技术、经济等方面的专家不得少于成员总数的（　　）。

A. 5，2/3　　B. 7，4/5

C. 5，1/3　　D. 3，2/3

5. 招标信息公开是相对的，对于一些需要保密的事项是不可以公开的。例如，（　　）在确定中标结果之前就不可以公开。

A. 评标委员会成员名单　　B. 投标邀请书

C. 资格预审公告　　D. 招标活动的信息

6. 在评标时，（　　）应当明确、严格，对所有在投标截止日期以后送到的投标书都应拒收，与投标人有利害关系的人员都不得作为评标委员会的成员。

A. 评标程序　　B. 评标时间

C. 评标标准　　　　D. 评标方法

7. 按照《招标投标法》和相关法规的规定，开标后允许（　　）。

A. 投标人更改投标书的内容和报价

B. 投标人再增加优惠条件

C. 评标委员会对投标书的错误加以修正

D. 招标人更改评标、标准和办法

8. 评标委员会推荐的中标候选人应当限定在（　　），并标明排列顺序。

A. 1～2人　　B. 1～3人　　C. 1～4人　　D. 1～5人

9. 根据《招标投标法》的有关规定，下列说法符合开标程序的是（　　）。

A. 开标应当在招标文件确定的提交投标文件截止时间的同一时间公开进行

B. 开标地点由招标人在开标前通知

C. 开标由建设行政主管部门主持，邀请中标人参加

D. 开标由建设行政主管部门主持，邀请所有投标人参加

10. 根据《招标投标法》的有关规定，招标人和中标人应当自中标通知书发出之日起（　　）内，按照招标文件和中标人的投标文件订立书面合同。

A. 10日　　B. 15日　　C. 30日　　D. 3个月

11. 关于评标委员会成员的义务，下列说法中错误的是（　　）。

A. 评标委员会成员应当客观、公正地履行职务

B. 评标委员会成员可以私下接触投标人，但不得收受投标人的财物或者其他好处

C. 评标委员会成员不得透露对投标文件的评审和比较的情况

D. 评标委员会成员不得透露对中标候选人的推荐情况

12. 投标单位在投标报价中，对工程量清单中的每一单项均需计算填写单价和合价，在开标后，发现投标单位没有填写单价和合价的项目，则（　　）。

A. 允许投标单位补充填写

B. 视为无效标

C. 退回投标书

D. 认为此项费用已包括在工程量清单的其他单价和合价中

13. 采用百分法对各投标单位的标书进行评分，（　　）的投标单位为中标单位。

A. 总得分最低　　　　B. 总得分最高

C. 投标价最低　　　　D. 投标价最高

14. 投标文件中总价金额与单价金额不一致的，应（　　）。

A. 以单价金额为准　　　　B. 以总价金额为准

C. 由投标人确认　　　　D. 由招标人确认

15. 根据《招标投标法》规定，开标应由（　　）主持。

A. 地方政府相关行政主管部门　　　　B. 招标代理机构

C. 招标人　　　　D. 中介机构

二、多选题

1. 采用经评审的最低投标价法评标时，应当遵循的原则包括（　　）。

A. 以评标价最低的标书为最优

B. 以投标报价最低的标书为最优

C. 技术建议带来的实际经济效益，按预定的方法折算后，增加投标价

D. 中标后按投标价格签订合同价

E. 中标后按评标价格签订合同价

2. 下列有关招投标签订合同的说法，正确的是（　　）。

A. 应当在中标通知书发出之日起 30 日内签订合同

B. 招标人、中标人不得再订立背离合同实质性内容的其他协议

C. 招标人和中标人可以通过合同谈判对原招标文件、投标文件的实质性内容做出修改

D. 如果招标文件要求中标人提交履约担保，则招标人应向中标人提供

E. 中标人不与招标人订立合同的，应取消其中标资格，但投标保证金应予以退还

3. 下列评标委员会成员中，符合《招标投标法》规定的是（　　）。

A. 甲某，由招标人从省人民政府有关部门提供的专家名册的专家中确定

B. 乙某，现任某公司法定代表人，该公司常年为某投标人提供建筑材料

C. 丙某，从事招标工程项目领域工作满 8 年并具有高级职称

D. 丁某，在开标后，中标结果确定前将自己担任评标委员会成员的事告诉了某投标人

E. 戊某，从事招标工程项目领域工作满 10 年并具有中级职称

4. 采用公开招标方式，（　　）等都应当公开。

A. 评标的程序　　B. 评标人的名单

C. 开标的程序　　D. 评标的标准

E. 中标的结果

5. 在项目招标通知书发出后，招标人和中标人应按照（　　）订立合同。

A. 招标公告　　B. 招标文件

C. 投标文件　　D. 投标人的报价

E. 最后谈判达成的降价协议

6. 评标报告的内容有（　　）。

A. 招标公告　　B. 评标规则

C. 评标情况说明　　D. 对各个合格投标书的评价

E. 推荐合格的中标人

7. 投标文件有（　　）情形之一的，由评标委员会初审后按无效标处理。

A. 大写金额与小写金额不一致

B. 投标工期长于招标文件中要求工期的标书

C. 关键内容字迹模糊、无法辨认的标书

D. 未按招标文件要求提交投标保证金的

E. 总价金额与单价金额不一致

8.《招标投标法》规定，开标时由（　　）检查投标文件的密封情况，确认无误后当众拆封。

A. 招标人　　B. 投标人或投标人推选的代表

C. 评标委员会　　D. 地方政府相关行政主管部门

E. 公证机构

9. 关于细微偏差的说法，正确的选项包括（　　）。

A. 在实质上响应了招标文件的要求，但存在个别漏项

B. 在实质上响应了招标文件的要求，但提供了不完整的技术信息和数据

C. 补正遗漏会对其他投标人造成不公平的结果

D. 细微偏差不影响投标文件的有效性

E. 细微偏差将导致投标文件成为无效标

10. 下列符合《招标投标法》关于评标的有关规定的有（　　）。

A. 招标人应当采取必要措施，保证评标在严格保密的情况下进行

B. 评标委员会完成评标后，应当向招标人提出书面评标报告，并推荐合格的中标候选人

C. 招标人可以授权评标委员会直接确定中标人

D. 评标委员会经评审，认为所有投标都不符合招标文件要求的，可以否决所有投标

E. 行政主管部门可以参与评标过程

三、案例题

1. 某建设单位准备建一座体育馆，建筑面积3000m^2，预算投资270万元，建设工期为8个月。工程采用公开招标的方式确定承包商。该建设单位编制了招标文件，并向当地的建设行政管理部门提出了招标申请书，且得到了批准。但是在招标之前，该建设单位就已经与甲公司进行了工程招标沟通，对投标价格、投标方案等实质性内容达成了一致的意见。招标公告发布后，来参加投标的公司有甲、乙、丙3家。按照招标文件规定的时间、地点及投标程序，3家公司向建设单位投递了标书。在公开开标的过程中，甲公司和乙公司在施工技术、施工方案、施工力量及投标报价上相差不大，乙公司在总体技术和实力上较甲公司好一些。但是，定标的结果却是甲公司。乙公司很不满意，但最终接受了这个结果。20多天后，一个偶然的机会，乙公司接触到甲公司的一名中层管理人员，在谈到该建设单位的工程招标问题时，甲公司的这名员工透露说，在招标之前，该建设单位和甲公司已经进行了多次接触，中标条件和标底是双方议定的，参加投标的其他人都蒙在鼓里。对此情节，乙公司认为该建设单位严重违反了法律的有关规定，遂向当地建设行政管理部门举报，要求建设行政管理部门依照职权宣布该招标结果无效。经建设行政管理部门审查，乙公司所陈述的事实属实，遂宣布本次招标结果无效。

甲公司认为，建设行政管理部门的行为侵犯了甲公司的合法权益，遂起诉至法院，请求法院依法判令被告承担侵权的民事责任，并确认招标结果有效。

问题：

（1）简述建设单位进行施工招标的程序。

（2）通常情况下，招标人和投标人串通投标的行为有哪些表现形式？

（3）依据《招标投标法》的规定，该建设单位应对本次招标承担什么法律责任？

2. 某工程施工项目采用资格预审方式招标，并采用经评审最低投标价法进行评标。共有3个投标人进行投标，且3个投标人都通过了初步评审，评标委员会对经修正后的投标报价进行了详细评审。

招标文件规定工期为30个月，工期每提前一个月给招标人带来的预期效益为50万元，招标人拟提供的临时用地500亩（临时用地数量招标人可以根据中标人的实际需求予

以调整，1 亩=666.67 平方米)，临时用地的费用为 5000 元/亩，评标价折算考虑以下两个因素。

(1) 投标人所报的租用临时用地的数量。

(2) 提前竣工的效益。

投标人甲：算术修正后的投标报价为 6000 万元，提出需要临时用地 400 亩，承诺工期为 28 个月。

投标人乙：算术修正后的投标报价为 5500 万元，提出需要临时用地 500 亩，承诺工期为 29 个月。

投标人丙：算术修正后的投标报价为 5000 万元，提出需要临时用地 550 亩，承诺工期为 30 个月。

问题：

根据上述背景资料，计算各投标人的评标价格并确定第一中标候选人。

四、实训题

实训目标：

结合本书第 3 章及第 4 章的内容，完成建筑工程施工招投标整个工作程序的学习。通过模拟开标会、评标和定标工作，培养学生组织协作能力、语言表达能力和书面写作能力。

实训要求：

(1) 将一个教学班分成 6 组，其中招标单位和投标单位各 3 组。每小组共同完成一份招标或投标文件。结合第 3 章及第 4 章的实训内容，模拟开标、评标及定标现场会的全部过程。

(2) 开标会应依据下列程序进行开标。

① 开标由任课教师或招标单位代表主持，邀请招标单位代表、投标单位代表及模拟监督机构的人员参加，其他同学旁听。

② 所有列席代表会议签到。

③ 主持人宣布开标纪律，介绍参加会议人员及工程项目概况。

④ 宣布开标人、唱标人、记录人、监标人等有关人员姓名。

⑤ 请投标单位代表或公证机构按照投标人须知前附表规定检查投标文件的密封情况。

⑥ 设有标底的，公布标底。

⑦ 按照宣布的开标顺序当众开标，公布投标人名称、标段名称、投标保证金的递交情况、投标报价、质量目标、工期及其他内容，并记录在案。

⑧ 投标单位代表、招标单位代表、监标人、记录人等有关人员在开标记录上签字确认。

⑨ 开标结束。

(3) 评标工作可以根据教学具体情况组织。如果已经完成了第 3 章及第 4 章编写招投标文件的实训任务，且学生相关专业知识——工程概预算、施工组织、施工技术等课程学习结束，掌握程度较好，教师既可以根据招标文件采取的定量评标办法进行评标，也可以仅对招标和投标文件的完成时间、格式规范性、内容合理完整性等方面设置评定标准进行评分。

评标小组既可以由各小组推选代表和教师共同组成，也可以采用招标与投标小组之间互评的方式，具体方式由教师根据教学情况安排。

评标小组应根据评标结果撰写一份评标报告，具体写法可参照本书。

（4）定标。根据评标结果排序，确定中标单位，并依照格式写一份中标通知书。

（5）签订建筑工程施工合同（可将本部分实训内容安排在第7章）。

第6章 合同法律概述

教学目标

本章介绍了合同法律的基础知识。通过本章的学习，学生应了解合同的概念与类型，合同履行的基本原则，合同的订立及违约责任等；掌握合同的履行、合同的效力、合同争议的解决方式等内容。通过本章的学习，学生应能够对相关案例做出正确的判断与分析。

思维导图

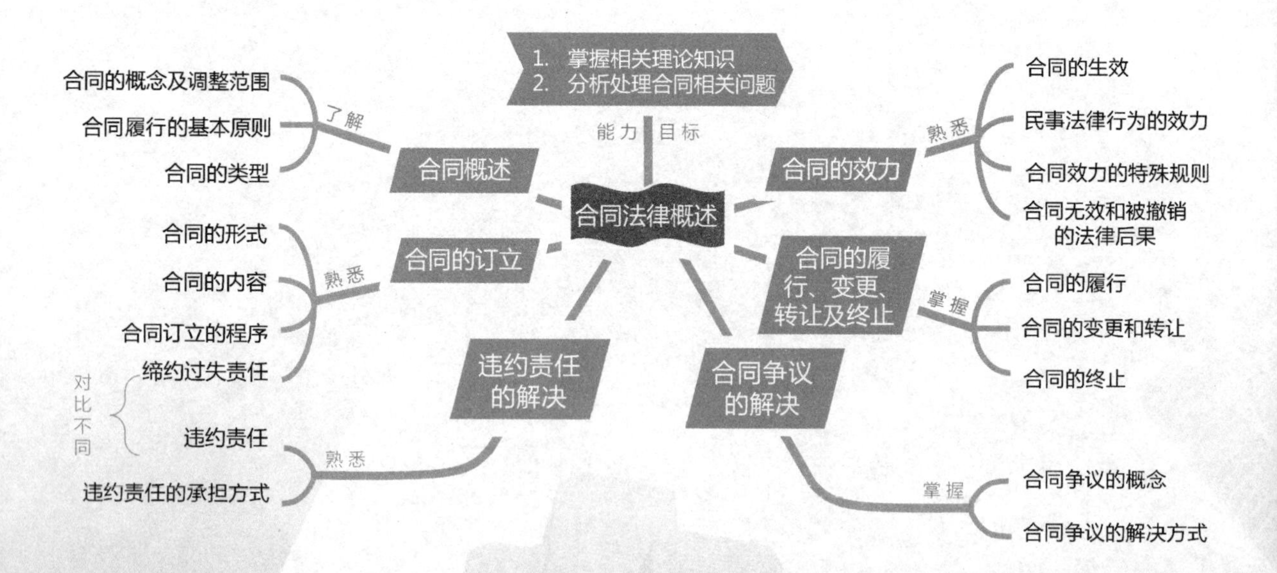

引例

某房地产开发公司与李某签订了一份商品房买卖合同，当时该房地产开发公司给李某出示了商品房手续的复印件，但李某后来经过了解，发现该房地产开发公司商品房开发手续不全，没有《商品房预售许可证》，当时提供的复印件是假的。

思考：本案中涉及的商品房买卖合同的效力如何？应怎样去判定合同的效力。

6.1 合同概述

6.1.1 合同的概念及调整范围

1. 合同的概念

《中华人民共和国民法典》（简称《民法典》）第四百六十四条第一款规定："合同是民事主体之间设立、变更、终止民事法律关系的协议。"

2. 《民法典》中合同编的调整范围

《民法典》第四百六十三条规定："本编调整因合同产生的民事关系。"

第四百六十四条第二款规定："婚姻、收养、监护等有关身份关系的协议，适用有关该身份关系的法律规定；没有规定的，可以根据其性质参照适用本编规定。"

第四百六十七条规定："本法或者其他法律没有明文规定的合同，适用本编通则的规定，并可以参照适用本编或者其他法律最相类似合同的规定。

"在中华人民共和国境内履行的中外合资经营企业合同、中外合作经营企业合同、中外合作勘探开发自然资源合同，适用中华人民共和国法律。"

第四百六十八条规定："非因合同产生的债权债务关系，适用有关该债权债务关系的法律规定；没有规定的，适用本编通则的有关规定，但是根据其性质不能适用的除外。"

《民法典》实施后，我国现行的《中华人民共和国婚姻法》《中华人民共和国继承法》《中华人民共和国民法通则》《中华人民共和国收养法》《中华人民共和国担保法》《中华人民共和国合同法》《中华人民共和国物权法》《中华人民共和国侵权责任法》《中华人民共和国民法总则》同时废止。

6.1.2 合同履行的基本原则

合同部分是《民法典》中的重要一编，合同履行过程中也应遵循《民法典》的基本原则。

1. 平等原则

《民法典》规定，民法调整平等主体的自然人、法人和非法人组织之间的人身关系和财产关系。民事主体在民事活动中的法律地位一律平等。因此，合同当事人的法律地位平等。

平等原则是合同关系的本质特征，是对合同法律关系的必然要求，是调整合同关系的基础。

平等原则的具体表现有：①自然人的民事权利能力一律平等；②不同的民事主体参与民事关系适用同一法律，具有平等地位；③民事主体在民事法律关系中必须平等协商。

2. 自愿原则

《民法典》规定，民事主体从事民事活动，应当遵循自愿原则，按照自己的意思设立、变更、终止民事法律关系。这是《民法典》的重要原则之一。自愿原则也称意思自治原则，即合同当事人在法律规定的范围内，可以按照自己的意愿设立、变更、终止民事法律关系，不受任何单位和个人的非法干预。

自愿原则具体表现主要有：①缔结合同的自由；②选择相对人的自由；③决定合同内容的自由；④变更解除合同的自由；⑤决定合同方式的自由。合同自由不是绝对的自由，它要受到国家法律、法规的限制。

3. 公平原则

《民法典》规定，民事主体从事民事活动，应当遵循公平原则，合理确定各方的权利和义务。合同当事人应当遵循公平原则确定各方的权利和义务。在合同的订立和履行中，合同当事人应当正当行使合同权利和履行合同义务，兼顾他人利益，使当事人的利益能够均衡；当事人变更、解除和终止合同关系也不能导致不公平的结果出现。

诚实信用原则

4. 诚实信用原则

《民法典》规定，民事主体从事民事活动，应当遵循诚信原则，秉持诚实，恪守承诺。合同当事人行使权利、履行义务应当遵循诚实信用原则。这是市场经济活动中形成的道德规则，它要求人们在订立和履行合同中讲究信用，信守诺言，诚实不欺。在合同关系终止后，当事人也应当遵循诚实信用原则，根据交易习惯履行通知、协助和保密等义务。

5. 守法和公序良俗原则

《民法典》规定，民事主体从事民事活动，不得违反法律，不得违背公序良俗。当事人订立、履行合同，应当遵守法律、行政法规，只有将合同的订立纳入法律的轨道，才能保障经济活动的正常秩序。

公序良俗即公共秩序和善良风俗。善良风俗应当是以道德为核心的，是某一特定社会应有的道德准则。公序良俗原则要求当事人在订立、履行合同时不仅遵守法律而且应当尊重社会道德，不得扰乱社会经济秩序，损害社会公共利益。

6. 绿色原则

《民法典》规定，民事主体从事民事活动，应当有利于节约资源、保护生态环境。

能力拓展

党的二十大报告中提出，坚持可持续发展，坚持节约优先、保护优先、自然恢复为主的方针，像保护眼睛一样保护自然和生态环境，坚定不移走生产发展、生活富裕、生态良好的文明发展道路，实现中华民族永续发展。

【问题】

为了实现可持续发展，《民法典》里的许多条款涉及绿色原则，具体有哪些？

6.1.3 合同的类型

随着社会经济的发展和人们生活方式的变化，新型合同也不断涌现，对合同进行科学的分类有助于更加准确地适用法律。

1. 典型合同与非典型合同

典型合同是指法律规定名称和具体规则的合同。例如，在《民法典》第三编“合同”第二分编“典型合同”中规定了19种基本合同类型：买卖合同，供用电、水、气、热力合同，赠与合同，借款合同，保证合同，租赁合同，融资租赁合同，保理合同，承揽合同，建设工程合同，运输合同，技术合同，保管合同，仓储合同，委托合同，物业服务合同，行纪合同，中介合同及合伙合同。在《民法典》中对上述每一类合同都做了较为详细的规定。除此而外，《民法典》之外的其他法律所规定的合同也属于典型合同，如《中华人民共和国保险法》中规定的保险合同。

非典型合同是指法律没有明文规定的合同，也就是典型合同之外的所有合同。在不违反法律强制性规定和公序良俗的前提下，合同当事人可以自由创设合同类型。无论是典型合同还是非典型合同都适用于《民法典》的关于法律行为的规定及第三编“合同”第一分编“通则”的规定。

2. 双务合同与单务合同

根据当事人双方权利和义务的分担方式，可将合同分为双务合同与单务合同。双务合同是指当事人双方相互享有权利、承担义务的合同，如买卖合同、互易合同、租赁合同、承揽合同、运输合同、保险合同等为双务合同。单务合同是指当事人一方只享有权利，另一方只承担义务的合同，如赠与合同、借用合同就是单务合同。

3. 诺成合同与实践合同

根据合同的成立是否以交付标的物为要件，可将合同分为诺成合同与实践合同。诺成合同又称不要物合同，是指当事人意思表示一致即可成立的合同。实践合同又称要物合同，是指除当事人意思表示一致外，还必须交付标的物方能成立的合同。例如，《民法典》第六百七十九条“自然人之间的贷款合同，自贷款人提供借款时成立”中提及的贷款合同，以及第八百九十条“保管合同自保管物交付时成立，但是当事人另有约定的除外”中提及的保管合同就属于实践合同。

4. 主合同与从合同

根据合同间是否有主从关系，可将合同分为主合同与从合同。主合同是指不依赖其他合同而能够独立存在的合同。从合同是指须以主合同的存在为前提而存在的合同。主合同的无效、终止将导致从合同的无效、终止，但从合同是否有效不会影响主合同的效力。担保合同就是典型的从合同。

5. 有偿合同与无偿合同

根据当事人取得权利是否以偿付为代价，可以将合同分为有偿合同与无偿合同。有偿合同是指当事人一方享有合同权利须向另一方偿付相应代价的合同。有些合同只能是有偿的，如买卖合同、运输合同、租赁合同等；有些合同是无偿的，如赠与合同；有些合同既可以是有偿的也可以是无偿的，由当事人协商确定，如委托合同、保管合同等。双务合同都是有偿合同，单务合同原则上为无偿合同，但有的单务合同也可为有偿合同，如有息贷款合同。

6. 要式合同与不要式合同

根据合同的成立是否需要特定的形式，可将合同分为要式合同与不要式合同。要式合同是指法律要求必须具备一定的形式和手续的合同。不要式合同是指法律不要求必须具备一定形式和手续的合同。

7. 格式合同与非格式合同

格式合同又称定型化合同、标准合同，是指合同条款由当事人一方预先拟订，对方只能表示全部同意或者不同意的合同，也即一方当事人要么整体上接受合同条件，要么不订立合同。非格式合同是指格式合同以外的其他合同。

特别提示

根据《民法典》第四百九十六、四百九十七、四百九十八条中对格式条款的解释说明如下。

格式条款是当事人为了重复使用而预先拟定，并在订立合同时未与对方协商的条款。

(1) 采用格式条款订立合同的，提供格式条款的一方应当遵循公平原则确定当事人之间的权利和义务，并采取合理的方式提示对方注意免除或者减轻其责任等与对方有重大利害关系的条款，按照对方的要求，对该条款予以说明。提供格式条款的一方未履行提示或者说明义务，致使对方没有注意或者理解与其有重大利害关系的条款的，对方可以主张该条款不成为合同的内容。

(2) 有下列情形之一时，该格式条款无效。

① 具有本法第一编第六章第三节和本法第五百零六条规定的无效情形。

② 提供格式条款一方不合理地免除或者减轻其责任、加重对方责任、限制对方主要权利。

③ 提供格式条款一方排除对方主要权利。

(3) 对格式条款的理解发生争议的，应当按照通常理解予以理解。对格式条款有两种以上解释的，应当做出不利于提供格式条款一方的解释。格式条款和非格式条款不一致时，应当采用非格式条款。

6.2 合同的订立

6.2.1 合同的形式

合同的形式是指合同双方当事人对合同的内容、条款，经过协商，做出共同的意思表示的具体方式。根据《民法典》规定，当事人订立合同，可以采用书面形式、口头形式和其他形式。书面形式是指合同书、信件和数据电文（包括电报、传真、电子数据交换和电子邮件）等可以有形地表现所载内容的形式。口头形式是以口头语言形式表现合同内容的合同。其他形式则包括公证、审批、登记等形式。

当事人可以参照各类合同的示范文本订立合同。

口头承诺未入合同，酒店转让遭遇价格“变脸”

特别提示

法律、行政法规规定或者当事人约定合同应当采用书面形式订立，当事人未采用书面形式但是一方已经履行主要义务，且对方接受时，该合同成立。

6.2.2 合同的内容

合同的内容即当事人的权利和义务。合同的内容由当事人约定，一般包括下列条款。

标点符号对于合同的重要性

1. 当事人的名称或姓名及住所

当事人由其名称或姓名及住所加以特定化、固定化，在合同中明确当事人的基本情况，既有利于合同的顺利履行，也有利于确定诉讼管辖。

2. 标的

标的是合同权利和义务所共同指向的对象。标的的表现形式为物、劳务、行为、智力成果、工程项目等。合同的标的必须明确、具体、合法。标的没有或不明确的，合同无法履行或不能成立。

3. 数量

数量是衡量合同标的多少的尺度，以数字和计量单位表示。数量是确定合同当事人权利和义务范围、大小的标准。若双方未约定具体数量，则合同无法履行。

特别提示

我国司法审判实践认为，当事人的名称或姓名及住所、标的、数量是合同成立的一般要件。合同成立的要件是判断合同是否成立的标准，可分为一般要件和特别要件。一般要件是任何一个合同成立都应具备的条件，即合同当事人对合同必要条款达成合意。合同成立的一般要件比特殊要件更为重要。

4. 质量

质量是标的的内在品质和外观形态的综合指标，如产品的品种、型号、规格和工程项目的标准等。签订合同时，必须明确质量标准，对于技术上较为复杂的和容易引起争议的词语、标准，应当加以说明和解释。如果标的有不同的质量标准，当事人应在合同中写明合同执行的是什么标准，若标的有国家强制性标准或行业性标准，当事人必须执行，合同约定质量不得低于该强制性标准。

5. 价款或报酬

价款或报酬是指当事人一方履行义务时另一方当事人以货币形式支付的代价。价款通常指标的物本身的价款，但因商业上的大宗买卖一般是异地交货，便产生了运费、保险费、装卸费、保管费、报关费等一系列额外费用。它们由哪一方支付，需在价款条款中写明。

6. 履行期限、地点和方式

履行期限是当事人各方依照合同规定全面完成各自义务的时间。履行期限直接关系到合同义务完成的时间，涉及当事人的期限利益，也是确定违约与否的一个重要因素。履行地点是指当事人交付标的和支付价款或报酬的地点，是确定运输费用由谁负担、风险由谁承受的依据。履行方式是当事人完成合同规定义务的具体方法。履行方式包括很多方面的内容，如标的的交付方式、价款或报酬的结算方式、货物的运输方式等。

7. 违约责任

违约责任是任何一方当事人不履行或不适当履行合同规定的义务而应承担的法律责任。当事人可以在合同中约定，一方当事人违反合同时，向另一方当事人支付违约金或赔偿金。

8. 解决争议的方法

解决争议的方法是指当事人在订立合同时约定，在合同履行过程中产生争议以后，通过什么方式来解决。即解决争议运用什么程序、适用何种法律、选择哪家检验或鉴定机构等内容。

6.2.3 合同订立的程序

1. 要约

(1) 要约的概念和条件。

要约是希望与他人订立合同的意思表示。该意思表示应当符合下列条件：第一，要约的内容必须具体确定；第二，应表明经受要约人承诺，要约人即受该意思表示的约束。

(2) 要约的撤回和撤销。

要约可以撤回。要约撤回是指要约在发生法律效力之前，要约人欲使其不发生法律效力而取消要约的意思表示。要约人撤回要约的通知应当在要约到达受要约人之前或同时到达受要约人。

要约可以撤销。要约撤销是指要约生效后，要约人欲使其丧失法律效力的意思表示。要约人撤销要约的通知应当在受要约人发出承诺通知之前到达受要约人。但有下列情形之一的，要约不得撤销：第一，要约人确定承诺期限或者以其他形式明示要约不可撤销；第二，受要约人有理由认为该要约是不可撤销的，并且已经为履行合同做了准备工作的，比如向银行贷款、购买原材料、租赁运输工具等。

(3) 要约失效。

要约失效是指已经生效的要约丧失法律效力。根据《民法典》“合同”编中第四百七十八条规定，有下列情形之一的，要约失效：第一，要约被拒绝；第二，要约被依法撤销；第三，承诺期限届满，受要约人未做出承诺；第四，受要约人对要约的内容做出实质性变更。

（4）要约邀请。

要约邀请是希望他人向自己发出要约的意思表示。拍卖公告、招标公告、招股说明书、债券募集办法、基金招募说明书、商业广告和宣传、寄送的价目表等为要约邀请。

商业广告和宣传的内容符合要约条件的，构成要约。要约邀请只是当事人订立合同的预备行为，通常不发生法律效果。

2. 承诺

（1）承诺的概念和条件。

承诺是受要约人做出同意要约的意思表示。承诺意味着合同成立，也意味着当事人之间形成了合同关系。在商业交易中，承诺又称接盘。承诺的有效成立应当具备以下条件：第一，承诺必须由受要约人做出；第二，承诺只能向要约人做出；第三，承诺的内容必须与要约的内容相一致；第四，承诺必须在承诺期限内发出。

特别提示

承诺的内容应当与要约的内容相一致，是指受要约人对要约的内容不得做出实质性变更。所谓实质性变更包括有关合同标的、数量、质量、价款或报酬、履行期限、履行地点和方式、违约责任和解决争议方法的变更。受要约人对要约的内容做出实质性变更的，应视为新要约，而不是承诺。

受要约人超过承诺期限发出承诺，或者在承诺期限内发出承诺，按照通常情形不能及时到达邀约人，为新要约；但是，邀约人及时通知该承诺有效的除外。

（2）承诺的撤回。

承诺可以撤回。承诺的撤回是承诺人阻止或者消灭承诺发生法律效力的意思表示。根据《民法典》第一百四十一条的规定，撤回意思表示的通知应当在意思表示到达相对人前或者与意思表示通知同时到达相对人。

应用案例 6-1

【案例概况】

某年8月8日，某建筑公司向某水泥厂发出了一份购买水泥的要约。要约中明确规定承诺期限为8月12日中午12:00前。为了保证工作的快捷，要约中同时约定了采用电子邮件方式做出承诺并提供了电子信箱。水泥厂接到要约后经过研究，同意出售给建筑公司水泥。水泥厂于8月12日上午11:30给建筑公司发出了同意出售水泥的电子邮件。但是，由于建筑公司

案例——合同的订立

所在地区的网络出现故障，直到下午3:30对方才收到该邮件。

【问题】

你认为该承诺是否有效？为什么？

【案例评析】

根据《民法典》第一百三十七条规定：以非对话方式做出的采用数据电文形式的意思表示，相对人指定特定系统接收数据电文的，该数据电文进入该特定系统时生效；未指定特定系统的，相对人知道或者应当知道该数据电文进入其系统时生效。当事人对采用数据电文形式的意思表示的生效时间另有约定的，按照其约定。《民法典》第四百八十六条的规定：受要约人超过承诺期限发出承诺，或者在承诺期限内发出承诺，按照通常情形不能及时到达要约人的，为新要约；但是，要约人及时通知受要约人该承诺有效的除外。

水泥厂于8月12日上午11:30发出电子邮件，正常情况下，建筑公司即时可收到承诺，但是由于外界原因而没有在承诺期限内收到。此时根据《民法典》第一百三十七条，建筑公司可以承认该承诺的效力，也可以不承认。如果不承认该承诺的效力，就要及时通知水泥厂，若不及时通知，则视为已经承认该承诺的效力。

6.2.4 缔约过失责任

1. 缔约过失责任的概念

缔约过失责任是指在合同订立过程中，当事人一方或双方因自己的过失而致合同不成立、无效或被撤销，给对方造成损失时所应承担的民事责任。

缔约过失责任既不同于违约责任，也有别于侵权责任，是一种独立的责任。

2. 缔约过失责任的构成要件

(1) 当事人的行为发生在订立合同的过程中。

发生在合同订立过程中，即合同尚未成立。这是缔约过失责任有别于违约责任的最重要原因。合同一旦成立，当事人应当承担的是违约责任或者合同无效的法律责任。

(2) 当事人一方受有损失。

损失事实是构成民事赔偿责任的首要条件，如果没有损失，就不会存在赔偿问题。缔约过失责任的损失是一种信赖利益的损失，即缔约的当事人信赖合同有效成立，但因法定事由发生，致使合同不成立、无效或被撤销等而造成的损失。

(3) 当事人一方具有过错。

承担缔约过失责任一方应当有过错，包括故意行为和过失行为导致的后果责任。这种过错主要表现为违反先合同义务。先合同义务是指自缔约人双方为签订合同而相互接触磋商开始但合同尚未成立，逐渐产生的随附义务，包括协助、通知、照顾、保护、保密等义务，它自要约生效开始产生。

(4) 当事人的过错行为与该损失之间有因果关系。

即该损失是由违反先合同义务引起的。

3. 承担缔约过失责任的情形

（1）假借订立合同，恶意进行磋商。

恶意磋商是指一方没有订立合同的诚意，假借订立合同与对方磋商而导致另一方遭受损失的行为。

（2）故意隐瞒与订立合同有关的重要事实或者提供虚假情况。

故意隐瞒重要事实或者提供虚假情况是指对涉及合同成立与否的事实予以隐瞒或者提供与事实不符的情况而引诱对方订立合同的行为。

（3）泄露或不正当地使用商业秘密。

当事人在订立合同过程中知悉的商业秘密，无论合同是否成立，均不得泄露或者不正当使用。泄露或不正当使用该商业秘密给对方造成损失的，应当承担损害赔偿责任。

（4）其他违背诚实信用原则的行为。

其他违背诚实信用原则的行为主要是指当事人一方对随附义务的违反，即违反了通知、保护、说明等义务。

能力拓展

【案例概况】

我国某公路工程建设项目采用国际招标，在其招标文件中规定了该项目投标保证金的金额、用途及扣留的情况。该项目于2021年8月10日开标。该项目投标有效期为90个日历日。招标人分别于10月30日、11月13日在中国国际招标网公布了中标结果。11月13日招标人发出中标通知书，要求中标人收到通知书后30日内签约，但中标人未进行确认也未进行签约。2022年4月中标人向招标人提出：招标人于投标有效期90个日历日之后发出了中标通知书，超过了投标有效期，投标文件失效，要求退还投标保证金。招标人不同意该意见，多次协商无果，最后诉诸法院。招标人称分别在10月30日、11月13日在中国国际招标网上发布了中标结果。该公司答辩认为招标文件中没有明确约定在中国国际招标网上发布中标公告就是中标结果的通知方式，投标人也没有义务上中国国际招标网查阅相关通知。中标人不认可招标人在投标有效期内发出了中标通知书。

【问题】

对该事件你认为哪一方的说法正确？为什么？结合该案例，说明订立合同的过程。

特别提示

招标过程中属于缔约过失责任的情形。

（1）招标人变更或修改招标文件后未通知部分招标文件的收受人。

（2）招标人与投标人恶意串通投标。

（3）招标人违反先合同义务。

（4）投标人以虚假信息骗取中标。

6.3 合同的效力

6.3.1 合同的生效

1. 合同生效的时间

依法成立的合同，自成立时生效，但是法律另有规定或者当事人另有约定的除外。

依照法律、行政法规的规定，合同应当办理批准等手续的，依照其规定。未办理批准等手续影响合同生效的，不影响合同中履行报批等义务条款及相关条款的效力。应当办理申请批准等手续的当事人未履行义务的，对方可以请求其承担违反该义务的责任。

依照法律、行政法规的规定，合同的变更、转让、解除等情形应当办理批准等手续的，适用前款规定。

2. 附条件合同和附期限合同的生效时间

根据《民法典》的相关规定，民事法律行为可以附条件，但是根据其性质不得附条件的除外。附生效条件的民事法律行为，自条件成就时生效。附解除条件的民事法律行为，自条件成就时失效。附条件的民事法律行为，当事人为自己的利益不正当地阻止条件成就的，视为条件已经成就；不正当地促成条件成就的，视为条件不成就。民事法律行为可以附期限，但是根据其性质不得附期限的除外。附生效期限的民事法律行为，自期限届至时生效。附终止期限的民事法律行为，自期限届满时失效。

因此，附条件合同是指合同当事人约定某种事实状态，并以其将来发生或不发生作为该合同生效或解除依据的合同，分为附生效条件和附解除条件的合同两种类型。附生效条件的合同，自条件成就时生效；附解除条件的合同，自条件成就时失效。

附期限合同是指以将来确定到来的事实作为合同的条款，并在该期限到来时合同的效力发生或终止的合同。

特别提示

附期限合同与附条件合同的区别

附期限合同与附条件合同都是当事人约定的限制合同效力的方式，但二者的区别在于：期限为将来确定要发生的事实，是可知的；而所附的条件是将来可能发生也可能不发生的，是不确定的事实。

特别提示

由于《民法典》专设一节“民事法律行为的效力”（《民法典》第一编第六章）详细规定了不同行为的效力形态。

根据《民法典》第五百零八条：“本编对合同的效力没有规定的，适用本法第一编第六章的有关规定。”依据上述条款的规定，以下内容根据《民法典》第一编第六章“民事法律行为的效力”及第三编第三章“合同的效力”进行进一步说明。

6.3.2 民事法律行为的效力

1. 有效的民事法律行为应具备的条件

根据《民法典》的第一百四十三条，具备下列条件的民事法律行为有效。

（1）行为人具有相应的民事行为能力。

（2）意思表示真实。

（3）不违反法律、行政法规的强制性规定，不违背公序良俗。

2. 无效的民事法律行为

无效合同

（1）无民事行为能力人实施的民事法律行为无效。

（2）行为人与相对人以虚假的意思表示实施的民事法律行为无效。

（3）违反法律、行政法规的强制性规定的民事法律行为无效。但是，该强制性规定不导致该民事法律行为无效的除外。违背公序良俗的民事法律行为无效。

（4）行为人与相对人恶意串通，损害他人合法权益的民事法律行为无效。

3. 可撤销的民事法律行为

可撤销合同案例

（1）基于重大误解实施的民事法律行为，行为人有权请示人民法院或者仲裁机构予以撤销。

（2）一方以欺诈手段，使对方在违背真实意思的情况下实施的民事法律行为，受欺诈方有权请求人民法院或者仲裁机构予以撤销。

（3）第三人实施欺诈行为，使一方在违背真实意思的情况下实施的民事法律行为，对方知道或者应当知道该欺诈行为的，受欺诈方有权请求人民法院或者仲裁机构予以撤销。

（4）一方或者第三人以胁迫手段，使对方在违背真实意思的情况下实施的民事法律行为，受胁迫方有权请求人民法院或者仲裁机构予以撤销。

（5）一方利用对方处于危困状态、缺乏判断能力等情形，致使民事法律行为成立时显失公平的，受损害方有权请求人民法院或者仲裁机构予以撤销。

无效的或者被撤销的民事法律行为自始没有法律约束力。民事法律行为部分无效，不影响其他部分效力的，其他部分仍然有效。

6.3.3 合同效力的特殊规则

1. 无权代理合同的追认

无权代理人以被代理人的名义订立合同，被代理人已经开始履行合同义务或者接受相对人履行的，视为对合同的追认。

2. 越权订立的合同效力

法人的法定代表人或者非法人组织的负责人超越权限订立的合同，除相对人知道或者应当知道其超越权限外，该代表行为有效，订立的合同对法人或者非法人组织发生效力。

3. 超越经营范围订立的合同效力

当事人超越经营范围订立的合同的效力，应当依照《民法典》第一编第六章第三节和第三编的有关规定确定，不得仅以超越经营范围确认合同无效。

4. 合同的免责条款无效的情形

合同的免责条款是指当事人约定免除或者限制其未来责任的合同条款。不是所有的免责条款都无效，合同中的下列免责条款无效。

(1) 造成对方人身伤害的。

(2) 因故意或者重大过失造成对方财产损失的。

以上两种免责条款违反了公平原则，占据有利地位的一方将自己的意志强加给他人。免责条款无效，并不影响合同中其他条款的效力。

应用案例 6-2

【案例概况】

某建筑施工企业从水泵厂购得 20 台 A 级水泵，在现场使用后反映效果良好。因施工需要，该施工企业决定派采购员王某再购进同样的水泵 35 台。王某从第一次所购水泵所嵌的铭牌上抄下品名、规格、型号、技术指标等，出示介绍信及前述铭牌内容，与同一厂家签订了购买 35 台 A 级水泵的合同。该施工企业收到 35 台水泵后，即投入使用，使用中发现第二次所购水泵与第一次所购水泵性能上存在较大差异，便怀疑水泵厂第二次提供的水泵质量有问题，要求更换。水泵厂以提供产品均合格为由，拒绝更换。该施工企业遂诉至法院要求更换并赔偿损失。经查明：第一次所供水泵实际上是 B 级水泵，由于水泵厂出厂环节失误，所嵌铭牌错为 A 级水泵；第二次所供水泵实际上是 A 级水泵。

【问题】

施工企业提出的诉讼要求能否得到支持?

【案例评析】

施工企业本意是购买 B 级水泵，但由于水泵厂的原因，使其将本希望采购的 B 级水泵，错误地表达为 A 级水泵，与其真实意思发生重大错误，属于重大误解。因此，施工企业对第二次采购合同享有撤销权或者变更权，其变更标的物的主张能获得支持。

6.3.4 合同无效和被撤销后的法律后果

合同不生效、无效、被撤销或者终止的，不影响合同中有关解决争议方法的条款的效力。

合同无效或者被撤销后，尚未履行的，不得履行；正在履行的应当立即终止履行。

民事法律行为无效、被撤销或者确定不发生效力后，行为人因该行为取得的财产，应当予以返还；不能返还或者没有必要返还的，应当折价补偿。有过错的一方应当赔偿对方由此所受到的损失；各方都有过错的，应当各自承担相应的责任。法律另有规定的，依照其规定。

能力拓展

【案例概况】

某建筑公司在施工过程中发现所使用的水泥混凝土的配合比无法满足强度要求，于是将该情况报告给了建设单位，请求改变配合比。建设单位经过与施工单位负责人协商认为可以将配合比做一下调整。于是，双方就改变水泥混凝土的配合比重新签订了一个协议，作为原合同的补充部分。

【问题】

该新协议有效吗？

6.4 合同的履行、变更、转让及终止

6.4.1 合同的履行

1. 合同履行的概念

合同履行是指合同各方当事人按照合同的规定，全面履行各自的义务，实现各自的权利，使各方的目的得以实现的行为。合同的履行以有效的合同为前提和依据，也是当事人订立合同的根本目的。

合同的履行

2. 合同履行的原则

(1) 全面履行原则。

全面履行是指当事人应当按照合同约定的标的、价款、数量、质量、地点、期限、方式等全面履行各自的义务。

合同有明确约定的，应当按照约定履行。如果合同生效后，双方当事人就质量、价

款、履行地点等内容没有约定或者约定不明的，可以协议补充。不能达成补充协议的，按照合同有关条款或者交易习惯确定。如果按照上述办法仍不能确定合同如何履行的，适用下列规定进行履行。

① 质量要求不明确的，按照强制性国家标准履行；没有强制性国家标准的，按照推荐性国家标准履行；没有推荐性国家标准的，按照行业标准履行；没有国家标准、行业标准的，按照通常标准或者符合合同目的的特定标准履行。

② 价款或报酬不明的，按照订立合同时履行地的市场价格履行；依法应当执行政府定价或者政府指导价的，按规定履行。

③ 履行地点不明确的，给付货币的，在接受货币一方所在地履行；交付不动产的，在不动产所在地履行；其他标的，在履行义务一方所在地履行。

④ 履行期限不明确的，债务人可以随时履行，债权人也可以随时要求履行，但应当给对方必要的准备时间。

⑤ 履行方式不明确的，按照有利于实现合同目的的方式履行。

⑥ 履行费用的负担不明确的，由履行义务一方承担；因债权人原因增加的履行费用，由债权人负担。

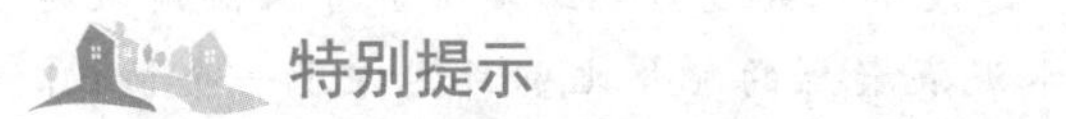

合同在履行中既可能是按照市场行情约定价格，也可能是执行政府定价或政府指导价。

如果是按照市场行情约定价格履行，则市场行情的波动不应影响合同价，合同仍执行原价格。

如果是执行政府定价或政府指导价的，在合同约定的交付期限内政府价格调整时，应按照交付时的价格计价。逾期交付标的物的，遇价格上涨时，按照原价格执行；遇价格下降时，按照新价格执行。逾期提取标的物或者逾期付款的，遇价格上涨时，按照新价格执行；遇价格下降时，按照原价格执行。

（2）诚实信用原则。

当事人应当遵循诚实信用原则，根据合同性质、目的和交易习惯履行通知、协助和保密义务。履行中发现问题应及时协商解决，一方发生困难时，另一方在法律允许的范围内给予帮助，只有这样合同才能圆满履行。

3. 合同履行中的抗辩权

抗辩权是指在双务合同中，当事人一方有依法对抗对方要求或否认对方权利主张的权利。

（1）同时履行抗辩权。

当事人互负债务，没有先后履行顺序的，应当同时履行。同时履行抗辩权包括：一方在对方履行之前有权拒绝其履行要求；一方在对方履行债务不符合约定时，有权拒绝其相应的履行要求。

同时履行抗辩权的适用条件：①必须是双务合同；②合同中未约定履行顺序；③对方当事人没有履行债务或者没有正确履行债务；④对方的义务是可能履行的义务。

（2）先履行抗辩权。

先履行抗辩权是指当事人互负债务，有先后履行顺序的，先履行一方未履行债务或者履行债务不符合约定，后履行一方有权拒绝先履行一方履行的请求。

先履行抗辩权的适用条件：①必须是双务合同；②合同中约定了履行的先后顺序；③应当先履行的合同当事人没有履行债务或者没有正确履行债务；④对方的对价给付是可能履行的义务。

（3）不安抗辩权。

不安抗辩权是指合同中约定了履行顺序，合同成立后发生了应当后履行合同一方财务状况恶化的情况，应当先履行合同一方在对方未履行或者提供担保前有权拒绝先履行。设立不安抗辩权的目的在于预防合同成立后情况发生变化而损害合同另一方的利益。

应当先履行合同的一方有确切证据证明对方有下列情形之一的，可以中止履行。

① 经营状况严重恶化。

② 转移财产、抽逃资金，以逃避债务。

③ 丧失商业信誉。

④ 有丧失或者可能丧失履行债务能力的其他情形。

当事人中止履行合同的，应当及时通知对方。对方提供适当的担保时应当恢复履行。中止履行后，对方在合理期限内未恢复履行能力并且未提供适当的担保，中止履行一方可以解除合同。当事人没有确切证据就中止履行合同的应承担违约责任。

应用案例 6-3

【案例概况】

2020年年底，某发包人与某施工承包人签订施工承包合同，约定施工到月底结付当月工程进度款。2021年年初承包人接到开工通知后随即进场施工，截至2021年4月底，发包人均结清当月应付工程进度款。承包人计划于2021年5月完成的当月工程量为1200万元，此时承包人获悉，法院在另一诉讼案中对发包人实施保全措施，查封了其办公场所；同月，承包人又获悉，发包人已经严重资不抵债。2021年5月3日，承包人向发包人发出书面通知称："鉴于贵公司工程款支付能力严重不足，本公司决定暂时停止本工程施工，并愿意与贵公司协商解决后续事宜。"

【问题】

承包人这么做是否合适？承包人是如何维护自身的合法权益的？

【案例评析】

上述情况属于有证据表明发包人经营状况严重恶化，承包人可以中止施工，并有权要求发包人提供适当担保，并可根据是否获得担保再决定是否终止合同。这属于行使不安抗辩权的典型情形。

4. 合同的保全

在合同履行过程中，为了防止债务人的财产不适当减少而给债权人带来危害，《民法典》第三编第一分编第五章“合同的保全”中规定允许债权人为保全其债权的实现采取保全措施。保全措施包括代位权和撤销权。

（1）代位权。

代位权是指债务人怠于行使其到期债权，对债权人造成损害的，债权人可以向人民法院请求以自己的名义代位行使债务人的债权。但该债权专属于债务人时不能行使代位权。代位权的行使范围以债权人的债权为限，其发生的费用由债务人承担。

（2）撤销权。

撤销权是指当债务人放弃其到期债权或无偿转让财产，或者以明显不合理低价处分其财产，对债权人造成损害的，债权人可以依法请求法院撤销债务人所实施的行为。撤销权的行使范围以债权人的债权为限，其发生的费用由债务人承担。撤销权自债权人知道或者应当知道撤销事由之日起1年内行使。自债务人的行为发生之日起5年内没有行使撤销权的，该撤销权消灭。

5. 合同的担保

（1）合同担保的概念。

担保是指合同当事人根据法律规定或者双方约定，由债务人或者第三人向债权人提供的为确保债权实现和债务履行为目的的措施。担保通常由当事人双方订立担保合同。担保合同是主债权债务合同的从合同，主债权债务合同无效的，担保合同无效。但是法律另有规定的除外。

（2）合同担保的分类。

根据法律规定和担保产生的原因不同，担保可分为法定担保和约定担保。法定担保就是基于法律规定直接设立的担保方式，根据《民法典》第二编第十九章及第三编第八百零七条的规定，主要有留置权和承包人的工程款优先受偿权。约定担保是当事人通过约定产生的担保方式，约定担保方式主要有保证、抵押、质押和定金。

（3）合同担保的方式。

① 留置权。

债务人不履行到期债务，债权人可以留置已经合法占有的债务人的动产，并有权就该动产优先受偿。债权人为留置权人，占有的动产为留置财产。

同一动产上已经设立抵押权或者质权，该动产又被留置的，留置权人优先受偿。

② 承包人的工程款优先受偿权。

承包人的工程款优先受偿权是指承包人对于建设工程的价款就该工程折价或者拍卖的价款享有优先受偿的权利。

《民法典》第八百零七条规定：发包人未按照约定支付价款的，承包人可以催告发包人在合理期限内支付价款。发包人逾期不支付的，除根据建设工程的性质不宜折价、拍卖外，承包人可以与发包人协议将该工程折价，也可以请求人民法院将该工程依法拍卖。建设工程的价款就该工程折价或者拍卖的价款优先受偿。

③ 保证。

保证是指为保证债权的实现，保证人和债权人约定，当债务人不履行到期债务或者发生当事人约定的情形时，保证人履行债务或者承担责任。

保证的方式有两种，即一般保证和连带保证。当事人在保证合同中对保证方式没有约定或约定不明确的，按一般保证承担保证责任。一般保证，是指当事人在保证合同中约定，当债务人不履行债务时，由保证人承担责任的保证。一般保证的保证人在主合同纠纷未经审判或仲裁，并就债务人财产依法强制执行仍不能履行债务前，对债权人可以拒绝承担保证责任。连带保证，是指债务人在主合同规定的债务履行期届满没有履行债务的，债权人可以要求债务人履行债务，也可以要求保证人在其保证范围内承担保证责任。

④ 抵押。

抵押是指债务人或第三人不转移对抵押财产的占有，将该财产作为债权的担保。当债务人不履行债务时，债权人有权依法以该财产折价或以拍卖、变卖该财产的价款优先受偿。

债务人或者第三人提供担保的财产为抵押物。由于抵押物是不转移占有的，因此能够成为抵押物的财产必须具备一定的条件。根据《民法典》第三百九十五条规定，债务人或者第三人有权处分的下列财产可以抵押。

a. 建筑物和其他土地附着物。

b. 建设用地使用权。

c. 海域使用权。

d. 生产设备、原材料、半成品、产品。

e. 正在建造的建筑物、船舶、航空器。

f. 交通运输工具。

g. 法律、行政法规未禁止抵押的其他财产。

《民法典》第三百九十九条规定下列财产不得抵押。

a. 土地所有权。

b. 宅基地、自留地、自留山等集体所有土地的使用权，但是法律规定可以抵押的除外。

c. 学校、幼儿园、医疗机构等为公益目的成立的非营利法人的教育设施、医疗卫生设施和其他公益设施。

d. 所有权、使用权不明或有争议的财产。

e. 依法被查封、扣押、监管的财产。

f. 法律、行政法规规定不得抵押的其他财产。

⑤ 质押。

质押是指债务人或者第三人将其动产或权利移交债权人占有，用以担保债权履行的担保形式。质押后，当债务人不能履行债务时，债权人依法有权就该动产或权利优先得到清偿。质权是一种约定的担保物权，以转移占有为特征。

质押可分为动产质押和权利质押。

动产质押是指债务人或者第三人将其动产移交债权人占有，将该动产作为债权的担保。

权利质押一般是将权利凭证交付质押人的担保。可以质押的权利包括以下内容。

a. 汇票、本票、支票。

b. 债券、存款单。

c. 仓单、提单。

d. 可以转让的基金份额、股权。

e. 可以转让的注册商标专用权、专利权、著作权等知识产权中的财产权。

f. 现有的及将有的应收账款。

g. 法律、行政法规规定可以出质的其他财产权利。

⑥ 定金。

定金是指合同当事人可以约定一方向对方给付一定数额的货币作为债权的担保。债务人履行债务后，定金可以收回或抵作价款。给付定金的一方不履行债务或者履行债务不符合约定致使不能实现合同目的的，无权请求返还定金；收受定金的一方不履行债务或者履行债务不符合约定致使不能实现合同目的的，应双倍返还定金。

定金应以书面形式约定。当事人在定金合同中应该约定交付定金的期限及数额。定金合同从实际交付定金时成立，定金数额最高不得超过主合同标的额的 20%，超过部分不产生定金效力。

定金不足以弥补一方违约造成的损失的，对方可以请求赔偿超过定金数额的损失。

6.4.2 合同的变更和转让

1. 合同变更

合同变更是指当事人对已经发生法律效力，但尚未履行或尚未完全履行的合同，进行修改或补充所达成的协议。《民法典》规定，当事人协商一致，可以变更合同。当事人对合同变更的内容约定不明确的，推定为未变更。合同变更有广义和狭义之分。广义的合同变更是指合同内容和合同主体发生变化；而狭义的合同变更仅指合同内容的变更，不包括合同主体的变更。我们通常所说的合同变更是从狭义的角度来讲的。

2. 合同转让

合同转让是指合同成立后，当事人依法可以将合同中的全部权利、部分权利或者合同中的全部义务、部分义务转让或转移给第三人的法律行为。合同转让分为权利转让和义务转让。

合同转让需要具备以下条件。

（1）必须以合法有效的合同关系存在为前提，如果合同不存在或被宣告无效，被依法撤销、解除、转让的行为属无效行为，转让人应对善意的受让人所遭受的损失承担损害赔偿责任。

（2）必须由转让人与受让人之间达成协议，该协议应该是平等协商的，而且应当符合民事法律行为的有效要件，否则该转让行为属无效行为或可撤销行为。

（3）转让符合法律规定的程序，合同转让人应征得对方同意并尽通知义务。对于按照法律规定由国家批准成立的合同，转让合同应经原批准机关批准，否则转让行为无效。

《民法典》规定，债权人可以将债权的全部或者部分转让给第三人，但是有下列情形之一的除外。

（1）根据债权性质不得转让。

（2）按照当事人约定不得转让。

（3）依照法律规定不得转让。

债权人转让债权，未通知债务人的，该转让对债务人不发生效力。债务人将债务的全部或者部分转移给第三人的，应当经债权人同意。债务人或者第三人可以催告债权人在合理期限内予以同意，债权人未做表示的，视为不同意。

6.4.3 合同的终止

1. 合同终止的概念

合同终止是指当事人之间根据合同确定的权利和义务在客观上不复存在，据此合同不再对双方具有约束力。

合同终止与合同中止的不同之处在于，合同中止只是在法定的特殊情况下，当事人暂时停止履行合同，当这种特殊情况消失后，当事人仍然承担继续履行的义务；而合同终止是指合同关系的消灭，不可能恢复。合同的权利和义务的终止不影响合同中结算和清理条款的效力。

2. 合同终止的原因

(1) 根据《民法典》第三编第一分编第七章“合同的权利义务终止”中第五百五十七条，有下列情形之一的，债权债务终止。

① 债务已经履行。

债务已按照约定履行即是债的清偿，是按照合同约定实现债权目的的行为。清偿是合同的权利和义务终止的最主要和最常见的原因。

② 债务相互抵消。

债务抵消是指合同当事人互负债务时，各以其债权以充当债务之清偿，而使其债务与对方的债务在对等额内相互消灭。依据抵消产生的根据不同，可分为法定抵消和约定抵消两种。

法定抵消是合同当事人互负到期债务，并且该债务的标的物种类、品质相同，任何一方当事人做出的使相互间数额相当的债务归于消灭的意思表示。

约定抵消是合同当事人互负到期债务，在债的标的物种类、品质不相同的情形下，经双方自愿协商一致而发生的债务抵消。

③ 债务人依法将标的物提存。

提存是指由于债权人的原因致使债务人无法向其交付标的物，债务人可以将标的物交给有关机关保存，以此消灭合同关系的行为。

提存的标的物以适于提存为限。标的物不适用于提存或提存费用过高的，债务人依法可以拍卖或变卖标的物，提存所得价款。我国目前法定的提存机关为公证机构。自提存之日起，债务人的债务归于消灭。债权人领取提存物的权利，自提存之日起5年内不行使而消灭，提存物扣除提存费用后，归国家所有。

④ 债权人免除债务。

免除债务是债权人放弃债权，从而全部或部分终止合同关系的单方行为。债权人免除债务，应由债权人向债务人做出明确的意思表示。

⑤ 债权债务同归一人。

债权债务同归一人也称混同，是指债权债务同归一人而导致合同的权利和义务归于消灭的情形。发生混同的主要原因有企业合并。但在合同标的物上设有第三人利益的，不能混同，如债权上设有抵押权。

⑥ 法律规定或者当事人约定终止的其他情形。

如时效（取得时效）的期满、合同的撤销、合同主体的自然人死亡而其债务又无人承担等均会导致合同当事人的权利和义务的终止。

（2）合同解除。

合同解除是指对已经发生法律效力，但尚未履行或者尚未完全履行的合同，因当事人一方的意思表示或者双方的协议而使债权债务关系提前归于消灭的行为。合同解除可分为约定解除和法定解除两类。合同解除的，该合同的权利和义务关系终止。

约定解除是当事人通过行使约定的解除权或者双方协商决定而进行的合同解除。依据《民法典》第五百六十二条的规定，当事人协商一致，可以解除合同。

法定解除是解除条件直接由法律规定的合同解除。当法律规定的解除条件具备时，当事人可以解除合同。依据《民法典》第五百六十三条的规定，有下列情形之一的，当事人可以解除合同。

① 因不可抗力致使不能实现合同目的。

② 在履行期限届满之前，当事人一方明确表示或者以自己的行为表明不履行主要债务。

③ 当事人一方延迟履行主要债务，经催告后在合理的期限内仍未履行。

④ 当事人一方延迟履行债务或有其他违法行为致使不能实现合同目的。

⑤ 法律规定的其他情形。

合同解除后，尚未履行的，终止履行；已经履行的，根据履行情况和合同性质，当事人可以请求恢复原状或者采取其他补救措施，并有权请求赔偿损失。

特别提示

关于债务的清偿抵充

《民法典》第三编第一分编第七章“合同的权利义务终止”中的规定如下。

债务人对同一债务人负担的数项债务种类相同，债务人的给付不足以清偿全部债务的，除当事人另有约定外，由债务人在清偿时指定其履行的债务。

债务人未作指定的，应当优先履行已经到期的债务；数项债务均到期的，优先履行对债权人缺乏担保或者担保最少的债务；均无担保或者担保相等的，优先履行债务人负担较重的债务；负担相同的，按照债务到期的先后顺序履行；到期时间相同的，按照债务比例履行。

债务人在履行主债务外还应当支付利息和实现债权的有关费用，其给付不足以清偿全部债务的，除当事人另有约定外，应当按照下列顺序履行。

（1）实现债权的有关费用。

（2）利息。

（3）主债务。

6.5 违约责任的解决

6.5.1 违约责任

1. 违约责任的概念

违约责任是指当事人任何一方不履行合同义务或者履行合同义务不符合约定而应当承担的法律责任。违约行为是违约责任的基本要件，没有违约行为就没有违约责任。违约行为可以分为不履行和不当履行。不履行，即履行不能和拒绝履行；不当履行，即不适当履行、部分履行和迟延履行。

合同违约责任

2. 违约责任的一般构成要件

违约责任的构成要件是指违约责任当事人应具备什么条件才应承担违约责任，有一般构成要件和特殊构成要件之分。一般构成要件是指违约当事人承担任何违约责任均应具备的条件。特殊构成要件是指各种具体的违约责任所要求的责任构成要件。一般构成要件由两个方面构成：一是合同当事人有违约行为，二是不存在法定或者约定的免责事由。

6.5.2 违约责任的承担方式

1. 继续履行

继续履行是指违反合同的当事人不论是否承担了赔偿金或者违约金责任，都必须根据对方的要求，在自己能够履行的条件下，对合同未履行的部分继续履行，但有下列情形之一的除外。

（1）法律上或者事实上不能履行。

（2）债务的标的不适于强制履行或者履行费用过高。

（3）债权人在合理期限内未要求履行。

2. 采取补救措施

采取补救措施是指在当事人违反合同的事实发生后，对违约责任没有约定或者约定不明确，依据《民法典》第一百五十条的规定仍不能确定的，受损害方根据标的的性质及损失的大小，可以合理选择请求对方承担修理、重做、更换、退货、减少价款或者报酬等违约责任。

3. 赔偿损失

当事人一方不履行合同义务或者履行合同义务不符合约定，给对方造成损失的，应当赔偿对方的损失。损失赔偿额应当相当于因违约所造成的损失，包括合同履行后可以获得的利益，但不得超过违反合同一方订立合同时预见到或应当预见到的因违反合同可能造成的损失。

4. 支付违约金

当事人可以约定一方违约时应当根据违约情况向对方支付一定数额的违约金，也可以约定因违约产生的损失额的赔偿办法。约定违约金低于造成损失的，当事人可以请求人民法院或者仲裁机构予以增加；约定违约金过分高于造成损失的，当事人可以请求人民法院或仲裁机构予以适当减少。

当事人既约定违约金，又约定定金的，一方违约时，对方可以选择适用违约金或定金条款。但是，这两种违约责任不能合并使用。

因不可抗力不能履行合同的，根据不可抗力的影响，部分或全部免除责任。当事人延迟履行后发生的不可抗力，不能免除责任。当事人因不可抗力不能履行合同的，应当及时通知对方，以减轻给对方造成的损失，并应当在合理的期限内提供证明。

6.6 合同争议的解决

6.6.1 合同争议的概念

合同争议是指合同当事人在合同履行过程中所产生的有关权利和义务的纠纷。在合同履行过程中，由于各种原因，在当事人之间产生争议是不可避免的。合同争议的解决直接关系到合同目的的实现。

6.6.2 合同争议的解决方式

1. 和解

和解是指合同纠纷当事人在自愿平等的基础上，互相沟通、互相谅解，从而解决纠纷的一种方式。自愿、平等、合作是和解解决争议的基本原则。和解的特点在于简便易行，能够在没有第三人参加的情况下及时解决当事人之间的纠纷，有利于双方当事人的进一步合作。但局限在于，当当事人之间的纠纷分歧较大时，或者当事人故意违约，根本没有解决问题的诚意时，这种方法就不能解决问题了。

合同争议的解决

2. 调解

调解是指合同当事人对合同所约定的权利、义务发生争议，不能达成和解协议时，在经济合同管理机关或者有关机关、团体等的主持下，通过对当事人进行说服教育，促使双方互相做出适当的让步，平息争端，自愿达成协议，以求解决经济合同纠纷的方法。合同纠纷的调解往往是当事人经过和解仍不能解决纠纷后采取的方式，因此与和解相比，它面临的纠纷要大一些。但与诉讼、仲裁相比，其优势在于能够较经济、较及时地解决纠纷。

3. 仲裁

仲裁是指当事人双方在争议发生前或争议发生后达成协议，自愿将争议交给第三人做出裁决，并负有自动履行义务的一种解决争议的方式。

双方当事人可以在合同中订立仲裁条款或者在争议发生后以书面形式达成仲裁协议。仲裁本着自愿原则并且实施一裁终局制。裁决做出后，当事人就同一纠纷再申请仲裁或者向人民法院起诉的，仲裁委员会或者人民法院不予受理。

4. 诉讼

诉讼是指合同当事人依法请求人民法院行使审判权，审理双方之间发生的合同争议，做出有国家强制保证实现其合法权益，从而解决纠纷的审判活动。合同双方当事人如果未约定仲裁协议，则只能以诉讼作为解决争议的最终方式。

当事人应当履行发生法律效力的判决、仲裁协议、调解书，拒不履行的，对方可以请求人民法院强制执行。

仲裁是当今国际上公认并广泛采用的解决争议的重要方式之一。国外通过仲裁解决经济纠纷已经非常普遍，国内随着《中华人民共和国仲裁法》（简称《仲裁法》）的颁布实施，目前越来越多的人开始了解、熟悉并选择仲裁方式来解决经济纠纷。仲裁与调解、诉讼相比，有其鲜明的特点。

(1) 仲裁只受理民事纠纷。仲裁一般解决的是商事争议，而法院可以受理刑事、行政诉讼案件。仲裁充分尊重当事人意思自治。《仲裁法》第四条明确规定：“当事人采用仲裁方式解决纠纷，应当双方自愿，达成仲裁协议。”仲裁是以当事人自愿并以达成的仲裁协议为前提的。协议中一般要明确约定争议的事项和范围，有双方同意仲裁的意思表示，并明确仲裁机构的名称。

(2) 裁决具有法律效力。《仲裁法》第六十二条规定：“当事人应当履行裁决。一方当事人不履行的，另一方当事人可以依照民事诉讼法的有关规定向人民法院申请执行。受申请的人民法院应当执行。”可见，仲裁裁决和法院判决一样，同样具有法律约束力，当事人必须严格履行。经济纠纷在仲裁庭主持下通过调解解决的，所制作的调解书与裁决书具有同等法律效力。涉外仲裁的裁决，只要被请求执行方所在国是《承认和执行外国仲裁裁决公约》的缔约国或是成员国，如果当事人向被执行人所在国的法院申请强制执行，则该法院就应依照其国内法予以强制执行。

(3) 一裁终局。即裁决一旦做出，就发生法律效力，并且当事人对仲裁裁决不服是不可以就同一纠纷再向仲裁委员会申请复议或向法院起诉的，仲裁也没有二审、再审等程序。

(4) 不公开审理，程序灵活。我国仲裁法第四十条规定：“仲裁不公开进行。”此举可以防止泄露当事人不愿公开的专利、专有技术等。

理财合同无效

(5) 独立、公平、公正。仲裁案件可以得到公正妥善的处理，原因如下：第一，仲裁是由仲裁庭独立进行的，任何机构和个人均不得干涉仲裁庭；第二，仲裁委员会聘请的仲裁员都是公道正派的有名望的专家，由于经济纠纷多涉及特殊知识领域，由专家断案更有权威，而且仲裁员在仲裁中处于第三人地位，不是当事人的代理人，由其居中断案，更具公正性；第三，由于仲裁具有上述特点，因而也具有收费较低、结案较快、程序较简单、气氛较宽松、当事人意愿可以得到广泛尊重的优点。

知识链接 6-2

《民法典》中有关诉讼及仲裁时效的相关规定如下。

1. 一般规定

向人民法院请示保护民事权利的诉讼失效期间为三年。法律另有规定的，依照其规定。

诉讼时效期间自权利人知道或者应当知道权利受到损害及义务人之日起计算。法律另有规定的，依照其规定。但是，自权利受到损害之日起超过二十年的，人民法院不予保护，有特殊情况的，人民法院可以根据权利人的申请决定延长。

2. 几种特殊情形

(1) 当事人约定同一债务分期履行的，诉讼时效期间自最后一期履行期限届满之日起计算。

(2) 无民事行为能力人或者限制民事行为能力人对其法定代理人的请求权的诉讼时效期间，自改法定代理终止之日起计算。

(3) 未成年人遭受性侵害的损害赔偿请求权的诉讼时效期间，自受害人年满十八周岁之日起计算。

(4) 诉讼时效期间届满后，义务人可以提出不履行义务的抗辩。

诉讼时效期间届满后，义务人同意履行的，不得以诉讼时效期间届满为由抗辩；义务人已经自愿履行的，不得请求返还。

3. 诉讼时效中止的情形

在诉讼时效期间的最后六个月内，因下列障碍，不得行使请求权的，诉讼时效中止。

(1) 不可抗力。

(2) 无民事行为能力人或者限制民事行为能力人没有法定代理人，或者法定代理人死亡、丧失民事行为能力、丧失代理权。

(3) 继承开始后未确定继承人或者遗产管理人。

(4) 权利人被义务人或者其他人控制。

(5) 其他导致权利人不能行使请求权的障碍。

自中止时效的原因消除之日起满六个月，诉讼时效期间届满。

4. 诉讼时效中断的情形

有下列情形之一的，诉讼时效中断，从中断、有关程序终结时起，诉讼时效期间重新计算。

(1) 权利人向义务人提出履行请求。

(2) 义务人同意履行义务。

(3) 权利人提取诉讼或者申请仲裁。

(4) 与提起诉讼或者申请仲裁具有同等效力的其他情形。

诉讼时效的期间、计算方法，以及中止、中断的事由由法律规定，当事人约定无效。当事人对诉讼时效利益的预先放弃无效。

法律对仲裁时效有规定的，依照其规定；没有规定的，适用诉讼时效的规定。

本章小结

合同是双方当事人设立、变更和终止民事权利和义务关系的协议。

2021年1月开始实施的《民法典》中的合同编分为通则、典型合同、准合同三个分编，共计526个条文。第三编“合同”在原《中华人民共和国合同法》在基础上，贯彻全面深化改革的精神，坚持维护契约、平等交接、公平竞争，促进商品和要素自由流动，对进一步完善合同管理有着重要意义。

合同的履行应遵守平等、自愿、公平、诚实信用、守法和公序良俗及绿色原则。学习和掌握合同的订立，合同的效力，合同的履行、变更、转让及终止，以及违约责任与合同争议的解决等相关合同法律知识，对在市场经济中当事人实现合同目的有着重要的意义。

习　题

一、单选题

1. 甲施工企业授权某采购员到乙公司采购钢材，但该采购员用盖有甲施工企业公章的空白文本与乙公司订立了购买钢材的合同，则该合同（　　）。

A. 有效，但应由采购员向乙公司支付货款

B. 有效，由甲施工企业向乙公司支付货款

C. 无效，由采购员向乙公司支付货款

D. 无效，甲施工企业退货，乙公司的损失由采购员承担

2. 下列属于要约的是（　　）。

A. 某医院购买药品的招标公告

B. 含有“仅供参考”的订约提议

C. 某公司寄送的价目表

D. 超市货架上标价的商品

3. 下列关于承诺的说法中，正确的是（　　）。

A. 承诺可以撤回

B. 承诺既可以撤回也可以撤销

C. 承诺可以撤销

D. 承诺既不可以撤回也不可以撤销

4. 缔约过失责任一般发生在（　　）。

A. 合同履行阶段　　B. 合同订立阶段

C. 合同成立后　　D. 合同生效后

5. 有效的民事法律行为应具备的条件，下列错误的是（　　）。

A. 合同当事人具有完全的民事行为能力

B. 意思表示真实

C. 不违反法律、行政性法规的强制性规定

D. 不违背公序良俗

6. 合同争议的解决方式，不包括（　　）。

A. 专家评议　　B. 和解　　C. 仲裁　　D. 诉讼

7. 执行政府定价的合同，当事人一方逾期提取货物，遇到政府上调价格时，应当按（　　）执行。

A. 原价格　　B. 新价格

C. 市场价格　　D. 原价格和新价的平均价格

8. 要约人要撤销要约，撤销要约的通知应在（　　）到达对方。

A. 要约到达对方前　　B. 对方发出承诺前

C. 对方承诺到达要约人之前　　D. 对方承诺生效前

9. 合同终止后，合同中的（　　）条款仍然有效。

A. 结算和清理　　B. 仲裁和诉讼

C. 结算、清理、违约　　D. 结算、仲裁、违约

10. 一方以欺诈手段订立损害国家利益的合同，属于（　　）。

A. 无效合同　　B. 可撤销合同

C. 效力待定合同　　D. 附条件合同

11. 合同当事人一方行使撤销权时，应当在其知道或者应当知道撤销事由的（　　）内行使。

A. 6个月　　B. 1年　　C. 2年　　D. 5年

12. 某物资采购合同采购方向供货方交付定金4万元。由于供货方违约，按照合同约定计算的违约金是10万元，则采购方有权要求供货方最高支付（　　）万元承担违约责任。

A. 4　　B. 8　　C. 10　　D. 14

13. 合同当事人之间出现合同纠纷，要求仲裁机构仲裁，仲裁机构受理的前提是（　　）。

A. 合同公证书　　B. 仲裁协议书

C. 履约担保　　D. 合同担保书

14. 债权人代位权，是指债权人为了保障其债权不受损害，而以（　　）代替债务人行使债权的权利。

A. 自己的名义　　B. 他人的名义

C. 第三人的名义　　D. 债务人的名义

15. 某人以其居住的别墅作为担保，该种担保方式属于（　　）。

A. 保证　　B. 质押　　C. 留置　　D. 抵押

二、多选题

1. 属于诺成合同的是（　　）。

A. 定金合同　　B. 委托合同

C. 勘察、设计合同　　D. 保管合同

E. 借款合同

2. 张某向李某发出要约，李某如期收到，下列选项中，会使要约失效的情形有（　　）。

A. 李某打电话给张某拒绝该要约

B. 李某发出承诺前张某通知李某撤销该要约

C. 张某依法撤回要约

D. 承诺期限届满，李某未做承诺

E. 李某对要约的内容做出实质性变更

3. 甲在投标某施工项目时，为减少报价风险，与乙签订了一份塔式起重机租赁协议。协议约定，甲中标后，乙按照协议约定的租金标准向甲出租塔式起重机，如甲未中标，则协议自动失效。该协议是（　　）。

A. 既未成立又未生效合同　　B. 附条件合同

C. 已成立但未生效合同　　D. 有效合同

E. 附期限合同

4. 下列合同中，（　　）是可撤销合同。

A. 因重大误解订立的合同

B. 违反法律的强制性规定的合同

C. 一方以欺诈、胁迫手段订立的合同

D. 订立合同时显失公平的合同

E. 以合法行为掩盖非法目的的合同

5. 所有的合同的订立过程都必须经过（　　）过程。

A. 要约邀请　　B. 要约　　C. 承诺

D. 公证　　E. 签证

6. 有下列情形之一的，当事人可以解除合同（　　）。

A. 因不可抗力致使不能实现合同目的

B. 在履行期限届满之前，当事人一方明确表示或者以自己的行为表明不履行主要债务

C. 当事人一方延迟履行主要债务，经催告后在合理期限内仍未履行

D. 当事人一方延迟履行债务或者有其他违约行为致使不能实现合同目的

E. 当事人一方履行不合要求的

7. 应当先履行债务的当事人，有确切证据证明对方有下列（　　）情形之一的，可以中止履行。

A. 经营状况严重恶化

B. 转移财产、抽逃资金以逃避债务

C. 丧失商业信誉

D. 有丧失或者可能丧失履行债务能力的其他情形

E. 拒绝履行的

8. 当事人在订立合同过程中有下列（　　）情形之一，给对方造成损失的，应当承担缔约过失责任。

A. 假借订立合同，恶意进行磋商

B. 不当使用商业秘密，给对方造成损失的

C. 同时与多个相对人进行协商的

D. 故意隐瞒与订立合同有关的重要事实或者提供虚假情况

E. 有其他违背诚实信用原则的行为

9. 某建设工程施工合同履行过程中，出现了发包方拖延支付工程款的违约情况，则承包方要求发包方承担违约责任的方式可以是（　　）。

A. 继续履行合同

B. 提高价格或报酬

C. 要求发包方提前支付所有工程款

D. 可以要求发包方支付逾期利息

E. 要求发包方降低工程质量标准

10. 下列所列项目中，属于权利质押的有（　　）。

A. 私人汽车　　B. 股权　　C. 可转让的专利权中的财产权

D. 债券、存款单　　E. 建设用地使用权

三、简答题

1. 要约应当符合哪些条件？要约与要约邀请有什么区别？

2. 哪些情形属于无效的民事法律行为？

3. 承担缔约过失责任的情形有哪些？

4. 承担违约责任的方式有哪些？

5. 解决合同争议的方法有哪些？

四、案例题

1. 某开发公司作为建设单位与某建筑公司签订了某住宅小区的施工承包合同。合同中约定该项目工期为365个日历天。在施工过程中，有群众举报该建设项目存在严重的偷工减料行为。经权威部门鉴定确认该工程已完成部分（大约为整个项目工程量的1/3）确实存在严重的偷工减料行为，不符合国家相应的工程质量强制性标准。开发公司以此为由单方面与建筑公司解除了合同。建筑公司认为解除合同需要当事人双方协商一致方可解除。

问题：

(1) 简述合同可以解除的情形。

(2) 你认为建筑公司的观点正确吗？

2. 某施工单位承揽了一项综合办公楼项目的总承包工程，施工过程中发生了如下事件。

事件1：某施工单位与某材料供应商所签订的材料供应合同中未明确材料供应时间。急需材料时，施工单位要求材料供应商马上将所需材料运抵现场，但遭到材料供应商的拒绝。材料供应商两天后才将材料运抵施工现场。

事件2：某设备供应商由于进行设备调试，超过合同约定的期限交付施工单位订购的设备，恰好此时该设备价格下降，施工单位按照下降后的价格支付给设备供应商，设备供

应商要求以原价执行，双方产生争执。

事件3：施工单位与某机械租赁公司签订的租赁合同约定的期限已到，施工单位将租赁的机械交还给租赁公司并交付租赁费，此时，双方签订的合同终止。

事件4：该施工单位与某分包单位所签订的合同中明确约定要降低分包工程质量，从而为双方创造更高的利润。

问题：

（1）事件1中的材料供应商的做法是否正确？为什么？

（2）事件2中的施工单位的做法是否正确？为什么？合同当事人在约定合同时要包括哪些方面的条款？

（3）事件3中合同终止的原因是什么？除此之外，还有什么情况可以使合同的权利和义务终止？

（4）事件4的合同是否有效？什么情况下会导致合同无效？

五、实训题

实训目标：

通过草拟一份合同，熟悉合同的内容及拟定合同时应注意的一般事项。

实训要求：

（1）项目情况：购货方为×××建设集团有限公司，供货方为×××有限责任公司。双方约定，×××建设集团有限公司将某项目（一期）工地的建筑钢材供应委托供方完成，需方从供方采购工地所用建筑钢材，总量约为7000t（结算以实际供货数量为准），供货总额约2900万元；钢材指定A钢、B钢等品牌，以送货当日×××钢铁网发布的钢材价格行情相应钢厂的钢材报价作为基价，规格为直径8～10mm的HRB400冷轧螺纹钢。送货由供方委托的运输公司将货送到需方×××市×××区××路的工地指定区域。供方应按约定时间及时送货，否则每延迟交货一天应承担该批次货款总额的0.2%的违约金；需方必须在约定的时间内按时支付货款，否则每延迟支付一天应承担其所欠供方货款总额的0.2%的违约金。

（2）任务：根据所给背景资料，拟定一份钢材购销合同。

（3）拟定时必须明确如下事项。

① 合同双方当事人的身份基本信息。个人需要出示身份证明，公司需要提交公司营业执照、组织机构代码证、法人代表证明，如果委托他人的还需要有授权委托书。

② 明确采购建筑材料的规格、质量、数量及型号。

③ 约定货款费用的给付方式、数额及时间。

④ 约定交货的时间、地点及方式。

⑤ 违约责任的承担。

⑥ 合同争议的解决方式。

第7章 建设工程合同

本章介绍了建设工程合同管理的基础知识。通过本章的学习，学生应了解建设工程合同的订立、分类及效力等基本知识，熟悉《建设工程施工合同（示范文本）》（GF—2017—0201）的构成内容及主要条款，能够运用相关知识与条款对建设工程施工合同实施的全过程进行分析与管理。

思维导图

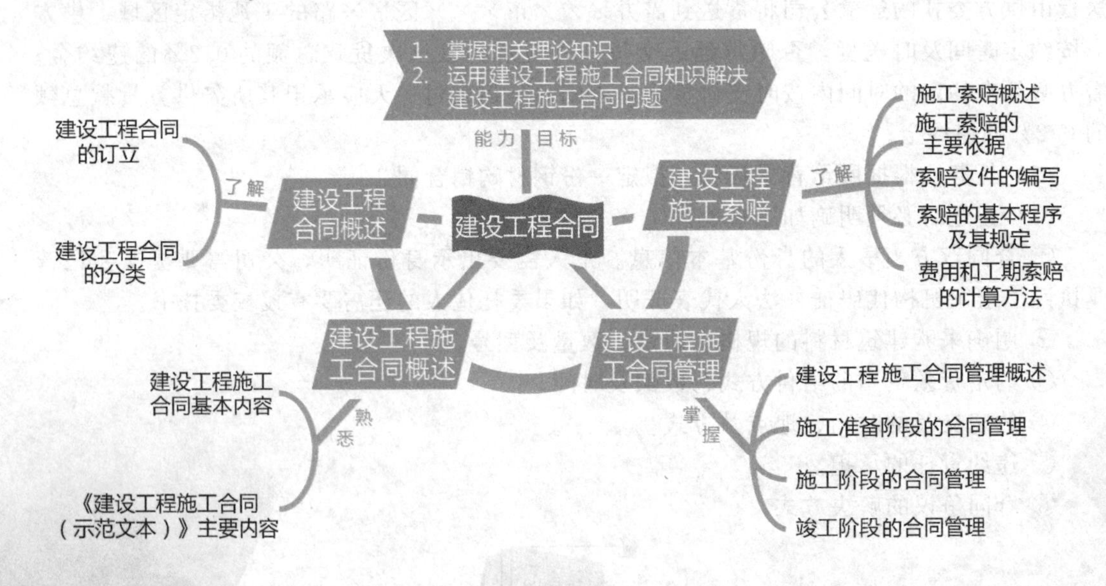

引例

某综合办公楼工程，建设单位甲通过公开招标确定承包商乙为中标单位，双方签订了工程总承包合同。由于乙不具有勘察、设计能力，经甲同意，乙与建筑设计院丙签订了工程勘察、设计合同。勘察、设计合同约定由丙对甲的办公楼及附属公共设施提供设计服务，并按勘察、设计合同的约定交付有关的设计文件和资料。随后，乙又与建筑工程公司丁签订了工程施工合同。施工合同约定由丁根据丙提供的设计图纸进行施工，工程竣工时根据国家有关验收规定及设计图纸进行质量验收。合同签订后，丙按时将设计文件和有关资料交付给丁，丁根据设计图纸进行施工。工程竣工后，甲会同有关质量监督部门对工程进行验收，发现工程存在严重质量问题，且质量问题是由于设计不符合规范所致。原来是丙未对现场进行考察导致设计不合理，给甲带来了重大损失。丙以与甲没有合同关系为由拒绝承担责任，乙又以自己不是设计人为由推卸责任，甲遂以丙为被告向法院提起诉讼。

思考：（1）在本案例中，甲与乙、乙与丙、乙与丁分别签订的合同是否有效？

（2）甲以丙为被告向法院提起诉讼是否妥当？为什么？

（3）工程存在严重问题的责任应如何划分？

（4）根据我国法律法规的规定，承包单位将承包的工程转包或违法分包应承担什么法律后果？

7.1 建设工程合同概述

7.1.1 建设工程合同的订立

建设工程合同是承包人进行工程建设，发包人支付价款的合同。根据《民法典》规定，建设工程合同包括工程勘察、设计、施工合同，建设工程合同应当采用书面形式。它是《民法典》所列的典型合同之一，在其第三编第十八章中共设有21个条款，规定了建设工程合同的概念、形式，建设工程合同的订立，建设工程合同内容，建设工程合同的效力等内容。

要约和承诺是订立合同的两个基本程序，建设工程合同订立自然也要经历这两个程序。由于建设工程合同本身的特殊性，其合同订立也存在自身的特殊性，如属于必须招标范围内的工程项目则一般包括要约邀请、要约、承诺和签订合同几个程序。

1. 发布招标公告或发出投标邀请书是要约邀请

招标人通过发布招标公告或发出投标邀请书吸引潜在投标人投标，希望潜在投标人向自己发出“内容明确的订立合同的意思表示”，所以发布招标公告或发出投标邀请书是要约邀请。

2. 递交投标文件是要约

投标文件的递交表达了投标人期望订立合同的意思，投标文件中包含了建设工程合同应具备的主要条款，如价格、质量、工期等内容，因此递交投标文件是要约。

3. 发出中标通知书是承诺

中标通知书是招标人对投标文件的肯定答复。发包人经过开标、评标后发出了中标通知书，确立承包人即为承诺。发出中标通知书后，即受到法律约束，不得任意变更或解除。

4. 签订合同

招标人和中标人应当自中标通知书发出之日起30日内，按照招标文件和中标人的投标文件订立书面合同。招标人与中标人不得再行订立背离合同实质性内容的其他协议。签订合同是承诺的具体化行为。

建设工程合同的签订除要依照上述要求外，还要遵守《民法典》第七百九十二条规定：国家重大建设工程合同，应当按照国家规定的程序和国家批准的投资计划、可行性研究报告等文件订立。

7.1.2 建设工程合同的分类

依据不同的分类标准，建设工程合同可做以下分类。

1. 按合同签约的对象内容划分

（1）建设工程勘察、设计合同，是指业主（发包人）与勘察人、设计人为完成一定的勘察、设计任务，明确双方权利和义务的协议。

（2）建设工程施工合同，通常也称建筑安装工程承包合同，是指建设单位（发包人）和施工单位（承包人）为了完成商定的或通过招投标确定的建筑工程安装任务，明确双方权利和义务的协议。

（3）建设工程委托监理合同，简称监理合同，是指工程建设单位聘请监理单位代其对工程项目进行管理，明确双方权利和义务的协议。建设单位称委托人（甲方），监理单位称受委托人（乙方）。

（4）工程项目物资购销合同，是由建设单位或承建单位根据工程建设的需要，分别与有关物资、供销单位，为执行建设工程物资（包括设备、建材等）供应协作任务，明确双方权利和义务的协议。

（5）建设项目借款合同，是由建设单位与中国建设银行或其他金融机构，根据国家批准的投资计划、信贷计划，为保证项目贷款资金供应和项目投产后能及时收回贷款而签订的明确双方权利和义务的协议。

除以上合同外，还有运输合同、劳务合同、供电合同等。

2. 按合同签约各方的承包关系划分

（1）总包合同，是指建设单位（发包人）将工程项目建设全过程或其中某个阶段的全部工作，发包给一个总承包单位总包，建设单位与总承包单位签订的合同。总包合同签订后，总承包单位可以将若干专业性工作交给不同的专业承包单位去完成，并统一协调和监督他们的工作。在一般情况下，建设单位仅同总承包单位发生法律关系，而不同各专业承包单位发生法律关系。

违法分包

（2）分包合同，即总承包单位与建设单位签订了总包合同之后，将若干专业性工作分包给不同的专业承包单位去完成，总承包单位分别与几个专业承包单位签订的合同。对于大型工程项目，有时也可由建设单位直接与每个专业承包单位签订合同，而不采取总包形式。这时每个专业承包单位都处于同样的地位，各自独立地完成本单位所承包的任务，并直接向建设单位负责。

违法发包、转包与违法分包

1．违法发包

违法发包是指建设单位将工程发包给个人或不具有相应资质的单位、肢解发包、违反法定程序发包及其他违反法律法规规定发包的行为。

存在下列情形之一的，属于违法发包。

（1）建设单位将工程发包给个人的。

（2）建设单位将工程发包给不具有相应资质的单位的。

（3）依法应当招标未招标或未按照法定招标程序发包的。

（4）建设单位设置不合理的招投标条件，限制、排斥潜在投标人或者投标人的。

（5）建设单位将一个单位工程的施工分解成若干部分发包给不同的施工总承包或专业承包单位的。

2．转包

转包是指承包单位承包工程后，不履行合同约定的责任和义务，将其承包的全部工程或者将其承包的全部工程肢解后以分包的名义分别转给其他单位或个人施工的行为。

存在下列情形之一的，应当认定为转包，但有证据证明属于挂靠或者其他违法行为的除外。

（1）承包单位将其承包的全部工程转给其他单位（包括母公司承接建筑工程后将所承接工程交由具有独立法人资格的子公司施工的情形）或个人施工的。

（2）承包单位将其承包的全部工程肢解以后，以分包的名义分别转给其他单位或个人施工的。

（3）施工总承包单位或专业承包单位未派驻项目负责人、技术负责人、质量管理负责人、安全管理负责人等主要管理人员，或派驻的项目负责人、技术负责人、质量管理负责人、安全管理负责人中一人及以上与施工单位没有订立劳动合同且没有建立劳动工资和社会养老保险关系，或派驻的项目负责人未对该工程的施工活动进行组织管理，又不能进行合理解释并提供相应证明的。

（4）合同约定由承包单位负责采购的主要建筑材料、构配件及工程设备或租赁的施工机械设备，由其他单位或个人采购、租赁，或施工单位不能提供有关采购、租赁合同及发票等证明，又不能进行合理解释并提供相应证明的。

（5）专业作业承包人承包的范围是承包单位承包的全部工程，专业作业承包人计取的是除上缴给承包单位“管理费”之外的全部工程价款的。

（6）承包单位通过采取合作、联营、个人承包等形式或名义，直接或变相将其承包的全部工程转给其他单位或个人施工的。

（7）专业工程的发包单位不是该工程的施工总承包或专业承包单位的，但建设单位依约作为发包单位的除外。

（8）专业作业的发包单位不是该工程承包单位的。

（9）施工合同主体之间没有工程款收付关系，或者承包单位收到款项后又将款项转拨给其他单位和个人，又不能进行合理解释并提供材料证明的。

两个以上的单位组成联合体承包工程，在联合体分工协议中约定或者在项目实际实施过程中，联合体一方不进行施工也未对施工活动进行组织管理的，并且向联合体其他方收取管理费或者其他类似费用的，视为联合体一方将承包的工程转包给联合体其他方。

3. 违法分包

违法分包是指承包单位承包工程后违反法律法规规定，把单位工程或分部分项工程分包给其他单位或个人施工的行为。

存在下列情形之一的，属于违法分包。

(1) 承包单位将其承包的工程分包给个人的。

(2) 施工总承包单位或专业承包单位将工程分包给不具备相应资质单位的。

(3) 施工总承包单位将施工总承包合同范围内工程主体结构的施工分包给其他单位的，钢结构工程除外。

(4) 专业分包单位将其承包的专业工程中非劳务作业部分再分包的。

(5) 专业作业承包人将其承包的劳务再分包的。

(6) 专业作业承包人除计取劳务作业费用外，还计取主要建筑材料款和大中型施工机械设备、主要周转材料费用的。

3. 按建设工程合同的价格形式划分

发包人和承包人应在合同协议书中选择下列某种合同价格形式。

(1) 单价合同。

单价合同是指合同当事人约定以工程量清单及其综合单价进行合同价格计算、调整和确认的建设工程施工合同，在约定的范围内合同单价不做调整。合同当事人应在专用合同条款中约定综合单价包含的风险范围和风险费用的计算方法，并约定风险范围以外的合同价格的调整方法，其中因市场价格波动引起的调整按《建设工程施工合同(示范文本)》(GF—2017—0201) 第 11.1 款"市场价格波动引起的调整"约定执行。实行工程量清单计价的建筑工程，鼓励发承包双方采用单价方式确定合同价款。

(2) 总价合同。

总价合同是指合同当事人约定以施工图、已标价工程量清单或预算书及有关条件进行合同价格计算、调整和确认的建设工程施工合同，在约定的范围内合同总价不做调整。合同当事人应在专用合同条款中约定总价包含的风险范围和风险费用的计算方法，并约定风险范围以外的合同价格的调整方法，其中因市场价格波动引起的调整按《建设工程施工合同(示范文本)》(GF—2017—0201) 第 11.1 款"市场价格波动引起的调整"约定执行，因法律变化引起的调整按第 11.2 款"法律变化引起的调整"约定执行。建设规模较小、技术难度较低、工期较短的建筑工程，发承包双方可以采用总价方式确定合同价款。

(3) 其他合同价格形式。

合同当事人可在专用合同条款中约定其他合同价格形式。

特别提示

《建设工程施工合同(示范文本)》(GF—1999—0201) 囿于当时的实际情况，规定了固定价格合同、可调价格合同和成本加酬金合同 3 种合同计价形式。考虑到实践中对于固定价格合同存在一定的误解，为避免将固定价格合同理解为不可调价合同，《建设工程施工合同（示范文本）》（GF—2013—0201）（简称2013版施工合同）按照价格形式将合同分为总价合同、单价合同及其他方式合同，其中由于成本加酬金合同形式的实践不具有典型性，故而在2013版施工合同文本中予以省略，归入其他方式合同。其他方式合同中还包含了采用定额计价的合同，还原了上述计价方式的真实含义，并与国际惯例保持一致，以满足建设工程发展的需要，便于合同双方的实践操作。《建设工程施工合同（示范文本）》（GF—2017—0201）合同价格形式仍沿用2013版施工合同的规定。

成本加酬金合同形式是将工程项目的实际投资划分为直接成本费和承包商完成工作后应得酬金两部分。工程实施过程中发生的直接成本费由发包人实报实销，再按照合同约定的方式另外支付给承包商相应的报酬。这种计价方式主要适用于工程内容及技术经济指标尚未全面确定，投标报价的依据尚不充分的情况下，发包人因工期要求紧迫而必须发包的工程；或者发包方与承包方之间有高度信任，承包方在某些方面具有独特的技术、特长或经验。按照酬金的计算方式不同，这种合同形式又可以分为成本加固定百分比酬金、成本加固定酬金、成本加奖罚和最高限额成本加固定最大酬金4类。紧急抢险、救灾及施工技术特别复杂的建筑工程，发承包双方可以采用成本加酬金方式确定合同价款。

应用案例7-1

【案例概况】

某年8月10日，某钢厂与某市政工程公司签订该厂地下排水工程总承包合同。该厂地下排水工程总长5000m，市政工程公司将任务下达给该公司第四施工队。事后，第四施工队又与成立仅半年、尚未取得从业资质等级认证的某乡建筑工程队签订了建筑分包合同，由该乡建筑工程队分包其中3000m排水工程施工任务，合同价为45万元，于9月10日正式施工。9月20日，市建委主管部门在检查该项工程施工时，发现该乡建筑工程队承包工程手续不符合有关规定，责令其停工。该乡建筑工程队不予理睬。10月3日，市政工程公司下达了停工文件，该乡建筑工程队不服，以合同经双方自愿签订并有营业执照为由，于10月10日诉至人民法院，要求第四施工队继续履行合同，否则应承担违约责任并赔偿其经济损失。

【问题】

（1）请依法确认该案例中总包及分包合同的法律效力。

（2）该合同的法律效力应由哪个机构确认？

（3）该市建委主管部门是否有权责令停工？

（4）合同纠纷的法律责任应如何裁决？

【案例评析】

（1）总包合同有效，分包合同无效，原因如下。

①《民法典》第一百五十三条规定：“违反法律、行政法规的强制性规定的民事法律行为无效。”该案例中的分包方承包了排水主体工程的3/5，显然违反了《中华人民共和国建筑法》规定的“主体结构必须由总承包单位自行完成”的法律规定。

② 该乡建筑工程队尚未取得国家相应的资质等级证书，不具备承揽该项工程的从业资质条件，违反《中华人民共和国建筑法》及《民法典》中民事法律行为的行为人应具有

相应的民事行为能力的规定。

因此，该分包合同属于无效合同，即使当事人不做出合同无效的主张，国家行政部门也会依法给予干预。

(2) 该合同应由人民法院或仲裁机构确认无效。

(3) 该市建委主管部门有权责令停工。

(4) 双方均有过错，应分别承担相应责任；依法宣布分包合同无效，终止合同。对该乡建筑工程队已完成的工程量，如验收合格，则由市政工程公司按规定支付实际费用（不包含利润），但不承担违约责任。

能力拓展

某监理单位承担了一工业项目的施工监理工作。经过招标，建设单位选择了甲、乙两个施工单位承担A、B标段工程的施工，并分别与甲、乙两个施工单位签订了施工合同。建设单位与乙施工单位在合同中约定，B标段所需部分设备由甲施工单位负责采购。乙施工单位按照正常的程序将B标段的安装工程分包给丙施工单位。

【问题】

请画出该项目各主体之间的合同关系图。

7.2 建设工程施工合同概述

7.2.1 建设工程施工合同基本内容

1. 建设工程施工合同的概念

建设工程施工合同即建筑安装工程承包合同，是发包人与承包人之间为完成商定的工程建设项目，明确双方权利和义务的协议。依据施工合同，承包人应完成一定的建筑安装工程任务，发包人应提供必要的施工条件并支付工程价款。

建设工程施工合同是建设工程合同的一种，它与其他建设工程合同相同，是一种双务合同，在订立时也应遵守平等、自愿、公平、诚实信用等原则。

建设工程施工合同是建设工程合同中的主要合同，是工程建设质量控制、进度控制、投资控制的主要依据。建设工程施工合同的当事人是发包方和承包方，双方是平等的民事主体。

2. 建设工程施工合同的作用

(1) 明确发包人和承包人在施工中的权利和义务。

建设工程施工合同一经签订，即具有法律效力。建设工程施工合同明确了发包人和承包人在工程施工中的权利和义务，是双方在履行合同中的行为准则，双方都应以建设工程施工合同作为行为的依据。双方应当认真履行各自的义务，任何一方无权随意变更或解除建设工程施工合同；任何一方违反合同规定的内容，都必须承担相应的法律责任。如果不订立建设工程施工合同，将无法规范双方的行为，也无法明确各自在施工中所享受的权利和承担的义务。

(2) 有利于对建设工程施工的管理。

合同当事人对建设工程施工的管理应当以建设工程施工合同为依据。同时，有关国家机关、金融机构对建设工程施工的监督和管理，建设工程施工合同也是其重要依据。不订立建设工程施工合同将给建设工程施工管理带来很大的困难。

(3) 有利于建筑市场的培育和发展。

在计划经济条件下，行政手段是施工管理的主要方法；在市场经济条件下，合同是维系市场运转的主要因素。因此，培育和发展建筑市场，首先要培育合同意识。推行建筑监督制度、实行招投标制度等，都是以签订建设工程施工合同为基础的。因此，不建立建设工程施工合同管理制度，建筑市场的培育和发展将无从谈起。

(4) 是进行监理的依据和推行监理制度的需要。

建设监理制度是工程建设管理专业化、社会化的结果。在这一制度中，行政干涉的作用被淡化了，建设单位、施工单位、监理单位三者之间的关系是通过建设工程监理合同和施工合同来确定的，监理单位对建设工程进行监理是以订立建设工程施工合同为前提和基础的。

3. 建设工程施工合同涉及的合同当事人及其他相关方

(1) 合同当事人和人员。

① 发包人及发包人代表。

a. 发包人是指专用合同条款中指明并与承包人在合同协议书中签字的当事人及取得该当事人资格的合法继承人。

b. 发包人代表是指由发包人任命并派驻施工现场，在发包人授权范围内行使发包人权利的人。

特别提示

发包人应在专用合同条款中明确其派驻施工现场的发包人代表的姓名、职务、联系方式及授权范围等事项。发包人代表在发包人的授权范围内，负责处理合同履行过程中与发包人有关的具体事宜。发包人代表在授权范围内的行为由发包人承担法律责任。发包人更换发包人代表的，应提前7天书面通知承包人。发包人代表不能按照合同约定履行其职责及义务，并导致合同无法继续正常履行的，承包人可以要求发包人撤换发包人代表。

② 承包人及项目经理。

a. 承包人是指与发包人签订合同协议书的，具有相应工程施工承包资质的当事人及取得该当事人资格的合法继承人。

b. 项目经理是指由承包人任命并派驻施工现场，在承包人授权范围内负责合同履行，且按照法律规定具有相应资格的项目负责人。

(2) 其他相关方和人员。

① 监理人：是指在专用合同条款中指明的，受发包人委托，按照法律规定进行工程

监督管理的法人或其他组织。

② 总监理工程师（简称总监）：是指由监理人委派常驻施工场地，对合同履行实施管理的全权负责人。

7.2.2 《建设工程施工合同（示范文本）》主要内容

1.《建设工程施工合同（示范文本）》概述

我国建设主管部门通过制定《建设工程施工合同（示范文本）》来规范承发包双方的合同行为。尽管《建设工程施工合同（示范文本）》从法律性质上并不具备强制性，但由于其通用合同条款较为公平合理地设定了合同双方的权利和义务，因此得到了较为广泛的应用。

《建设工程施工合同（示范文本）》由住房和城乡建设部（原建设部）与国家工商行政管理总局（原国家工商行政管理局）自1991年起陆续发布了1991年版、1999年版、2013年版、2017年版4个版本，现行有效的是2017年版的《建设工程施工合同（示范文本）》（GF—2017—0201）。

《建设工程施工合同（示范文本）》给出了通用合同条款和专用合同条款。其中通用合同条款是依据有关建设工程施工的法律法规制定而成的，它基本上可以适用于各类建设工程，因而有相对的固定性。而建设工程施工涉及面广，每一个具体工程都会发生一些特殊情况，针对这些特殊情况必须专门拟定一些专用条款，专用合同条款就是结合具体工程情况的具有针对性的条款，它体现了施工合同的灵活性。这种固定性和灵活性相结合的特点，适应了建设工程施工合同的需要。

2.《建设工程施工合同（示范文本）》的组成

《建设工程施工合同（示范文本）》由合同协议书、通用合同条款和专用合同条款三部分组成，同时包括11个合同附件。

（1）合同协议书。

《建设工程施工合同（示范文本）》合同协议书共计13条，主要包括：工程概况、合同工期、质量标准、签约合同价和合同价格形式、项目经理、合同文件构成、承诺及合同生效条件等重要内容，集中约定了合同当事人基本的合同权利和义务。

（2）通用合同条款。

通用合同条款是合同当事人根据《中华人民共和国建筑法》《民法典》等法律法规的规定，就工程建设的实施及相关事项，对合同当事人的权利和义务做出的原则性约定。

通用合同条款共计20条，具体条款包括：一般约定、发包人、承包人、监理人、工程质量、安全文明施工与环境保护、工期和进度、材料与设备、试验与检验、变更、价格调整、合同价格、计量与支付、验收和工程试车、竣工结算、缺陷责任与保修、违约、不可抗力、保险、索赔和争议解决。前述条款安排既考虑了现行法律法规对工程建设的有关要求，也考虑了建设工程施工管理的特殊需要。

（3）专用合同条款。

专用合同条款是对通用合同条款原则性约定的细化、完善、补充、修改或另行约定的条款。合同当事人可以根据不同建设工程的特点及具体情况，通过双方的谈判、协商对相应的专用合同条款进行修改补充。在使用专用合同条款时，应注意以下事项。

① 专用合同条款的编号应与相应的通用合同条款的编号一致。

② 合同当事人可以通过对专用合同条款的修改，满足具体建设工程的特殊要求，避免直接修改通用合同条款。

③ 在专用合同条款中有横道线的地方，合同当事人可针对相应的通用合同条款进行细化、完善、补充、修改或另行约定；如无细化、完善、补充、修改或另行约定，则填写“无”或画“/”。

(4) 附件。

① 协议书附件，共包括1个，即承包人承揽工程项目一览表。

② 专用合同条款附件，共包括10个，即发包人供应材料设备一览表、工程质量保修书、主要建设工程文件目录、承包人用于本工程施工的机械设备表、承包人主要施工管理人员表、分包人主要施工管理人员表、履约担保格式、预付款担保格式、支付担保格式、暂估价一览表。

3. 《建设工程施工合同（示范文本)》的性质和适用范围

《建设工程施工合同（示范文本)》为非强制性使用文本。《建设工程施工合同（示范文本)》适用于房屋建筑工程、土木工程、线路管道和设备安装工程、装修工程等建设工程的施工承发包活动，合同当事人可结合建设工程具体情况，根据《建设工程施工合同（示范文本)》订立合同，并按照法律法规规定和合同约定承担相应的法律责任及合同权利和义务。

4. 建设工程施工合同文件的组成及解释顺序

(1) 合同协议书。

(2) 中标通知书。

(3) 投标函及其附录。

(4) 专用合同条款及其附件。

(5) 通用合同条款。

(6) 技术标准和要求。

(7) 图纸。

(8) 已标价工程量清单或预算书。

(9) 其他合同文件。

上述各项合同文件包括合同当事人就该项合同文件所做出的补充和修改，属于同一类内容的文件，应以最新签署的为准。在合同订立及履行过程中形成的与合同有关的文件均构成合同文件的组成部分，并根据其性质确定优先解释顺序。

特别提示

上述合同文件应能够互相解释、互相说明。当合同文件中出现不一致时，上面的顺序就是合同的优先解释顺序。当出现合同文件含糊不清或者当事人有不同理解时，按照合同争议的解决方式处理。

【案例概况】

原告(反诉被告):天津市某房地产开发有限公司。

被告(反诉原告):江苏省某建设工程总公司。

原、被告双方于某年2月8日按照《建设工程施工合同(示范文本)》签订了施工合同,由被告(反诉原告)完成原告(反诉被告)开发的某房地产项目,该工程包括1栋回迁楼和2栋商品楼。合同规定了工程建筑面积31677m²,工程造价3280.782万元(暂定),付款方式为按进度付款,工程于当年3月1日开工,竣工日期为次年10月25日。原、被告在履行合同中,于当年9月19日签订纪要(以下称《9·19会议纪要》),对施工合同内容做了部分变更。《9·19会议纪要》约定,被告(反诉原告)在当年内确保工程主体完工,原告(反诉被告)确保落实工程资金1700万元(含前期已付工程款)。双方在履行合同中,因资金及工程进度问题产生矛盾,被告(反诉原告)于当年国庆节前基本停工。为此,原告(反诉被告)起诉至某中级人民法院,要求解除双方合同。原告(反诉被告)还认为工程质量存在问题,被告(反诉原告)未按照设计图纸进行施工,擅自将地下室的混凝土浇筑厚度由24mm改为12mm。被告(反诉原告)则提出反诉,认为原告(反诉被告)拖欠巨额工程款,经多次催要仍拒不支付才被迫停工的,要求原告(反诉被告)支付工程款;工程无质量问题,地下室的混凝土浇筑厚度由24mm改为12mm,是原告(反诉被告)要求的。被告(反诉原告)认为:该项目从当年3月1日开工到当年9月,原告(反诉被告)从未按合同要求按时支付工程款,到当年9月被告(反诉原告)已完成工程量价值1300万元,而原告(反诉被告)仅支付工程款507万元,拖欠工程款近800万元。人民法院审理后查明:原告(反诉被告)确实拖欠了巨额工程款;地下室的混凝土浇筑厚度由24mm改为12mm,工程师的确下达过口头变更指令,原告(反诉被告)也予以承认。

【问题】

(1)该工程采用的是哪一种施工合同?是否妥当?为什么?

(2)《9·19会议纪要》对施工合同的修改是否有效?为什么?

(3)承包人的停工是否妥当?为什么?

(4)如果发包人否认工程师曾经下达过口头变更指令,也无其他证据证明工程师曾经下达过口头变更指令,则承包人是否应当承担违约责任?为什么?

7.3 建设工程施工合同管理

7.3.1 建设工程施工合同管理概述

建设工程施工合同管理,是指各级工商行政管理机关、建设行政主管机关和金融机构,以及工程发包单位、监理单位、承包单位依据法律和行政法规、规章制度，采取法律的、行政的手段，对建设工程施工合同关系进行组织、指导、协调及监督，保护合同当事人的合法权益，调解合同纠纷，防止和制裁违法行为，保证合同法规的贯彻实施等一系列法定活动。

可将这些监督管理划分为以下两个层次：第一个层次为国家机关及金融机构对建设工程施工合同的管理；第二个层次为合同当事人及监理单位对建设工程施工合同的管理。

各级工商行政管理机关、建设行政主管机关对合同的管理侧重于宏观的依法监督，而发包单位、监理单位、承包单位对合同的管理则是具体的管理，也是合同管理的出发点和落脚点。发包单位、监理单位、承包单位对建设工程施工合同的管理体现在合同从订立到履行的全过程中，本节主要介绍在合同履行过程中的一些重点和难点。

特别提示

本书中所涉及的第××款全部来自《建设工程施工合同（示范文本）》（GF—2017—0201），具体内容可查询相应条款。

1. 不可抗力、保险和担保

（1）不可抗力。

关于不可抗力的几点说明

① 不可抗力的范围。不可抗力是指合同当事人在签订合同时不可预见，在合同履行过程中不可避免且不能克服的自然灾害和社会性突发事件，如地震、海啸、瘟疫、骚乱、戒严、暴动、战争和专用合同条款中约定的其他情形。

② 不可抗力事件发生后双方的工作。合同一方当事人遇到不可抗力事件，使其履行合同义务受到阻碍时，应立即通知合同另一方当事人和监理人，书面说明不可抗力和受阻碍的详细情况，并提供必要的证明。

不可抗力持续发生的，合同一方当事人应及时向合同另一方当事人和监理人提交中间报告，说明不可抗力和履行合同受阻的情况，并于不可抗力事件结束后28天内提交最终报告及有关资料。

③ 不可抗力引起的后果及造成的损失由合同当事人按照法律规定及合同约定各自承担。不可抗力发生前已完成的工程应当按照合同约定进行计量支付。

不可抗力导致的人员伤亡、财产损失、费用增加和（或）工期延误等后果，由合同当事人按以下原则承担。

a. 永久工程、已运至施工现场的材料和工程设备的损坏，以及因工程损坏造成的第三人人员伤亡和财产损失由发包人承担。

b. 承包人施工设备的损坏由承包人承担。

c. 发包人和承包人承担各自人员伤亡和财产的损失。

d. 因不可抗力影响承包人履行合同约定的义务，已经引起或将引起工期延误的，应当顺延工期，由此导致承包人停工的费用损失由发包人和承包人合理分担，停工期间必须支付的工人工资由发包人承担。

e. 因不可抗力引起或将引起工期延误，发包人要求赶工的，由此增加的赶工费用由发包人承担。

f. 承包人在停工期间按照发包人要求照管、清理和修复工程的费用由发包人承担。

不可抗力发生后，合同当事人均应采取措施尽量避免和减少损失的扩大，任何一方当

事人没有采取有效措施导致损失扩大的，应对扩大的损失承担责任。

因合同一方延迟履行合同义务，在延迟履行期间遭遇不可抗力的，不免除其违约责任。

④ 因不可抗力解除合同。因不可抗力导致合同无法履行连续超过 84 天或累计超过 140 天的，发包人和承包人均有权解除合同。合同解除后，由双方当事人按照第 4.4 款“商定或确定”商定或确定发包人应支付的款项，该款项包括如下内容。

a. 合同解除前承包人已完成工作的价款。

b. 承包人为工程订购的并已交付给承包人，或承包人有责任接受交付的材料、工程设备和其他物品的价款。

c. 发包人要求承包人退货或解除订货合同而产生的费用，或因不能退货或解除合同而产生的损失。

d. 承包人撤离施工现场以及遣散承包人人员的费用。

e. 按照合同约定在合同解除前应支付给承包人的其他款项。

f. 扣减承包人按照合同约定应向发包人支付的款项。

g. 双方商定或确定的其他款项。

除专用合同条款另有约定外，合同解除后，发包人应在商定或确定上述款项后 28 天内完成上述款项的支付。

（2）保险。

① 保险的类型。

a. 工程保险。除专用合同条款另有约定外，发包人应投保建筑工程一切险或安装工程一切险；发包人委托承包人投保的，因投保产生的保险费和其他相关费用由发包人承担。

b. 工伤保险。发包人应依照法律规定参加工伤保险，并为在施工现场的全部员工办理工伤保险，缴纳工伤保险费，并要求监理人及由发包人为履行合同聘请的第三方依法参加工伤保险。

承包人应依照法律规定参加工伤保险，并为其履行合同的全部员工办理工伤保险，缴纳工伤保险费，并要求分包人及由承包人为履行合同聘请的第三方依法参加工伤保险。

c. 其他保险。发包人和承包人可以为其施工现场的全部人员办理意外伤害保险并支付保险费，包括其员工及为履行合同聘请的第三方的人员，具体事项由合同当事人在专用合同条款中约定。

除专用合同条款另有约定外，承包人应为其施工设备等办理财产保险。

② 持续保险。

合同当事人应与保险人保持联系，使保险人能够随时了解工程实施中的变动，并确保按保险合同条款要求持续保险。

知识链接 7－2

发包人未按合同约定办理保险，或未能使保险持续有效的，则承包人可代为办理，所需费用由发包人承担。发包人未按合同约定办理保险，导致未能得到足额赔偿的，由发包人负责补足。

承包人未按合同约定办理保险，或未能使保险持续有效的，则发包人可代为办理，所需费用由承包人承担。承包人未按合同约定办理保险，导致未能得到足额赔偿的，由承包人负责补足。

除专用合同条款另有约定外，发包人变更除工伤保险之外的保险合同时，应事先征得承包人同意，并通知监理人；承包人变更除工伤保险之外的保险合同时，应事先征得发包人同意，并通知监理人。

保险事故发生时，投保人应按照保险合同规定的条件和期限及时向保险人报告。发包人和承包人应当在知道保险事故发生后及时通知对方。

（3）担保。

承发包双方为了全面履行合同，应互相提供以下担保。

① 发包人向承包人提供工程支付担保，按合同约定支付工程价款及履行合同约定的其他义务。

② 承包人向发包人提供履约担保，按合同约定履行自己的各项义务。

除专用合同条款另有约定外，发包人要求承包人提供履约担保的，发包人应当向承包人提供支付担保。支付担保可以采用银行保函或担保公司担保等形式，具体由合同当事人在专用合同条款中约定。

特别提示

担保是指促使债务人履行其债务，保障债权人的债权得以实现的民事行为。依据担保方式的不同，担保可以分为：人保，即在债务人不履行债务时，保证人承担连带保证责任或一般保证责任的担保方式；物保，即在债务人不履行债务时，债权人可以将特定财产变价，从所得价款中优先获得清偿的担保方式；钱保，即在债务人不履行债务时，债务人可能会丧失一笔特定金钱的担保方式。

建设工程项目具有一次性、投资巨大、不确定因素多等特点，因此会在施工合同中设定担保条款。发承包双方如果采用由第三方提供担保物或者保证的担保方式，则发包人必须与提供担保的第三人签订作为本合同的从合同的担保合同。

以下是担保人向发包人开具的、担保承包人履约的履约担保书格式。

履约担保书

根据本担保书，投标单位________作为委托人和________（担保单位名称）作为担保人共同向债权人________（下称“建设单位”）承担支付人民币________元的责任，投标单位和担保人均受本履约担保书的约束。

鉴于投标单位已于____年____月____日向建设单位递交了________工程的投标文件，愿为投标单位在中标后（下称“承包单位”）同建设单位签署的工程承发包合同担保。下文中的合同包括合同中规定的合同协议书、合同文件、图纸和技术规范等。

本担保书的条件是：如果承包单位在履行上述合同中，由于资金、技术、质量或非不可抗力等原因给建设单位造成经济损失，当建设单位以书面提出要求得到上述金额内的任何付款时，担保人将迅速予以支付。

本担保人不承担大于本担保书限额的责任。

除建设单位以外，任何人都无权对本担保书的责任提出履行要求。

本担保书直至保修责任书发出后28天内一直有效。

投标单位和担保人的法定代表人在此签字盖公章，以资证明。

担保单位（盖章）

法定代表人：（签字、盖章）　　　　　　　　日期：____年____月____日

投标单位（盖章）

法定代表人：（签字、盖章）　　　　　　　　日期：____年____月____日

2. 工程分包

（1）分包的一般约定。

承包人不得将其承包的全部工程转包给第三人，或将其承包的全部工程肢解后以分包的名义转包给第三人。承包人不得将工程主体结构、关键性工作及专用合同条款中禁止分包的专业工程分包给第三人，主体结构、关键性工作的范围由合同当事人按照法律规定在专用合同条款中予以明确。

承包人不得以劳务分包的名义转包或违法分包工程。

（2）分包的确定。

承包人应按专用合同条款的约定进行分包，确定分包人。已标价工程量清单或预算书中给定暂估价的专业工程，按照第10.7款“暂估价”确定分包人。按照合同约定进行分包的，承包人应确保分包人具有相应的资质和能力。工程分包不减轻或免除承包人的责任和义务，承包人和分包人就分包工程向发包人承担连带责任。除合同另有约定外，承包人应在分包合同签订后7天内向发包人和监理人提交分包合同副本。

（3）分包管理。

承包人应向监理人提交分包人的主要施工管理人员表，并对分包人的施工人员进行实名制管理，包括但不限于进出场管理、登记造册及各种证照的办理。

（4）分包合同价款。

① 除约定的情况或专用合同条款另有约定外，分包合同价款由承包人与分包人结算，未经承包人同意，发包人不得向分包人支付分包工程价款。

② 生效法律文书要求发包人向分包人支付分包合同价款的，发包人有权从应付承包人工程款中扣除该部分款项。

（5）分包合同权益的转让。

分包人在分包合同项下的义务持续到缺陷责任期届满以后的，发包人有权在缺陷责任期届满前，要求承包人将其在分包合同项下的权益转让给发包人，承包人应当转让。除转让合同另有约定外，转让合同生效后，由分包人向发包人履行义务。

发包人的义务

3. 发包人和承包人的工作

（1）发包人的义务。

① 提供施工现场。除专用合同条款另有约定外，发包人应最迟于开工日期7天前向承包人移交施工现场。

② 提供施工条件。除专用合同条款另有约定外，发包人应负责提供施

工所需要的条件，包括以下内容。

a. 将施工用水、电力、通信线路等施工所必需的条件接至施工现场内。

b. 保证向承包人提供正常施工所需要的进入施工现场的交通条件。

c. 协调处理施工现场周围地下管线和邻近建筑物、构筑物、古树名木的保护工作，并承担相关费用。

d. 按照专用合同条款约定应提供的其他设施和条件。

③ 提供基础资料。发包人应当在移交施工现场前向承包人提供施工现场及工程施工所必需的毗邻区域内供水、排水、供电、供气、供热、通信、广播电视等地下管线资料，气象和水文观测资料，地质勘察资料，相邻建筑物、构筑物和地下工程等有关基础资料，并对所提供资料的真实性、准确性和完整性负责。

按照法律规定确需在开工后方能提供的基础资料，发包人应尽其努力及时地在相应工程施工前的合理期限内提供，合理期限应以不影响承包人的正常施工为限。

因发包人原因未能按合同约定及时向承包人提供施工现场、施工条件、基础资料的，由发包人承担由此增加的费用和（或）延误的工期。

④ 资金来源证明及支付担保。除专用合同条款另有约定外，发包人应在收到承包人要求提供资金来源证明的书面通知后28天内，向承包人提供能够按照合同约定支付合同价款的相应资金来源证明。

⑤ 支付合同价款。发包人应按合同约定向承包人及时支付合同价款。

⑥ 组织竣工验收。发包人应按合同约定及时组织竣工验收。

⑦ 现场统一管理协议。发包人应与承包人、由发包人直接发包的专业工程的承包人签订施工现场统一管理协议，明确各方的权利和义务。施工现场统一管理协议应作为专用合同条款的附件。

（2）承包人的义务。

承包人在履行合同过程中应遵守法律和工程建设标准规范，并履行以下义务。

① 办理法律规定应由承包人办理的许可和批准，并将办理结果书面报送发包人留存。

② 按法律规定和合同约定完成工程，并在保修期内承担保修义务。

③ 按法律规定和合同约定采取施工安全和环境保护措施，办理工伤保险，确保工程及人员、材料、设备和设施的安全。

④ 按合同约定的工作内容和施工进度要求，编制施工组织设计和施工措施计划，并对所有施工作业和施工方法的完备性和安全可靠性负责。

⑤ 在进行合同约定的各项工作时，不得侵害发包人与他人使用公用道路、水源、市政管网等公共设施的权利，避免对邻近的公共设施产生干扰。承包人占用或使用他人的施工场地，影响他人作业或生活的，应承担相应责任。

⑥ 按照第6.3款“环境保护”约定负责施工场地及其周边环境与生态的保护工作。

⑦ 按照第6.1款“安全文明施工”约定采取施工安全措施，确保工程及其人员、材料、设备和设施的安全，防止因工程施工造成的人身伤害和财产损失。

⑧ 将发包人按合同约定支付的各项价款专用于合同工程，且应及时支付其雇用人员工资，并及时向分包人支付合同价款。

⑨ 按照法律规定和合同约定编制竣工资料，完成竣工资料立卷及归档，并按专用合

同条款约定的竣工资料的套数、内容、时间等要求移交发包人。

⑩ 应履行的其他义务。

4. 建设工程施工合同争议的解决

(1) 争议解决的方式。

① 和解。

合同当事人可以就争议自行和解，自行和解达成协议的经双方签字并盖章后作为合同补充文件，双方均应遵照执行。

② 调解。

合同当事人可以就争议请求建设行政主管部门、行业协会或其他第三方进行调解，调解达成协议的，经双方签字并盖章后作为合同补充文件，双方均应遵照执行。

③ 争议评审。

合同当事人在专用合同条款中约定采取争议评审方式解决争议及评审规则，并按下列约定执行。

a. 争议评审小组的确定。

合同当事人可以共同选择一名或三名争议评审员，组成争议评审小组。除专用合同条款另有约定外，合同当事人应当自合同签订后 28 天内，或者争议发生后 14 天内，选定争议评审员。

选择一名争议评审员的，由合同当事人共同确定；选择三名争议评审员的，各自选定一名，第三名成员为首席争议评审员，由合同当事人共同确定或由合同当事人委托已选定的争议评审员共同确定，或由专用合同条款约定的评审机构指定第三名首席争议评审员。

除专用合同条款另有约定外，争议评审员报酬由发包人和承包人各承担一半。

b. 争议评审小组的决定。

合同当事人可在任何时间将与合同有关的任何争议共同提请争议评审小组进行评审。争议评审小组应秉持客观、公正的原则，充分听取合同当事人的意见，依据相关法律、规范、标准、案例经验及商业惯例等，自收到争议评审申请报告后 14 天内做出书面决定，并说明理由。合同当事人可以在专用合同条款中对本项事项另行约定。

c. 争议评审小组决定的效力。

争议评审小组做出的书面决定经合同当事人签字确认后，对双方具有约束力，双方应遵照执行。任何一方当事人不接受争议评审小组决定或不履行争议评审小组决定的，双方可选择采用其他争议解决方式。

④ 仲裁或诉讼。

因合同及合同有关事项产生的争议，合同当事人可以在专用合同条款中约定以下一种方式解决争议。

a. 向约定的仲裁委员会申请仲裁。

b. 向有管辖权的人民法院起诉。

(2) 争议解决条款效力。

合同有关争议解决的条款独立存在，合同的变更、解除、终止、无效或者被撤销均不影响其效力。

(3) 争议发生后允许停止履行合同的情况。

发生争议后，在一般情况下，双方都应继续履行合同，保持施工连续，保护好已完成工程。只有出现下列情况时，当事人方可停止履行施工合同。

① 单方违约导致合同确已无法履行，双方协议停止施工。

② 调解要求停止施工，且为双方接受。

③ 仲裁机关要求停止施工。

④ 法院要求停止施工。

5. 建设工程施工合同的解除

建设工程施工合同订立后，当事人应当按照合同的约定履行。但是在一定的条件下，合同没有履行或者没有完全履行，当事人也可以解除合同。

（1）可以解除合同的情形。

① 合同的协商解除。施工合同当事人协商一致，可以解除。这是在合同成立之后、履行完毕之前，双方当事人通过协商而同意终止合同关系的解除。当事人的此项权利是合同中意思自治的具体体现。

② 发生不可抗力时合同的解除。因不可抗力或者非合同当事人的原因，造成工程停建或缓建，致使合同无法履行，合同双方可以解除合同。

③ 当事人违约时合同的解除。

违规施工方被终止合同

a. 发包人请求解除合同的条件。

承包人有下列情形之一，发包人请求解除建设工程施工合同的，应予以支持。

第一，明确表示或者以行为表明不履行合同主要义务的。

第二，合同期限内没有完工，且在发包人催告的合理期限内仍未完工的。

第三，已经完成的建设工程质量不合格，并拒绝修复的。

第四，将承包的工程非法转包、违法分包的。

b. 承包人请求解除合同的条件。

发包人有下列情形之一，致使承包人无法施工，且在催告的合理期限内仍未履行义务，承包人请求解除建设工程施工合同的，应予以支持。

第一，未按约定支付工程价款的。

第二，提供的主要建筑材料、建筑构配件和设备不符合强制性标准的。

第三，不履行合同约定的协助义务的。

（2）合同解除后的法律后果。

① 建设工程施工合同解除后，已经完成的建设工程质量合格的，发包人应当按照约定支付相应的工程价款。

② 已经完成的建设工程质量不合格的，按照下列情况处理。

a. 修复后的建设工程经竣工验收合格，发包人请求承包人承担修复费用的，应予以支持。

b. 修复后的建设工程经竣工验收不合格，承包人请求支付工程价款的，不予支持。

因建设工程不合格造成的损失，发包人有过错的，也应承担相应的民事责任。

③ 因一方违约导致合同解除的，违约方应当赔偿因此给对方造成的损失。

应用案例 7-2

【案例概况】

某厂房建设场地原为农田，按设计要求在厂房建造时，厂房地坪范围内的耕植土应清除，基础必须埋在老土层下 2.00m 处。为此，业主在“三通一平”阶段就委托土方施工公司清除了耕植土，并用好土回填压实至一定设计标高，故在施工招标文件中指出，施工单位无须再考虑清除耕植土问题。然而，开工后，施工单位在开挖基坑（槽）时发现，相当一部分基础开挖深度虽已达到设计标高，但未见老土，且在基础和场地范围内仍有一部分深层的耕植土和池塘淤泥等必须清除。

【问题】

(1) 在工程中遇到地基条件与原设计所依据的地质资料不符时，承包人应该怎么办？

(2) 根据修改的设计图纸，基础开挖要加深加大。为此，承包人提出了变更工程价款和延长工期的要求。请问承包人的要求是否合理？为什么？

(3) 工程施工中出现变更工程价款和工期的事件时，发承包双方需要注意哪些时效性问题？

(4) 对合同中未规定的承包商义务，在合同实施过程中又必须进行的工作，你认为应如何处理？

【案例评析】

(1) 发生这种情况时，承包人可采取下列办法。

第一步，根据《建设工程施工合同（示范文本)》的规定，在工程中遇到地基条件与原设计所依据的地质资料不符时，承包人应及时通知发包人，要求对原设计进行变更。

第二步，在《建设工程施工合同（示范文本)》规定的时限内，向发包人提出设计变更价款和工期顺延的要求。发包人如确认，则调整合同；如不同意，则应由发包人在合同规定的时限内，通知承包人就变更价格协商。协商一致后，修改合同，若协商不一致，则按工程承包合同纠纷处理方式解决。

(2) 承包人的要求合理。因为工程地质条件的变化，不是一个有经验的承包人能够合理预见的，属于发包人风险。基础开挖加深加大必然增加费用和延长工期。

(3) 在出现变更工程价款和工期事件之后，主要应注意以下问题。

① 承包人提出变更工程价款和工期的时间。

② 发包人确认的时间。

③ 双方对变更工程价款和工期不能达成一致意见时的解决办法和时间。

(4) 一般情况下，可按工程变更处理，其处理程序参见问题（1）答案的第二步，也可以另行委托其他施工单位施工。

7.3.2 施工准备阶段的合同管理

1. 施工图纸

发包人应按照专用合同条款约定的期限、数量和内容向承包人免费提供图纸，并组织承包人、监理人和设计人进行图纸会审和设计交底。发包人最迟不得晚于开工通知载明的开工日期前 14 天向承包人提供图纸。

因发包人未按合同约定提供图纸导致承包人费用增加和（或）工期延误的，按照因发包人原因导致工期延误的约定办理。

特别提示

承包人收到图纸后，应在施工现场保留一套完整图纸供工程师及有关人员进行工程检查时使用。

2. 施工组织设计

丰城电厂事故

除专用合同条款另有约定外，承包人应在合同签订后 14 天内，但最迟不得晚于第 7.3.2 项“开工通知”载明的开工日期前 7 天，向监理人提交详细的施工组织设计，并由监理人报送发包人。除专用合同条款另有约定外，发包人和监理人应在监理人收到施工组织设计后 7 天内确认或提出修改意见。对发包人和监理人提出的合理意见和要求，承包人应自费修改完善。根据工程实际情况需要修改施工组织设计的，承包人应向发包人和监理人提交修改后的施工组织设计。

承包人应当在专用合同条款约定的日期，将施工组织设计和施工进度计划提交工程师。承包人群体工程中采取分阶段施工的单项工程，承包人则应按照发包人提供的图纸及有关资料的时间，按单项工程编制进度计划，分别向工程师提交。工程师接到承包人提交的进度计划后，应当予以确认或者提出修改意见，时间限制则由双方在专用合同条款中约定。如果工程师逾期不确认也不提出书面意见，则视为已经同意。

特别提示

施工组织设计应包含以下内容。

(1) 施工方案。

(2) 施工现场平面布置图。

(3) 施工进度计划和保证措施。

(4) 劳动力及材料供应计划。

(5) 施工机械设备的选用。

(6) 质量保证体系及措施。

(7) 安全生产、文明施工措施。

(8) 环境保护、成本控制措施。

(9) 合同当事人约定的其他内容。

3. 合同双方做好施工前的有关准备工作

开工前，合同双方还应当做好其他各项准备工作。

合同双方施工前的有关准备工作包括：按照专用合同条款的规定使施工现场具备施工条件、开通施工现场公共道路；做好施工人员和设备的调配工作，特别需要做好水准点与坐标控制点的交验，按时提供标准、规范；做好设计单位的协调工作，按照专用合同条款的约定组织图纸会审和设计交底。

4. 开工

(1) 开工准备。

除专用合同条款另有约定外，承包人应按照施工组织设计约定的期限，向监理人提交工程开工报审表，经监理人报发包人批准后执行。开工报审表应详细说明按施工进度计划正常施工所需的施工道路、临时设施、材料、工程设备、施工设备、施工人员等落实情况及工程的进度安排。

除专用合同条款另有约定外，合同当事人应按约定完成开工准备工作。

(2) 开工通知。

发包人应按照法律规定获得工程施工所需的许可。经发包人同意后，监理人发出的开工通知应符合法律规定。监理人应在计划开工日期 7 天前向承包人发出开工通知，工期自开工通知中载明的开工日期起算。

除专用合同条款另有约定外，因发包人原因造成监理人未能在计划开工日期之日起 90 天内发出开工通知的，承包人有权提出价格调整要求，或者解除合同。发包人应当承担由此增加的费用和（或）延误的工期，并向承包人支付合理利润。

5. 测量放线

除专用合同条款另有约定外，发包人应在最迟不得晚于开工通知载明的开工日期前 7 天通过监理人向承包人提供测量基准点、基准线和水准点及其书面资料。发包人应对其提供的测量基准点、基准线和水准点及其书面资料的真实性、准确性和完整性负责。

承包人发现发包人提供的测量基准点、基准线和水准点及其书面资料存在错误或疏漏的，应及时通知监理人。监理人应及时报告发包人，并会同发包人和承包人予以核实。发包人应就如何处理和是否继续施工做出决定，并通知监理人和承包人。

承包人负责施工过程中的全部施工测量放线工作，并配置具有相应资质的人员，合格的仪器、设备和其他物品。承包人应矫正工程的位置、标高、尺寸或准线中出现的任何差错，并对工程各部分的定位负责。

施工过程中对施工现场内水准点等测量标志物的保护工作由承包人负责。

6. 支付工程预付款

预付款的支付按照专用合同条款约定执行，但最迟应在开工通知载明的开工日期 7 天前支付。预付款应当用于材料、工程设备、施工设备的采购及修建临时工程、组织施工队伍进场等。

除专用合同条款另有约定外，预付款在进度款中同比例扣回。在颁发工程接收证书前提前解除合同的，尚未扣完的预付款应与合同价款一并结算。

发包人逾期支付预付款超过 7 天的，承包人有权向发包人发出要求预付的催告通知，发包人收到通知后 7 天内仍未支付的，承包人有权暂停施工，并按第 16.1.1 项“发包人违约的情形”执行。

发包人要求承包人提供预付款担保的，承包人应在发包人支付预付款 7 天前提供预付款担保，专用合同条款另有约定的除外。预付款担保可采用银行保函、担保公司担保等形式，具体由合同当事人在专用合同条款中约定。在预付款完全扣回之前，承包人应保证预付款担保持续有效。

发包人在工程款中逐期扣回预付款后，预付款担保额度应相应减少，但剩余的预付款担保金额不得低于未被扣回的预付款金额。

7.3.3 施工阶段的合同管理

1. 施工质量的管理

(1) 对材料和设备的质量控制。

① 发包人供应材料与工程设备。

发包人自行供应材料、工程设备的，应在签订合同时在专用合同条款的附件《发包人供应材料设备一览表》中明确材料、工程设备的品种、规格、型号、数量、单价、质量等级和送达地点。

承包人应提前30天通过监理人以书面形式通知发包人供应材料与工程设备进场。承包人按照第7.2.2项“施工进度计划的修订”约定修订施工进度计划时，需同时提交经修订后的发包人供应材料与工程设备的进场计划。

发包人应按《发包人供应材料设备一览表》约定的内容提供材料和工程设备，并向承包人提供产品合格证明及出厂证明，对其质量负责。发包人应提前24小时以书面形式通知承包人、监理人材料和工程设备到货时间，承包人负责材料和工程设备的清点、检验和接收。

发包人提供的材料和工程设备的规格、数量或质量不符合合同约定的，或因发包人原因导致交货日期延误或交货地点变更等情况的，按照第16.1款“发包人违约”约定办理。

发包人供应的材料和工程设备，承包人清点后由承包人妥善保管，保管费用由发包人承担，但已标价工程量清单或预算书已经列支或专用合同条款另有约定的除外。因承包人原因发生丢失毁损的，由承包人负责赔偿；监理人未通知承包人清点的，承包人不负责材料和工程设备的保管，由此导致丢失毁损的由发包人负责。

发包人供应的材料和工程设备使用前，由承包人负责检验，检验费用由发包人承担，不合格的不得使用。发包人提供的材料或工程设备不符合合同要求的，承包人有权拒绝，并可要求发包人更换，由此增加的费用和（或）延误的工期由发包人承担，并支付承包人合理的利润。

② 承包人采购材料与工程设备。

承包人负责采购材料、工程设备的，应按照设计和有关标准要求采购，并提供产品合格证明及出厂证明，对材料、工程设备质量负责。合同约定由承包人采购的材料、工程设备，发包人不得指定生产厂家或供应商，发包人违反本款约定指定生产厂家或供应商的，承包人有权拒绝，并由发包人承担相应责任。

承包人采购的材料和工程设备，应保证产品质量合格，承包人应在材料和工程设备到货前24小时通知监理人检验。承包人进行永久设备、材料的制造和生产的，应符合相关质量标准，并向监理人提交材料的样本及有关资料，并应在使用该材料或工程设备之前获得监理人同意。

承包人采购的材料和工程设备不符合设计或有关标准要求时，承包人应在监理人要求的合理期限内将不符合设计或有关标准要求的材料、工程设备运出施工现场，并重新采购符合要求的材料、工程设备，由此增加的费用和（或）延误的工期，由承包人承担。

承包人采购的材料和工程设备由承包人妥善保管，保管费用由承包人承担。法律规定材料和工程设备使用前必须进行检验或试验的，承包人应按监理人的要求进行检验或试验，检验或试验费用由承包人承担，不合格的不得使用。

发包人或监理人发现承包人使用不符合设计或有关标准要求的材料和工程设备时，有权要求承包人进行修复、拆除或重新采购，由此增加的费用和（或）延误的工期，由承包人承担。

监理人有权拒绝承包人提供的不合格材料或工程设备，并要求承包人立即进行更换。监理人应在更换后再次进行检查和检验，由此增加的费用和（或）延误的工期由承包人承担。监理人发现承包人使用了不合格的材料和工程设备，承包人应按照监理人的指示立即改正，并禁止在工程中继续使用不合格的材料和工程设备。

（2）工程的质量管理。

① 质量要求。

a. 工程质量标准必须符合现行国家有关工程施工质量验收规范和标准的要求。有关工程质量的特殊标准或要求由合同当事人在专用合同条款中约定。

b. 因发包人原因造成工程质量未达到合同约定标准的，由发包人承担由此增加的费用和（或）延误的工期，并支付承包人合理的利润。

c. 因承包人原因造成工程质量未达到合同约定标准的，发包人有权要求承包人返工直至工程质量达到合同约定的标准，并由承包人承担由此增加的费用和（或）延误的工期。

② 质量保证措施。

a. 发包人的质量管理。

发包人应按照法律规定及合同约定完成与工程质量有关的各项工作。

b. 承包人的质量管理。

承包人按照施工组织设计约定向发包人和监理人提交工程质量保证体系及措施文件，建立完善的质量检查制度，并提交相应的工程质量文件。对于发包人和监理人违反法律规定和合同约定的错误指示，承包人有权拒绝实施。

承包人应对施工人员进行质量教育和技术培训，定期考核施工人员的劳动技能，严格执行施工规范和操作规程。

承包人应按照法律规定和发包人的要求，对材料、工程设备，以及工程的所有部位及其施工工艺进行全过程的质量检查和检验，并做详细记录，编制工程质量报表，报送监理人审查。此外，承包人还应按照法律规定和发包人的要求，进行施工现场取样试验、工程复核测量和设备性能检测，提供试验样品、提交试验报告和测量成果及其他工作。

c. 监理人的质量检查和检验。

监理人按照法律规定和发包人授权对工程的所有部位及其施工工艺、材料和工程设备进行检查和检验。承包人应为监理人的检查和检验提供方便，包括监理人到施工现场，或制造、加工地点，或合同约定的其他地方进行察看和查阅施工原始记录。监理人为此进行的检查和检验，不免除或减轻承包人按照合同约定应当承担的责任。

监理人的检查和检验不应影响施工正常进行。监理人的检查和检验影响施工正常进行的，且经检查和检验不合格的，影响正常施工的费用由承包人承担，工期不予顺延；经检查和检验合格的，由此增加的费用和（或）延误的工期由发包人承担。

③ 隐蔽工程检查。

a. 承包人自检。

承包人应当对工程隐蔽部位进行自检，并经自检确认是否具备覆盖条件。除专用合同条款另有约定外，工程隐蔽部位经承包人自检确认具备覆盖条件的，承包人应在共同检查前48小时书面通知监理人检查，通知中应载明隐蔽检查的内容、时间和地点，并应附有自检记录和必要的检查资料。

案例——隐蔽工程的验收与索赔

b. 监理人检查。

监理人应按时到场并对隐蔽工程及其施工工艺、材料和工程设备进行检查。经监理人检查确认质量符合隐蔽要求，并在验收记录上签字后，承包人才能进行覆盖。经监理人检查质量不合格的，承包人应在监理人指示的时间内完成修复，并由监理人重新检查，由此增加的费用和（或）延误的工期由承包人承担。

除专用合同条款另有约定外，监理人不能按时进行检查的，应在检查前24小时向承包人提交书面延期要求，但延期不能超过48小时，由此导致工期延误的，工期应予以顺延。监理人未按时进行检查，也未提出延期要求的，视为隐蔽工程检查合格，承包人可自行完成覆盖工作，并做相应记录报送监理人，监理人应签字确认。监理人事后对检查记录有疑问的，可按约定重新检查。

④ 重新检查。

承包人覆盖工程隐蔽部位后，发包人或监理人对质量有疑问的，可要求承包人对已覆盖的部位进行钻孔探测或揭开重新检查，承包人应遵照执行，并在检查后重新覆盖恢复原状。经检查证明工程质量符合合同要求的，由发包人承担由此增加的费用和（或）延误的工期，并支付承包人合理的利润；经检查证明工程质量不符合合同要求的，由此增加的费用和（或）延误的工期由承包人承担。

承包人未通知监理人到场检查，私自将工程隐蔽部位覆盖的，监理人有权指示承包人钻孔探测或揭开检查，无论工程隐蔽部位质量是否合格，由此增加的费用和（或）延误的工期均由承包人承担。

⑤ 不合格工程的处理。

因承包人原因造成工程不合格的，发包人有权随时要求承包人采取补救措施，直至达到合同要求的质量标准，由此增加的费用和（或）延误的工期由承包人承担。无法补救的，按照第13.2.4项“拒绝接收全部或部分工程”约定执行。

因发包人原因造成工程不合格的，由此增加的费用和（或）延误的工期由发包人承担，并支付承包人合理的利润。

⑥ 质量争议的检测。

合同当事人对工程质量有争议的，由双方协商确定的工程质量检测机构鉴定，由此产生的费用及因此造成的损失，由责任方承担。

合同当事人均有责任的，由双方根据其责任分别承担。合同当事人无法达成一致的，按照第4.4款“商定或确定”执行。

应用案例7-3

【案例概况】

某工程项目业主与施工单位已签订施工合同。监理单位在执行合同中陆续遇到一些问题需

要进行处理，如果你是此项目的监理工程师，对遇到的下列问题，应提出怎样的处理意见?

(1) 在施工招标文件中，按工期定额计算，工期为550天。但在施工合同中，开工日期为2015年12月15日，竣工日期为2017年7月20日，日历天数为581天，请问监理的工期目标应为多少天？为什么？

(2) 施工合同规定，业主给施工单位提供图纸7套，施工单位在施工中要求业主再提供3套图纸，增加的施工图纸的费用应由谁来支付?

(3) 在基槽开挖土方完成后，施工单位未对基槽四周进行围栏防护，业主代表进入施工现场不慎掉入基坑摔伤，由此产生的医疗费用应由谁来支付？为什么？

(4) 在结构施工中，施工单位需要在夜间浇筑混凝土，经业主同意并办理了有关手续。按地方政府有关规定，在晚上11点以后一般不得施工，若有特殊情况，需要给附近居民补贴，此项费用由谁来承担?

(5) 在结构施工中，由于业主供电线路事故原因，造成施工现场连续停电3天，停电后施工单位为了减少损失，经过调剂，工人尽量安排其他生产工作。但现场一台塔式起重机、两台混凝土搅拌机停止工作，施工单位按规定时间就停工情况和经济损失提出索赔报告，要求索赔工期和费用，监理工程师应如何批复?

【案例评析】

(1) 按照合同文件的解释顺序，当协议条款与招标文件在内容上有矛盾时，应以协议条款为准，故监理的工期目标应为581天。

(2) 合同规定业主提供图纸7套，施工单位再要3套图纸，超出合同规定，故增加的图纸费用由施工单位支付。

(3) 在基槽开挖土方后，在四周设置围栏，按合同文件规定是施工单位的责任。未设围栏而发生人员摔伤事故，所产生的医疗费用应由施工单位支付。

(4) 夜间施工经业主同意，并办理了有关手续，有关费用应由业主承担。

(5) 由于施工单位以外的原因造成的停电，在一周内超过8小时，施工单位可以按规定提出索赔，监理工程师应批复工期顺延。由于工人已被安排进行其他生产工作的，监理工程师应批复因改换工作引起的生产效率降低而产生的费用。造成施工机械停止工作的，监理工程师视情况可批复机械设备租赁费或折旧费的补偿。

2. 施工进度的管理

工程开工后，合同履行即进入施工阶段，直至工程竣工。这一阶段工程师进行进度管理的主要任务是控制施工工作按进度计划执行，确保施工任务在规定的合同工期内完成。

(1) 施工进度计划。

① 施工进度计划的编制。

承包人应按照施工组织设计约定提交详细的施工进度计划，施工进度计划的编制应当符合国家法律规定和一般工程实践惯例，施工进度计划经发包人批准后实施。施工进度计划是控制工程进度的依据，发包人和监理人有权按照施工进度计划检查工程进度情况。

② 施工进度计划的修订。

施工进度计划不符合合同要求或与工程的实际进度不一致的，承包人应向监理人提交修订的施工进度计划，并附具有关措施和相关资料，由监理人报送发包人。除专用合同条款另有约定外，发包人和监理人应在收到修订的施工进度计划后 7 天内完成审核和批准或提出修改意见。发包人和监理人对承包人提交的施工进度计划的确认，不能减轻或免除承包人根据法律规定和合同约定应承担的任何责任或义务。

（2）开工通知。

发包人应按照法律规定获得工程施工所需的许可。经发包人同意后，监理人发出的开工通知应符合法律规定。监理人应在计划开工日期 7 天前向承包人发出开工通知，工期自开工通知中载明的开工日期起算。

除专用合同条款另有约定外，因发包人原因造成监理人未能在计划开工日期之日起 90 天内发出开工通知的，承包人有权提出价格调整要求，或者解除合同。发包人应当承担由此增加的费用和（或）延误的工期，并向承包人支付合理的利润。

（3）暂停施工。

① 发包人原因引起的暂停施工。

因发包人原因引起的暂停施工，监理人经发包人同意后，应及时下达暂停施工指示。情况紧急且监理人未及时下达暂停施工指示的，承包人可先暂停施工，并及时通知监理人。监理人应在接到通知后 24 小时内发出指示，逾期未发出指示，视为同意承包人暂停施工。监理人不同意承包人暂停施工的，应说明理由，承包人对监理人的答复有异议，按照第 20 条“争议解决”约定处理。

因发包人原因引起的暂停施工，发包人应承担由此增加的费用和（或）延误的工期，并支付承包人合理的利润。

② 承包人原因引起的暂停施工。

因承包人原因引起的暂停施工，承包人应承担由此增加的费用和（或）延误的工期，且承包人在收到监理人复工指示后 84 天内仍未复工的，视为第 16.2.1 项“承包人违约的情形”第（7）条约定的承包人无法继续履行合同的情形。

③ 暂停施工后的复工。

暂停施工后，发包人和承包人应采取有效措施积极消除暂停施工的影响。在工程复工前，监理人会同发包人和承包人确定因暂停施工造成的损失，并确定工程复工条件。当工程具备复工条件时，监理人应经发包人批准后向承包人发出复工通知，承包人应按照复工通知要求复工。

承包人无故拖延和拒绝复工的，承包人承担由此增加的费用和（或）延误的工期；因发包人原因无法按时复工的，按照第 7.5.1 项“因发包人原因导致工期延误”约定处理。

监理人发出暂停施工指示后 56 天内未向承包人发出复工通知，除该项停工属于第 7.8.2 项“承包人原因引起的暂停施工”及第 17 条“不可抗力”约定的情形外，承包人可向发包人提交书面通知，要求发包人在收到书面通知后 28 天内准许已暂停施工的部分或全部工程继续施工。发包人逾期不予批准的，则承包人可以通知发包人，将工程受影响的部分视为按第 10.1 款“变更的范围”第（2）项的可取消工作。

暂停施工持续 84 天以上不复工的，且不属于第 7.8.2 项“承包人原因引起的暂停施工”及第 17 条“不可抗力”约定的情形，并影响到整个工程及合同目的实现的，承包人有权提出价格调整要求，或者解除合同。解除合同的，按照第 16.1.3 项“因发包人违约解除合同”执行。

④ 暂停施工期间的工程照管。

暂停施工期间，承包人应负责妥善照管工程并提供安全保障，由此增加的费用由责任方承担。暂停施工期间，发包人和承包人均应采取必要的措施确保工程质量及安全，防止因暂停施工扩大损失。

(4) 工期延误。

① 因发包人原因导致工期延误。

在合同履行过程中，因下列情况导致工期延误和（或）费用增加的，由发包人承担由此延误的工期和（或）增加的费用，且发包人应支付承包人合理的利润。

a. 发包人未能按合同约定提供图纸或所提供图纸不符合合同约定的。

b. 发包人未能按合同约定提供施工现场、施工条件、基础资料、许可、批准等开工条件的。

c. 发包人提供的测量基准点、基准线和水准点及其书面资料存在错误或疏漏的。

d. 发包人未能在计划开工日期之日起7天内同意下达开工通知的。

e. 发包人未能按合同约定日期支付工程预付款、进度款或竣工结算款的。

f. 监理人未按合同约定发出指示、批准等文件的。

g. 专用合同条款中约定的其他情形。

因发包人原因未按计划开工日期开工的，发包人应按实际开工日期顺延竣工日期，确保实际工期不低于合同约定的工期总日历天数。因发包人原因导致工期延误需要修订施工进度计划的，按照第7.2.2项“施工进度计划的修订”执行。

② 因承包人原因导致工期延误。

因承包人原因造成工期延误的，可以在专用合同条款中约定逾期竣工违约金的计算方法和逾期竣工违约金的上限。承包人支付逾期竣工违约金后，不免除承包人继续完成工程及修补缺陷的义务。

3. 工程支付管理

(1) 工程量的确认。

工程量应按照合同约定的工程量计算规则、图纸及变更指示等进行计量。工程量计算规则应以相关的国家标准、行业标准等为依据，由合同当事人在专用合同条款中约定。

除专用合同条款另有约定外，工程量的计量按月进行。

(2) 变更管理。

① 变更的范围。

除专用合同条款另有约定外，合同履行过程中发生以下情形的，应按照本条约定进行变更。

a. 增加或减少合同中任何工作，或追加额外的工作。

b. 取消合同中任何工作，但转由他人实施的工作除外。

c. 改变合同中任何工作的质量标准或其他特性。

d. 改变工程的基线、标高、位置和尺寸。

e. 改变工程的时间安排或实施顺序。

② 变更估价原则。

除专用合同条款另有约定外，变更估价按照本款约定处理。

a. 已标价工程量清单或预算书有相同项目的，按照相同项目单价认定。

b. 已标价工程量清单或预算书中无相同项目，但有类似项目的，参照类似项目的单价认定。

c. 变更导致实际完成的变更工程量与已标价工程量清单或预算书中列明的该项目工程量的变化幅度超过15%的，或已标价工程量清单或预算书中无相同项目及类似项目单价的，按照合理的成本与利润构成的原则，由合同当事人按照第4.4款“商定或确定”确定变更工作的单价。

③ 变更估价程序。

承包人应在收到变更指示后14天内，向监理人提交变更估价申请。监理人应在收到承包人提交的变更估价申请后7天内审查完毕并报送发包人，监理人对变更估价申请有异议的，应通知承包人修改后重新提交。发包人应在承包人提交变更估价申请后14天内审批完毕。发包人逾期未完成审批或未提出异议的，视为认可承包人提交的变更估价申请。

因变更引起的价格调整应计入最近一期的进度款中支付。

(3) 工程进度款的支付。

① 工程进度款支付管理规定。

案例——工程量计量

a. 承包人应于每月25日向监理人报送上月20日至当月19日已完成的工程量报告，并附具进度付款申请单、已完成工程量报表和有关资料。

b. 监理人应在收到承包人提交的工程量报告后7天内完成对承包人提交的工程量报表的审核并报送发包人，以确定当月实际完成的工程量。监理人对工程量有异议的，有权要求承包人进行共同复核或抽样复测。承包人应协助监理人进行复核或抽样复测，并按监理人要求提供补充计量资料。承包人未按监理人要求参加复核或抽样复测的，监理人复核或修正的工程量视为承包人实际完成的工程量。

c. 监理人未在收到承包人提交的工程量报表后的7天内完成审核的，承包人报送的工程量报告中的工程量视为承包人实际完成的工程量，据此计算工程价款。

合同当事人可在专用合同条款中约定其他价格形式合同的进度付款申请单的编制和提交程序。

② 工程进度款的计算。

除专用合同条款另有约定外，付款周期应与计量周期保持一致。

除专用合同条款另有约定外，进度付款申请单应包括下列内容。

a. 截至本次付款周期已完成工作对应的金额。

b. 根据第10条“变更”应增加和扣减的变更金额。

c. 根据第12.2款“预付款”约定应支付的预付款和扣减的返还预付款。

d. 根据第15.3款“质量保证金”约定应扣减的质量保证金。

e. 根据第19条“索赔”应增加和扣减的索赔金额。

f. 对已签发的进度款支付证书中出现错误的修正，应在本次进度付款中支付或扣除的金额。

g. 根据合同约定应增加和扣减的其他金额。

(4) 价格调整。

① 市场价格波动引起的调整。

除专用合同条款另有约定外，市场价格波动超过合同当事人约定的范围，合同价格应当调整。合同当事人可以在专用合同条款中约定选择以下任意一种方式对合同价格进行调整。

第 1 种方式：采用价格指数进行价格调整。

第 2 种方式：采用造价信息进行价格调整。

② 法律变化引起的调整。

基准日期后，法律变化导致承包人在合同履行过程中所需要的费用发生除市场价格波动引起的调整约定以外的增加时，由发包人承担由此增加的费用；减少时，应从合同价格中予以扣减。基准日期后，因法律变化造成工期延误时，工期应予以顺延。

因法律变化引起的合同价格和工期调整，合同当事人无法达成一致的，由总监理工程师按第 4.4 款“商定或确定”的约定处理。

因承包人原因造成工期延误，在工期延误期间出现法律变化的，由此增加的费用和(或)延误的工期由承包人承担。

应用案例 7-4

【案例概况】

某施工单位通过对某工程的投标获得了该工程的承包权，并与建设单位签订了施工总价合同，在施工过程中发生了如下事件。

事件 1：基础施工时，建设单位负责供应的混凝土预制桩供应不及时，使该工作延误 4 天。

事件 2：建设单位因资金困难，在应支付工程月进度款的时间内未支付，施工单位停工 10 天。

事件 3：在主体施工期间，施工单位与某材料供应商签订了室内隔墙板供销合同，在合同内约定，如供货方不能按照约定的时间供货，每天赔偿订购方合同价 0.05% 的违约金。供货方因原材料问题未能按时供货，拖延 8 天。

事件 4：施工单位根据合同工期要求，冬季继续施工，在施工过程中，施工单位为保证施工质量采取了多项技术措施，由此造成额外的费用开支共计 20 万元。

事件 5：施工单位进行设备安装时，因建设单位选定的设备供应商接线错误导致设备损坏，使施工单位安装调试工作延误 5 天，损失 12 万元。

【问题】

以上各个事件中，施工延误的工期和增加的费用应由谁来承担？说明理由。

【案例评析】

事件 1：建设单位应给予施工单位补偿工期 4 天和相应的费用。因为混凝土预制桩供应不及时，使该工作延误，是属于建设单位的责任。

事件 2：建设单位应给予施工单位补偿工期 10 天和增加相应的费用。这是因为建设单位的原因造成的施工临时中断，从而导致施工单位工期的拖延和费用支出的增加，因而应由建设单位承担。

事件3：应由材料供应商支付违约金，施工单位自己承担工期延误和费用增加的，施工单位自己承担工期延误和费用增加的责任。材料供应商在履行该供销合同时，已经构成了违约行为，因此应由材料供应商承担违约金。而对于延误的工期来说，材料供应商不可能承担此责任，反映到建设单位与施工单位的合同中，属于施工单位应承担的责任。

事件4：施工单位应承担的责任。在签订合同时，保证施工质量的措施费已包含在合同价款内。

事件5：应由建设单位承担由此造成的工期延误和费用增加。建设单位分别与施工单位和设备供应商签订了合同，而施工单位与设备供应商之间不存在合同关系，无权向设备供应商提出索赔，对施工单位而言，应视为建设单位的责任。

应用案例7-5

【案例概况】

某厂与某建筑公司订立了某工程项目施工合同，双方在合同中约定：采用单价合同，每一分项工程的实际工程量增加（或减少）超过招标文件中工程量的10%以上时调整单价。

在施工过程中，因设计变更，工作E由招标文件中的300m^{3}增至350m^3，超过10%，合同中该工作的综合单价为55元/m^3，经协商调整后综合单价为50元/m^3。

【问题】

(1) 工作E的合同价是多少？

(2) 工作E的结算价应为多少？

【案例评析】

(1) 工作E的合同价计算如下。

$$300\times55=16500(元)$$

(2) 工作E的结算价计算如下。

按原单价结算工程量：$300\times(1+10\%)=330(m^3)$

按新单价结算工程量：$350-330=20(m^3)$

总结算价$=55\times330+50\times20=19150$(元)

7.3.4 竣工阶段的合同管理

1. 工程试车

工程试车包括竣工前试车和竣工后试车两项内容。

(1) 竣工前试车。

① 试车的组织。

a. 单机无负荷试车。由于单机无负荷试车所需的环境条件在承包人的设备现场范围内，因此安装工程具备试车条件时，由承包人组织试车，并在试车前48小时书面通知监理人，通知中应载明试车内容、时间、地点。承包人准备试车记录，发包人根据承包人要求为试车提供必要条件。试车合格的，监理人在试车记录上签字的。监理人在试车合格后不在试车记录上签字的，自试车结束满24小时后视为监理人已经认可试车记录，承包人

可继续施工或办理竣工验收手续。

监理人不能按时参加试车，应在试车前24小时以书面形式向承包人提出延期要求，但延期不能超过48小时，由此导致工期延误的，工期应予以顺延。监理人未能在前述期限内提出延期要求，又不参加试车的，视为认可试车记录。

b. 联动无负荷试车。进行联动无负荷试车时，由于需要外部的配合条件，因此具备联动无负荷试车条件时，由发包人组织试车。承包人无正当理由不参加试车的，视为认可试车记录。

② 试车中双方的责任。

a. 由于设计原因试车达不到验收要求，发包人应要求设计单位修改设计，承包人按修改后的设计重新安装。发包人承担修改设计、拆除及重新安装的全部费用和追加合同价款，工期相应顺延。

b. 由于设计制造原因试车达不到验收要求，由该设备采购一方负责重新购置或修理，承包人负责拆除或重新安装。设备由承包人采购的，由承包人承担修理或重新购置、拆除及重新安装的费用，工期不得顺延；设备由发包人采购的，发包人承担上述各项追加合同价款，工期相应顺延。

c. 由于承包人施工原因试车达不到要求，承包人按工程师要求重新安装和试车，并承担重新安装和试车的费用，工期不予顺延。

d. 试车费用除已包括在合同价款之内或专用合同条款另有约定外，均由发包人承担。

e. 工程师在试车合格后不在试车记录上签字的，试车结束24小时后，视为工程师已经认可试车记录，承包人可继续施工或办理竣工手续。

(2) 竣工后试车。

如需进行投料试车的，发包人应在工程竣工验收后组织投料试车。发包人要求在工程竣工验收前进行或需要承包人配合时，应征得承包人同意，并在专用合同条款中约定有关事项。

投料试车合格的，费用由发包人承担；因承包人原因造成投料试车不合格的，承包人应按照发包人要求进行整改，由此产生的整改费用由承包人承担；非因承包人原因导致投料试车不合格的，如发包人要求承包人进行整改的，由此产生的费用由发包人承担。

东水门大桥竣工验收

2. 竣工验收

(1) 竣工验收满足的条件。

工程具备以下条件的，承包人可以申请竣工验收。

① 除发包人同意的甩项工作和缺陷修补工作外，合同范围内的全部工程及有关工作，包括合同要求的试验、试运行及检验均已完成，并符合合同要求。

② 已按合同约定编制了甩项工作和缺陷修补工作清单及相应的施工计划。

③ 已按合同约定的内容和份数备齐竣工资料。

(2) 竣工验收程序。

除专用合同条款另有约定外，承包人申请竣工验收的，应当按照以下程序进行。

① 承包人向监理人报送竣工验收申请报告，监理人应在收到竣工验收申请报告后14天内完成审查并报送发包人。监理人审查后认为尚不具备验收条件的，应通知承包人在竣

工验收前承包人还需完成的工作内容，承包人应在完成监理人通知的全部工作内容后，再次提交竣工验收申请报告。

② 监理人审查后认为已具备竣工验收条件的，应将竣工验收申请报告提交发包人，发包人应在收到经监理人审核的竣工验收申请报告后28天内审批完毕并组织监理人、承包人、设计人等相关单位完成竣工验收。

③ 竣工验收合格的，发包人应在验收合格后14天内向承包人签发工程接收证书。发包人无正当理由逾期不颁发工程接收证书的，自验收合格后第15天起视为已颁发工程接收证书。

④ 竣工验收不合格的，监理人应按照验收意见发出指示，要求承包人对不合格工程返工、修复或采取其他补救措施，由此增加的费用和（或）延误的工期由承包人承担。承包人在完成不合格工程的返工、修复或采取其他补救措施后，应重新提交竣工验收申请报告，并按本项约定的程序重新进行验收。

⑤ 工程未经验收或验收不合格，发包人擅自使用的，应在转移占有工程后7天内向承包人颁发工程接收证书；发包人无正当理由逾期不颁发工程接收证书的，自转移占有后第15天起视为已颁发工程接收证书。

除专用合同条款另有约定外，发包人不按照本项约定组织竣工验收、颁发工程接收证书的，每逾期一天，应以签约合同价为基数，按照中国人民银行发布的同期同类贷款基准利率支付违约金。

3. 竣工时间的确定

工程经竣工验收合格的，以承包人提交竣工验收申请报告之日为实际竣工日期，并在工程接收证书中载明；因发包人原因，未在监理人收到承包人提交的竣工验收申请报告42天内完成竣工验收，或完成竣工验收不予签发工程接收证书的，以提交竣工验收申请报告的日期为实际竣工日期；工程未经竣工验收，发包人擅自使用的，以转移占有工程之日为实际竣工日期。

工程按发包人要求修改后通过竣工验收的，实际竣工日期为承包人修改后提请发包人验收的日期。这个日期主要用于计算承包人的实际施工期限，与合同约定的工期比较是提前竣工还是延误竣工。

对于竣工验收不合格的工程，承包人完成整改后，应当重新进行竣工验收，经重新组织验收仍不合格的且无法采取措施补救的，则发包人可以拒绝接收不合格工程，因不合格工程导致其他工程不能正常使用的，承包人应采取措施确保相关工程的正常使用，由此增加的费用和（或）延误的工期由承包人承担。

除专用合同条款另有约定外，合同当事人应当在颁发工程接收证书后7天内完成工程的移交。发包人无正当理由不接收工程的，发包人自应当接收工程之日起，承担工程照管、成品保护、保管等与工程有关的各项费用，合同当事人可以在专用合同条款中另行约定发包人逾期接收工程的违约责任。承包人无正当理由不移交工程的，承包人应承担工程照管、成品保护、保管等与工程有关的各项费用，合同当事人可以在专用合同条款中另行约定承包人无正当理由不移交工程的违约责任。

特别提示

承包人的实际施工期限，指开工日到上述确认为竣工日期之间的日历天数。开工日正常情况下为专用合同条款内约定的日期，也可能是由于发包人或承包人要求延期开工，经工程师确认的日期。

4. 竣工结算

(1) 竣工结算申请。

除专用合同条款另有约定外，承包人应在工程竣工验收合格后 28 天内向发包人和监理人提交竣工结算申请单，并提交完整的结算资料，有关竣工结算申请单的资料清单和份数等要求由合同当事人在专用合同条款中约定。

除专用合同条款另有约定外，竣工结算申请单应包括以下内容。

① 竣工结算合同价格。

② 发包人已支付承包人的款项。

③ 应扣留的质量保证金，已缴纳履约保证金的或提供其他质量担保方式的除外。

④ 发包人应支付承包人的合同价款。

案例——工程结算

(2) 竣工结算审核。

① 除专用合同条款另有约定外，监理人应在收到竣工结算申请单后 14 天内完成核查并报送发包人。发包人应在收到监理人提交的经审核的竣工结算申请单后 14 天内完成审批，并由监理人向承包人签发经发包人签认的竣工付款证书。监理人或发包人对竣工结算申请单有异议的，有权要求承包人进行修正和提供补充资料，承包人应提交修正后的竣工结算申请单。

发包人在收到承包人提交竣工结算申请书后 28 天内未完成审批且未提出异议的，视为发包人认可承包人提交的竣工结算申请单，并自发包人收到承包人提交的竣工结算申请单后第 29 天起视为已签发竣工付款证书。

② 除专用合同条款另有约定外，发包人应在签发竣工付款证书后的 14 天内，完成对承包人的竣工付款。发包人逾期支付的，按照中国人民银行发布的同期同类贷款基准利率支付违约金；逾期支付超过 56 天的，按照中国人民银行发布的同期同类贷款基准利率的两倍支付违约金。

③ 承包人对发包人签认的竣工付款证书有异议的，对于有异议部分应在收到发包人签认的竣工付款证书后 7 天内提出异议，并由合同当事人按照专用合同条款约定的方式和程序进行复核，或按照第 20 条“争议解决”约定处理。对于无异议部分，发包人应签发临时竣工付款证书，并按本款第②项完成付款。承包人逾期未提出异议的，视为认可发包人的审批结果。

发包人要求甩项竣工的，合同当事人应签订甩项竣工协议。在甩项竣工协议中应明确，合同当事人按照第 14.1 款“竣工结算申请”及第 14.2 款“竣工结算审核”的约定，对已完合格工程进行结算，并支付相应合同价款。

(3) 最终结清。

① 最终结清申请单。

除专用合同条款另有约定外，承包人应在缺陷责任期终止证书颁发后7天内，按专用合同条款约定的份数向发包人提交最终结清申请单，并提供相关证明材料。

除专用合同条款另有约定外，最终结清申请单应列明质量保证金、应扣除的质量保证金、缺陷责任期内发生的增减费用。

发包人对最终结清申请单内容有异议的，有权要求承包人进行修正和提供补充资料，承包人应向发包人提交修正后的最终结清申请单。

② 最终结清证书和支付。

除专用合同条款另有约定外，发包人应在收到承包人提交的最终结清申请单后14天内完成审批并向承包人颁发最终结清证书。发包人逾期未完成审批，又未提出修改意见的，视为发包人同意承包人提交的最终结清申请单，且自发包人收到承包人提交的最终结清申请单后15天起视为已颁发最终结清证书。

除专用合同条款另有约定外，发包人应在颁发最终结清证书后7天内完成支付。发包人逾期支付的，按照中国人民银行发布的同期同类贷款基准利率支付违约金；逾期支付超过56天的，按照中国人民银行发布的同期同类贷款基准利率的两倍支付违约金。

承包人对发包人颁发的最终结清证书有异议的，按第20条“争议解决”的约定办理。

5. 工程保修

承包人应当在工程竣工验收之前，与发包人签订质量保修书，作为合同附件。质量保修书的主要内容包括：工程质量保修范围和内容，质量保修期，质量保修责任，保修费用，其他约定。

在工程移交发包人后，因承包人原因产生的质量缺陷，承包人应承担质量缺陷责任和保修义务。缺陷责任期届满，承包人仍应按合同约定的工程各部位保修年限承担保修义务。

(1) 工程质量保修范围和内容。

双方按照工程的性质和特点，具体约定保修的相关内容。房屋建筑工程的保修范围包括：地基基础工程、主体结构工程，屋面防水工程、有防水要求的卫生间、房间和外墙面的防渗漏，供热与供冷系统，电气管线、给排水管道、设备安装和装修工程，以及双方约定的其他项目。

(2) 质量保修期。

保修期从竣工验收合格之日起计算。发包人未经竣工验收擅自使用工程的，保修期自转移占有之日起计算。

具体分部分项工程的保修期由合同当事人在专用合同条款中约定，但不得低于法定的最低保修期限。国务院颁布的《建设工程质量管理条例》明确规定，在正常使用条件下的最低保修期限如下。

① 基础设施工程、房屋建筑的地基基础工程和主体结构工程，为设计文件规定的该

工程的合理使用年限。

② 屋面防水工程、有防水要求的卫生间、房间和外墙面的防渗漏，为5年。

③ 供热与供冷系统，为2个采暖期、供冷期。

④ 电气管线、给排水管道、设备安装和装修工程，为2年。

(3) 质量保修责任。

① 属于保修范围、内容的项目，承包人应在接到发包人的保修通知起7天内派人保修。承包人不在约定期限内派人保修的，发包人可以委托其他人修理。

② 发生紧急抢修事故时，承包人接到通知后应当立即到达事故现场抢修。

③ 涉及结构安全的质量问题，应当按照《房屋建筑工程质量保修办法》的规定，立即向当地建设行政主管部门报告，采取相应的安全防范措施。由原设计单位或具有相应资质等级的设计单位提出保修方案，承包人实施保修。

④ 质量保修完成后，由发包人组织验收。

(4) 保修费用。

保修期内，保修的费用按照以下约定处理。

① 保修期内，因承包人原因造成工程的缺陷、损坏，承包人应负责修复，并承担修复的费用，以及因工程的缺陷、损坏造成的人身伤害和财产损失。

② 保修期内，因发包人使用不当造成工程的缺陷、损坏，可以委托承包人修复，但发包人应承担修复的费用，并支付承包人合理的利润。

③ 因其他原因造成工程的缺陷、损坏，可以委托承包人修复，发包人应承担修复的费用，并支付承包人合理的利润，因工程的缺陷、损坏造成的人身伤害和财产损失由责任方承担。

因承包人原因造成工程的缺陷或损坏，承包人拒绝维修或未能在合理期限内修复缺陷或损坏，且经发包人书面催告后仍未修复的，发包人有权自行修复或委托第三方修复，所需费用由承包人承担。但修复范围超出缺陷或损坏范围的，超出范围部分的修复费用由发包人承担。

应用案例 7-6

【案例概况】

某建筑公司与某医院签订一建设工程施工合同，明确承包人（建筑公司）保质、保量、保工期完成发包人（医院）的门诊楼施工任务。工程竣工后，承包人向发包人提交了竣工报告，发包人认为工程质量好，双方合作愉快，为不影响病人就医，没有组织验收便直接投入使用。在使用中发现门诊楼存在质量问题，遂要求承包人修理。承包人则认为工程未经验收便提前使用，出现质量问题，承包人不再承担责任。

【问题】

(1) 依据有关法律法规，该质量问题的责任应由谁来承担?

(2) 工程未经验收，发包人提前使用，可否视为工程已交付，承包人不再承担责任?

(3) 如果工程现场有发包人聘请的监理工程师，出现上述问题应如何处理? 监理工程师是否应承担一定责任？

(4) 发生上述问题，承包人的保修责任应如何履行？

(5) 上述纠纷，发包人和承包人可以通过何种方式解决？

【案例评析】

(1) 该质量问题的责任应由发包人承担。

(2) 工程未经验收，发包人提前使用可视为发包人已接收该项工程，但不能免除承包人负责保修的责任。

(3) 监理工程师应及时为发包人和承包人协商解决纠纷，出现质量问题属于监理工程师履行职责失职，应依据监理合同承担相应的责任。

(4) 承包人的保修责任，应依据建设工程保修规定履行。

(5) 发包人和承包人可通过协商、调解及合同条款规定去仲裁或诉讼。

能力拓展

某业主与某施工单位签订了某建筑大楼施工总承包合同，合同的部分条款如下。

××工程施工合同书（节选）

一、协议书

1. 工程概况

该工程位于某市的××路段，建筑面积3000m²，砌体结构住宅楼（其他概况略）。

2. 承包范围

承包范围为该工程施工图所包括的土建工程。

3. 合同工期

合同工期为2017年2月21日—2017年9月30日，合同工期总日历天数为222天。

4. 合同价款

本工程采用总价合同形式，合同总价为贰佰叁拾肆万元整（¥2340000.00元）。

5. 质量标准

本工程质量标准要求达到承包商最优的工程质量。

6. 质量保修

施工单位在该项目设计规定的使用年限内承担全部保修责任。

7. 工程款支付

在工程基本竣工时，支付全部合同价款，为确保工程如期竣工，乙方不得因甲方资金的暂时不到位而停工和拖延工期。

二、其他补充协议

(1) 乙方在施工前不允许将工程分包，只可以转包。

(2) 甲方不负责提供施工场地的工程地质和地下主要管网线路资料。

(3) 乙方应按项目经理批准的施工组织设计组织施工。

(4) 涉及质量标准的变更由乙方自行解决。

【问题】

(1) 该项工程施工合同协议书中有哪些不妥之处? 请指出并改正。

(2) 该项工程施工合同的补充协议中有哪些不妥之处? 请指出并改正。

7.4 建设工程施工索赔

7.4.1 施工索赔概述

工人摔伤难索赔

1. 施工索赔的概念

索赔是当事人在合同实施过程中，根据法律、合同规定及惯例，对不应由自己承担责任的情况造成的损失，向合同的另一方当事人提出给予赔偿或补偿要求的行为。施工索赔就是在施工阶段发生的索赔。

对施工合同的双方来说，都有通过索赔维护自己合法利益的权利，依据双方约定的合同责任，构成正确履行合同义务的制约关系。

2. 索赔的基本特征

索赔具有以下基本特征。

(1) 索赔是双向的，不仅承包人可以向发包人索赔，发包人同样也可以向承包人索赔。

(2) 只有实际发生了经济损失或权利损害，一方才能向对方索赔。

(3) 索赔是一种未经对方确认的单方行为，对对方尚未形成约束力，这种索赔要求能否得到最终实现，必须要通过双方确认(如双方协商、谈判、调解、仲裁或诉讼)后才能实现。

3. 施工索赔的分类

(1) 按索赔的目的分类。

① 工期索赔。由于非承包人责任的原因而导致施工进程延误，承包人向发包人要求延长工期，合理顺延合同工期。由于合理的工期延长，可以使承包人免于承担误期罚款。

② 费用索赔。承包人要求取得合理的经济补偿，即要求发包人补偿不应该由承包人承担的经济损失或额外费用，或者发包人向承包人要求因为承包人违约导致发包人的经济损失补偿。

(2) 按索赔的依据分类。

① 合同中明示的索赔。合同中明示的索赔是指索赔事项所涉及的内容在合同文件中能够找到明确的依据，发包人或承包人可以据此提出索赔要求。

② 合同中默示的索赔。合同中默示的索赔是指索赔事项所涉及的内容已经超过合同文件中规定的范围，在合同文件中没有明确的文字描述，但可以根据合同条件中某些条款的含义，合理推论出存在一定的索赔权。

（3）按索赔的处理方式分类。

① 单项索赔。单项索赔是针对某一干扰事件提出的。索赔的处理是在合同实施过程中，干扰事件发生时或发生后立即进行的。它由合同管理人员处理，并在合同规定的索赔有效期内向发包人提交索赔意向书和索赔报告。

② 总索赔。总索赔又称一揽子索赔或综合索赔，是在国际工程中经常采用的索赔处理和解决方法。一般在工程竣工前，承包人将工程过程中未解决的单项索赔集中起来，提出一份总索赔报告。合同双方在工程交付前或交付后进行最终谈判，以一揽子方案解决索赔问题。

7.4.2 施工索赔的主要依据

施工索赔是注重依据的工作，为了达到索赔成功的目的，必须根据工程的实际情况进行大量的索赔论证工作，以大量的资料来证明自己所拥有的权利和应得的索赔款项。建设工程施工索赔的主要依据有以下几种。

1. 合同文件

合同文件是索赔最主要的依据。在工程合同实施过程中遇到索赔事件时，工程师必须以完全独立的身份，站在客观公正的立场上审查索赔要求的正当性，必须详细了解合同条件、协议条款等，以合同为依据来公平处理合同双方的利益纠纷。工程索赔必须以建设工程施工合同为依据。合同文件的内容相当广泛，主要包括以下几种。

（1）协议书。

（2）中标通知书。

（3）投标文件及其附件。

（4）专用合同条款。

（5）通用合同条款。

（6）标准、规范及有关技术文件。

（7）工程设计图纸。

（8）工程量清单。

（9）工程报价单或预算数。

（10）合同履行中，发包人与承包人之间有关工程的洽商、变更等书面协议或文件视为合同的组成部分。

2. 订立合同所依据的法律和法规

（1）适用法律和法规。

建设工程合同文件适用国家的法律和行政法规。需要明示的法律、行政法规，如我国的《民法典》《中华人民共和国建筑法》等，由双方在专用合同条款中约定。

（2）适用标准和规范。

双方在专用合同条款内约定适用国家标准、规范的名称，如《民用建筑设计统一标准》《建筑工程施工质量验收统一标准》《建设工程工程量清单计价规范》等。

3. 施工索赔的证据类型

（1）招标文件、工程合同文件及附件、发包人认可的工程实施计划、施工组织设计、工程图纸、技术规范等。

(2) 工程各项有关设计交底记录、变更图纸、变更施工指令等。

(3) 工程各项经业主或工程师签认的签证。

(4) 工程各项往来信件、指令、信函、通知、答复等。

(5) 工程各项会议纪要。

(6) 施工计划及现场实施情况记录。

(7) 施工日报及工长工作日志、备忘录。

(8) 工程送电、送水、道路开通、封闭的日期及数量记录。

(9) 工程停电、停水和干扰事件影响的日期及恢复施工的日期。

(10) 工程预付款、进度款拨付的数额及日期记录。

(11) 图纸变更、交底记录的送达份数及日期记录。

(12) 工程有关施工部位的照片及录像等。

(13) 工程现场气候记录，如有关天气的温度、风力、雨雪等。

(14) 工程验收报告及各项技术鉴定报告等。

(15) 工程材料采购、订货、运输、进场、验收、使用等方面的凭据。

(16) 工程会计核算资料。

(17) 国家、省、市有关影响工程造价和工期的文件、规定等。

7.4.3 索赔文件的编写

1. 索赔文件的组成

索赔文件是承包人向发包人索赔的正式书面材料，也是发包人审议承包人索赔请求的主要依据。索赔文件通常包括总述部分、论证部分、索赔款项（或工期）计算部分、证据部分四部分。

2. 索赔文件的编制

(1) 总述部分。总述部分是承包人致发包人或工程师的一封简短的提纲性信函，概要论述索赔事件发生的日期和过程，承包人为该索赔事件所付出的努力和附加开支，承包人的具体索赔要求。应通过总述部分把其他材料贯通起来，其主要内容包括以下几项：①说明索赔事件；②列举索赔理由；③提出索赔金额与工期；④附件说明。

(2) 论证部分。论证部分是索赔文件的关键部分，其目的是说明自己有索赔权，是索赔能否成立的关键。要注意引用的每个证据的效力或可信程度，对重要的证据资料必须附以文字说明或确认。

(3) 索赔款项（或工期）计算部分。该部分需列举各项索赔的明细数字及汇总数据，要求正确计算索赔款项与索赔工期。

(4) 证据部分。①索赔文件中所列举的事实、理由、影响因果关系等证明文件和证据资料；②详细计算书，这是为了证实索赔金额的真实性而设置的，为了简明可以大量运用图表。

知识链接 7－4

索赔通知书的文本格式

尊敬的________先生（女士）：

根据合同第____条第____款规定：________________（具体条款规定的内容），我方特此向你方通知，我方对于在____年____月____日实施的________工程所发生的额外费用及展延工期，保留取得补偿的权利。具体额外费用与展延工期的数量，我方将按照合同第____条的规定，按时向你方报送。

报送人：

报送日期：

3. 索赔文件编制应注意的问题

整个索赔文件应该简要概括索赔事实与理由，通过叙述客观事实，合理引用合同规定，建立事实与损失之间的因果关系，证明索赔的合理合法性；同时应特别注意索赔材料的表述方式对索赔解决的影响。一般要注意以下几个方面。

（1）索赔事件要真实、证据确凿。索赔针对的事件必须实事求是，有确凿的证据，令对方无可推卸和辩驳。

（2）计算索赔款项和工期要合理、准确。要将计算的依据、方法、结果详细说明列出，这样易于对方接受，避免发生争端。

（3）责任分析清楚。一般索赔所针对的事件都是由非承包人责任而引起的，因此，在索赔报告中必须明确对方负全部责任，而不可以使用含糊不清的词语。

（4）明确承包人为避免和减轻事件的影响及损失而做的努力。在索赔报告中，要强调事件的不可预见性和突发性，说明承包人对它的发生没有任何的准备，也无法预防，并且承包人为了避免和减轻该事件的影响和损失已尽了最大的努力，采取了能够采取的措施，从而使索赔理由更加充分，更易于对方接受。

（5）阐述由于干扰事件的影响，使承包人的工程施工受到严重干扰，并为此增加了支出，拖延了工期，表明干扰事件与索赔有直接的因果关系。

（6）索赔文件书写用语应尽量婉转，避免使用强硬语言，否则会给索赔带来不利影响。

能力拓展

【案例概况】

某汽车制造厂建设施工土方工程中，承包人在合同中标明有松软石的地方没有遇到松软石，因此工期提前1个月。但在合同中另一未标明有坚硬岩石的地方遇到更多的坚硬岩石，开挖工作变得更加困难，由此造成了实际生产率比原计划低得多，经测算影响工期3个月。由于施工速度减慢，使得部分施工任务拖到雨季进行，按一般公认标准推算，又影响工期2个月，因此承包人准备提出索赔。

【问题】

(1) 该项施工索赔能否成立？为什么？

(2) 在该索赔事件中，应提出的索赔内容包括哪两方面？

(3) 在工程施工中，通常可以提供的索赔证据有哪些？

(4) 承包人应提供的索赔文件有哪些？请协助承包人拟订一份索赔通知书。

7.4.4 索赔的基本程序及其规定

1. 承包人索赔的基本程序及其规定

(1) 提出索赔要求。

当出现索赔事项后，承包人以书面的索赔通知书形式，在索赔事项发生后 28 天内，向工程师正式提出索赔意向通知书，一般包括以下内容。

① 指明合同依据。

② 索赔事件发生的时间、地点。

③ 事件发生的原因、性质、责任。

④ 承包人在事件发生后所采取的控制事件进一步发展的措施。

⑤ 说明索赔事件的发生已经给承包人带来的后果，如工期、费用的增加。

⑥ 申明保留索赔的权利。

承包人未在前述 28 天内发出索赔意向通知书的，丧失要求追加付款和（或）延长工期的权利。

(2) 报送索赔资料和索赔报告。

① 承包人应在发出索赔意向通知书后 28 天内，向监理人正式递交索赔报告；索赔报告应详细说明索赔理由，以及要求追加的付款金额和（或）延长的工期，并附必要的记录和证明材料。

② 索赔事件具有持续影响的，承包人应按合理时间间隔继续递交延续索赔通知，说明持续影响的实际情况和记录，列出累计的追加付款金额和（或）工期延长天数。

③ 在索赔事件影响结束后 28 天内，承包人应向监理人递交最终索赔报告，说明最终要求索赔的追加付款金额和（或）延长的工期，并附必要的记录和证明材料。

(3) 监理人和发包人的答复。

① 监理人应在收到索赔报告后 14 天内完成审查并报送发包人。监理人对索赔报告存在异议的，有权要求承包人提交全部原始记录副本。

② 发包人应在监理人收到索赔报告或有关索赔的进一步证明材料后的 28 天内，由监理人向承包人出具经发包人签认的索赔处理结果。发包人逾期答复的，则视为认可承包人的索赔要求。

③ 承包人接受索赔处理结果的，索赔款项在当期进度款中进行支付；承包人不接受索赔处理结果的，按照争议解决的约定处理。

2. 发包人索赔的基本程序及其规定

根据合同约定，发包人认为有权得到赔付金额和（或）延长缺陷责任期的，监理人应向承包人发出通知并附有详细的证明。

(1) 发包人应在知道或应当知道索赔事件发生后28天内通过监理人向承包人提出索赔意向通知书，发包人未在前述28天内发出索赔意向通知书的，丧失要求赔付金额和(或)延长缺陷责任期的权利。发包人应在发出索赔意向通知书后28天内，通过监理人向承包人正式递交索赔报告。

(2) 承包人收到发包人提交的索赔报告后，应及时审查索赔报告的内容、查验发包人证明材料。

(3) 承包人应在收到索赔报告或有关索赔的进一步证明材料后28天内，将索赔处理结果答复发包人。如果承包人未在上述期限内做出答复的，则视为对发包人索赔要求的认可。

(4) 承包人接受索赔处理结果的，发包人可从应支付给承包人的合同价款中扣除赔付的金额或延长缺陷责任期；发包人不接受索赔处理结果的，按第20条“争议解决”约定处理。

7.4.5 费用和工期索赔的计算方法

1. 费用索赔

提交索赔意向通知书以后，承包人要定期报送索赔资料，并在索赔影响事件结束后28天内提交最终的索赔报告。在索赔报告中承包人对自己的费用索赔部分要进行详细计算，以供工程师审查。

索赔款的计算方法主要有分项计算法和总费用法两种。

(1) 分项计算法。

分项计算法是以每个索赔事件为对象，按照承包人为某项索赔工作所支付的实际开支为根据，向发包人提出经济补偿。而每一项索赔费用应计算由于该事项的影响，导致承包人发生的超出原计划的费用，也就是该项工程施工中所发生的额外人工费、材料费、机械费，以及相应的管理费，有些索赔事项还可以列入应得的利润。

分项计算法可以分为以下三步。

① 分析每个或每类索赔事件所影响的费用项目。这些费用项目一般与合同价中的费用项目一致，如直接费、管理费、利润等。

② 用适当方法确定各项费用，计算每个费用项目受索赔事件影响后的实际成本或费用，与合同价中的费用相对比，求出各项费用超出原计划的部分。

③ 将各项费用汇总，即得到总费用索赔值。

也就是说，在直接费(人工费、材料费和施工机械使用费之和)超出合同中原有部分的额外费用部分的基础上，加上应得的管理费(工地管理费和总部管理费)和利润，即承包人应得的索赔款额。这部分实际发生的额外费用客观地反映了承包人的额外开支或者实际损失，是承包人经济索赔的证据资料。

特别提示

为了准确计算实际的成本支出，承包人在现场的成本记录或者单据等资料都是必不可少的，一定要在项目施工过程中注意收集和保留。

(2) 总费用法。

总费用法基本上是在总索赔的情况下才采用的计算索赔款的方法。也就是说当发生多次索赔事项以后，这些索赔事项的影响相互纠缠，无法区分，则先重新计算出该工程项目的实际总费用，再从这个实际的总费用中减去中标合同中的估算总费用，即得到了要求补偿的索赔款总额。

索赔款总额=实际总费用−中标合同中的估算总费用

特别提示

只有当无法采用分项法计算时，才使用总费用法。

2. 工期索赔

在工程施工中，常常会发生一些未能预见的干扰事件，使得施工不能顺利进行。工期延长意味着工程成本的增加，对合同双方都会造成损失。发包人会因工程不能及时投入使用、投入生产而不能实现预计的投资目的，减少盈利的机会，同时会增加各种管理费的开支；承包人则会因为工期延长而增加支付工人工资、施工机械使用费、工地管理费及其他一些费用。如果超出合同工期，最终可能还要支付合同规定的延期违约金。

特别提示

承包人进行工期索赔的目的：一个是弥补工期拖延造成的费用损失；另一个是免去自己对已经形成的工期延长的合同责任，使自己不必支付或尽可能少支付工期延长的违约金。

能力拓展

【案例概况】

业主与施工单位就某工程建设项目签订了施工合同，合同中规定，在施工过程中，如因业主原因造成窝工，则人工窝工费和机械设备窝工费可按工日费和台班费的50%结算支付。业主还与监理单位签订了施工阶段的监理合同，合同中规定监理工程师可直接签证、批准5天以内的工期延期和5000元人民币以内的单项费用索赔。工程按网络计划进行。其关键线路为A→E→H→I→J。在计划进行过程中，出现了下列一些情况，导致一些工作暂时停工（同一工作由不同原因引起的停工时间都不在同一时间）。

(1) 因业主不能及时供应材料，使E延误3天，G延误2天，H延误3天。

(2) 因机械发生故障检修，使E延误2天，G延误2天。

(3) 因业主要求设计变更，使F延误3天。

(4) 因公网停电，使F延误1天，I延误1天。

施工单位及时向监理工程师提交了一份索赔报告，并附有关资料、证据和下列要求。

(1) 工期顺延。E停工5天，F停工4天，G停工4天，H停工3天，I停工1天，总计要求工期顺延17天。

(2) 经济损失索赔。

① 机械设备窝工费。

E工序：吊车(3+2)台班×240元/台班=1200元

F工序：搅拌机(3+1)台班×70元/台班=280元

G工序：小型机械(2+2)台班×55元/台班=220元

H工序：搅拌机3台班×70元/台班=210元

合计：机械设备窝工费1910元。

② 人工窝工费。

E工序：5天×30人×28元/工日=4200元

F工序：4天×35人×28元/工日=3920元

G工序：4天×15人×28元/工日=1680元

H工序：3天×35人×28元/工日=2940元

I工序：1天×20人×28元/工日=560元

合计：人工窝工费13300元。

③ 间接费增加。

(1910元+13300元)×16%=2433.6元

④ 利润损失。

(1910元+13300元+2433.6元)×5%=882.18元

总计：经济索赔额1910元+13300元+2433.6元+882.18元=18525.78元

【问题】

(1) 施工单位索赔报告提出的工期顺延时间、停工人数、机械台班数和单价的数据等，经审查后均真实。监理工程师对所附各项工期顺延、经济索赔要求应如何确定认可？为什么？

(2) 监理工程师对认可的工期顺延和经济损失索赔应如何处理？为什么？

综合应用案例

【案例概况】

某施工单位通过投标获得了某住宅楼的施工任务。该住宅楼地上18层、地下3层，为钢筋混凝土剪力墙结构。业主与施工单位、监理单位分别签订了施工合同、监理合同。施工单位（总包单位）将土方开挖、外墙涂料与防水工程分别分包给专业性公司，并签订了分包合同。

施工合同中说明：建筑面积23520m^2，建设工期455天，工程造价3175万元。

合同约定结算方法：合同价款调整范围为业主认定的工程量增减、设计变更和洽商；外墙涂料、防水工程的材料费的调整依据为本地区工程造价管理部门公布的价格调整文件。

【问题】

合同履行过程中发生下述几种情况，请按要求回答问题。

(1) 总包单位于7月24日进场，进行开工前的准备工作。原定8月1日开工，因业主办理伐树手续而延误至5日才开工，总包单位要求工期顺延4天。此项要求是否成立？根据是什么？

(2) 土方公司在基础开挖中遇有地下文物，采取了必要的保护措施。为此，总包单位请他们向业主要求索赔。此种做法对否？为什么？

(3) 在基础回填过程中，总包单位已按规定取土样，试验合格。监理工程师对填土质量表示异议，责成总包单位再次取样复验，结果合格。总包单位要求监理单位支付试验费。此种做法对否？为什么？

(4) 总包单位对混凝土搅拌设备的加水计量器进行改进研究，在本公司试验室内进行试验，改进成功用于本工程，总包单位要求此项试验费由业主支付。监理工程师是否批准？为什么？

(5) 结构施工期间，总包单位经总监理工程师同意更换了原项目经理，组织管理一度失调，导致封顶时间延误8天。总包单位以总监理工程师同意为由，要求给予适当工期补偿。总监理工程师是否批准？为什么？

(6) 监理工程师检查厕浴间防水工程，发现有漏水房间，逐一记录并要求防水公司整改。防水公司整改后向监理工程师进行了口头汇报，监理工程师即签证认可。事后发现仍有部分房间漏水，需进行返工。返修的经济损失应由谁承担？监理工程师有什么错误？

(7) 在做屋面防水时，经中间检查发现施工不符合设计要求，防水公司也自认为难以达到合同规定的质量要求，就向监理工程师提出终止合同的书面申请，监理工程师应如何协调处理？

【案例评析】

(1) 成立。因为属于业主责任(或业主未及时提供施工场地)。

(2) 不对。因为土方公司为分包，与业主无合同关系。

(3) 不对。因为按规定，此项费用应由业主支付。

(4) 不批准。因为此项支出已包含在工程合同价中(或此项支出应由总包单位承担)。

(5) 不批准。虽然总监理工程师同意更换，但是不等同于免除总包单位应负的责任。

(6) 返修的经济损失应由防水公司承担。监理工程师的错误如下。

① 不能凭口头汇报签证认可，应到现场复验。

② 不能直接要求防水公司整改，应要求总包整改。

③ 不能根据分包单位的要求进行签证，应根据总包单位的申请进行复验、签证。

(7) 监理工程师应做如下协调处理。

① 拒绝接受分包单位终止合同的申请。

② 要求总包单位与分包单位双方协商，达成一致后解除合同。

③ 要求总包单位对不合格工程返工处理。

本章小结

建设工程合同是《民法典》所列的典型合同之一，包括建设工程勘察、设计、施工合同。本章介绍了建设工程合同订立的程序、建设工程合同的分类等内容。

建设工程施工合同是建设工程合同的重要类型之一。本章以《建设工程施工合同（示范文本）》（GF—2017—0201）为依据，对施工准备阶段、施工阶段及竣工验收阶段合同当事人的权利和义务进行说明，并介绍了施工合同索赔等内容。

习　　题

一、单选题

1. 施工承包合同实施中，双方当事人对工程质量有争议，可以提请双方同意且具备相应资质的工程质量鉴定机构鉴定，所需要的费用及因此造成的损失，应由（　　）承担。

A. 责任方　　B. 承包人
C. 发包人　　D. 发包人与承包人分担

2. 施工承包合同承包人按合同规定，将施工组织设计和工程进度计划提交工程师，工程师审查后在规定时间内予以确认。施工过程中，发现该施工组织设计和工程进度计划本身存在缺陷，对此应由（　　）承担责任。

A. 发包人　　B. 工程师
C. 承包人　　D. 工程师与承包人共同

3. 因总监理工程师在施工阶段管理不当，给承包人造成损失的，承包人应当要求（　　）给予补偿。

A. 监理人　　B. 总监理工程师　　C. 发包人　　D. 发包人和监理人

4. 工程按发包人要求修改后通过竣工验收的，实际竣工日为（　　）。

A. 承包人送交竣工验收报告之日　　B. 修改后通过竣工验收之日
C. 修改后提请发包人验收之日　　D. 完工日

5.《建设工程施工合同（示范文本）》规定的设计变更范畴不包括（　　）。

A. 增加合同中约定的工程量
B. 删减承包范围的工作内容并交给其他人实施
C. 改变承包人原计划的工作顺序和时间
D. 更改工程有关部分的标高

6. 下列关于解决合同争议的表述中，正确的是（　　）。

A. 对仲裁结果不服，可向法院起诉
B. 争议双方均可单方面要求仲裁

C. 当事人不必经调解解决合同争议

D. 对法院一审判决不服，可申请仲裁

7. 承包人负责采购的材料设备，到货检验时发现与标准要求不符，承包人按工程师要求进行了重新采购，最后达到了标准要求。处理由此发生的费用和延误的工期的正确方法是（　　）。

A. 费用由发包人承担，工期给予顺延

B. 费用由承包人承担，工期不予顺延

C. 费用由发包人承担，工期不予顺延

D. 费用由承包人承担，工期给予顺延

8. 某施工合同履行过程中，经工程师确认质量合格后已隐蔽的工程，工程师又要求剥露重新检验。重新检验的结果表明质量合格，则下列关于损失承担的表述中，正确的是（　　）。

A. 发包人支付发生的全部费用，工期不予顺延

B. 发包人支付发生的全部费用，工期给予顺延

C. 承包人承担发生的全部费用，工期给予顺延

D. 承包人承担发生的全部费用，工期不予顺延

9. 按照《建设工程施工合同（示范文本）》的规定，承包人的义务不包括（　　）。

A. 办理法律规定应由承包人办理的许可和批准

B. 按法律规定和合同约定采取施工安全和环境保护措施，办理工伤保险

C. 承包人占用或使用他人的施工场地，影响他人作业或生活的，不承担相应责任

D. 将施工用水、电力、通信线路等施工所必需的条件接至施工现场内

10. 某施工合同约定由施工单位负责采购材料，合同履行过程中，由于材料供应商违约而没有按期供货，导致施工没有按期完成。此时应当由（　　）违约责任。

A. 建设单位直接向材料供应商追究

B. 建设单位向施工单位追究责任，施工单位向材料供应商追究

C. 建设单位向施工单位追究责任，施工单位向项目经理追究

D. 建设单位不追究施工单位的责任，施工单位应向材料供应商追究

11. 在签订施工合同时，要同时约定保修条款。屋面防水工程的保修期限应不低于（　　）。

A. 1 年　　B. 2 年　　C. 5 年　　D. 工程设计年限

12. 如果施工单位项目经理由于工作失误导致采购的材料不能按期到货，施工合同没有按期完成，则建设单位可以要求（　　）承担责任。

A. 施工单位　　B. 监理单位　　C. 材料供应商　　D. 项目经理

13.《建设工程施工合同（示范文本）》规定，承包人有权（　　）。

A. 自主决定分包所承包的部分工程

B. 自主决定分包和转让所承担的工程

C. 经发包人同意转包所承担的工程

D. 经发包人同意分包所承担的部分工程

14. 工程师直接向分包人发布了错误指令，分包人经承包人确认后实施，但该错误指令导致分包工程返工，为此分包人向承包人提出费用索赔，承包人（　　）。

A. 以不属于自己的原因拒绝索赔要求

B. 认为要求合理，先行支付后再向业主索赔

C. 以自己的名义向工程师提交索赔报告

D. 不予支付，以分包商的名义向工程师提交索赔报告

15. 在施工合同的履行中，如果建设单位拖欠工程款，经催告后在合理的期限内仍未支付，则施工企业首先可以主张（　　），然后要求对方赔偿损失。

A. 撤销合同，无须通知对方　　B. 撤销合同，但应当通知对方

C. 解除合同，无须通知对方　　D. 解除合同，但应当通知对方

二、多选题

1. 发包人出于某种需要希望工程能够提前竣工，则其应做的工作包括（　　）。

A. 向承包人发出必须提前竣工的指令

B. 与承包人协商并签订提前竣工协议

C. 负责修改施工进度计划

D. 为承包人提供赶工的便利条件

E. 减少对工程质量的检测试验项目

2.《建设工程施工合同（示范文本）》由（　　）组成。

A. 协议书　　B. 中标通知书　　C. 通用条款

D. 工程量清单　　E. 专用条款

3. 按照《建设工程施工合同（示范文本）》的规定，由于（　　）等原因造成的工期延误，经工程师确认后工期可以顺延。

A. 发包人未按约定提供施工场地

B. 分包人对承包人的施工干扰

C. 设计变更

D. 承包人的主要施工机械出现故障

E. 发生不可抗力

4. 下列情形中，（　　）的合同是可撤销合同。

A. 以欺诈、胁迫手段订立，损害国家利益

B. 因重大误解而订立

C. 在订立合同时显失公平

D. 以欺诈、胁迫手段，使对方在违背真实意思的情况下订立

E. 违反法律、行政法规强制性规定

5. 依据《建设工程施工合同（示范文本）》的规定，施工合同发包人的义务包括（　　）。

A. 办理临时用地、停水、停电申请手续

B. 向施工单位进行设计交底

C. 提供施工场地地下管线资料

D. 做好施工现场地下管线和邻近建筑物的保护

E. 开通施工现场与城乡公共道路的通道

6. 下列工程施工合同当事人的行为造成工程质量缺陷的，应当由发包人承担的过错责任有（　　）。

A. 不按照设计图纸施工　　B. 使用不合格建筑构配件

C. 提供的设计书有缺陷　　　　　D. 直接指定分包人分包专业工程

E. 指定购买的建筑材料不符合强制性标准

7. 根据施工企业要求对原工程进行变更的，说法正确的有（　　）。

A. 施工企业在施工中不得对原工程设计进行变更

B. 施工企业在施工中提出更改施工组织设计的须经工程师同意，延误的工期不予顺延

C. 工程师采用施工企业合理化建议所获得的收益，建设单位和施工企业另行约定分享

D. 施工企业擅自变更设计发生的费用和由此导致的建设单位的损失由施工企业承担，延误的工期不予顺延

E. 施工企业自行承担差价时，对原材料、设备换用不必经工程师同意

8. 依据《建设工程施工合同（示范文本)》的规定，下列有关设计变更说法中正确的有（　　）。

A. 已标价工程量清单中有类似项目，无相同项目的，参照类似项目的单价认定

B. 承包人为了便于施工，可以要求对原设计进行变更

C. 承包人在变更确认后的14天内，未向工程师提出变更价款报告，视为该工程变更不涉及价款变更

D. 工程师确认增加的工程变更价款，应在工程验收后单独支付

E.《建设工程施工合同（示范文本)》中没有对设计变更的相关规定

9. 施工合同双方当事人对合同是否可撤销发生争议，可向（　　）请求撤销合同。

A. 建设行政主管部门　　　　　B. 仲裁机构

C. 人民法院　　　　　　　　　D. 工程师

E. 设计单位

10. 按照《建设工程施工合同（示范文本)》的规定，对合同双方有约束力的合同文件包括（　　）。

A. 投标书及其附件　　　　　　B. 招标阶段对投标人质疑的书面解答

C. 资格审查文件　　　　　　　D. 工程报价单

E. 履行合同过程中的变更协议

三、案例题

1. 某监理单位承担了某工程施工阶段的监理任务，该工程由甲施工单位总承包。甲施工单位选择了经建设单位同意并经监理单位进行资质审查合格的乙施工单位作为分包。施工过程中发生了以下事件。

事件1：专业监理工程师在熟悉图纸时发现，基础工程部分设计内容不符合国家有关工程质量标准和规范。总监理工程师随即致函设计单位要求改正并提出更改建议方案。设计单位研究后，口头同意了总监理工程师的更改方案，总监理工程师随即将更改的内容写成监理指令通知甲施工单位执行。

事件2：施工过程中，专业监理工程师发现乙施工单位施工的分包工程部分存在质量隐患，为此，总监理工程师同时向甲、乙两施工单位发出了整改通知。甲施工单位回函称：乙施工单位施工的工程是经建设单位同意进行分包的，因此本单位不承担该部分工程的质量责任。

事件3：总监理工程师在巡视时发现，甲施工单位在施工中使用了未经报验的建筑材

料，若继续施工，则该部位将被隐蔽。因此，总监理工程师立即向甲施工单位下达了暂停施工的指令（因甲施工单位的工作对乙施工单位有影响，乙施工单位也被迫停工）。同时，指示甲施工单位将该材料进行检验，检验报告出来后，证实材料合格，可以使用，总监理工程师随即指令施工单位恢复了正常施工。

乙施工单位就上述停工自身遭受的损失向甲施工单位提出补偿要求，而甲施工单位称：此次停工为执行监理工程师的指令，乙施工单位应向建设单位提出索赔。

事件4：对上述施工单位的索赔建设单位称：本次停工由监理工程师失职造成，且事先未征得建设单位同意。因此，建设单位不承担任何责任，由于停工造成施工单位的损失应由监理单位承担。

问题：

（1）请指出事件1中总监理工程师行为的不妥之处并说明理由。总监理工程师应如何正确处理？

（2）事件2中甲施工单位的答复是否妥当？为什么？总监理工程师签发的整改通知是否妥当？为什么？

（3）事件3中甲施工单位的说法是否正确？为什么？乙施工单位的损失应由谁承担？

（4）事件4中建设单位的说法是否正确？为什么？

2. 某工程在实施过程中发生如下事件。

事件1：在未向项目监理机构报告的情况下，施工单位按照投标书中打桩工程及防水工程的分包计划，安排了打桩工程施工分包单位进场施工，项目监理机构对此做了相应处理后书面报告了建设单位。建设单位以打桩施工分包单位资质未经其认可就进场施工为由，不再允许施工单位将防水工程分包。

事件2：桩基工程施工中，在抽检材料试验未完成的情况下，施工单位已将该批材料用于工程，专业监理工程师发现后予以制止。其后完成的材料试验结果表明，该批材料不合格，经检验，使用该批材料的相应工程部位存在质量问题，需进行返修。

事件3：施工中，由建设单位负责采购的设备在没有通知施工单位共同清点的情况下就存放在施工现场。施工单位安装时发现该设备的部分部件损坏，对此，建设单位要求施工单位承担损坏赔偿责任。

事件4：上述设备安装完毕后进行的单机无负荷试车未通过验收，经检验认定是设备本身的质量问题造成的。

问题：

（1）指出事件1中建设单位做法的不妥之处，并说明理由。

（2）针对事件1，项目监理机构应如何处理打桩工程施工分包单位进场存在的问题？

（3）对事件2中的质量问题，返修的费用和延误的工期由谁来承担？

（4）指出事件3中建设单位做法的不妥之处，并说明理由。

（5）事件4中，单机无负荷试车由谁组织？其费用是否包含在合同价中？因试车验收未通过所增加的各项费用由谁承担？

3. 某实施监理的工程，招标文件中工程量清单标明的混凝土工程量为2400m^3，投标文件综合单价分析表显示：人工单价100元/工日，人工消耗量0.40工日/m^3；材料费单价275元/m^3；机械台班单价1200元/台班，机械台班消耗量0.025台班/m^3。采用以直接费为计算基础的综合单价法进行定价，其中，措施费为直接工程费的 5%，间接费费率为 10%，利润率为 8%，综合计税系数为 3.41%。施工合同约定，实际工程量超过清单工程量的 15%时，混凝土全费用综合单价调整为 420 元/m^3。

施工过程中发生以下事件。

事件 1：基础混凝土浇筑时局部漏振，造成混凝土质量缺陷，专业监理工程师发现后要求施工单位返工。施工单位拆除存在质量缺陷的混凝土 60m^3，发生拆除费用 3 万元，并重新进行了浇筑。

事件 2：主体结构施工时，建设单位提出改变使用功能，使该工程混凝土量增加到 2600m^3。施工单位收到变更后的设计图样时，变更部位已按原设计浇筑完成的 150m^3混凝土需要拆除，发生拆除费用 5.3 万元。

问题：

(1) 事件 1 中，因拆除混凝土发生的费用是否应计入工程价款？请说明理由。

(2) 事件 2 中，该工程混凝土工程量增加到 2600m^3，对应的工程结算价款是多少万元？

(3) 事件 2 中，因拆除混凝土发生的费用是否应计入工程价款？请说明理由。

(4) 计入结算的混凝土工程量是多少？混凝土工程的实际结算价款是多少万元？(计算结果保留到小数点后两位。)

四、实训题

实训目标：

提高学生的实践能力，能将施工合同管理相关知识转化为拟定建设工程施工合同条款的实际操作技能。学生可以《建设工程施工合同（示范文本）》为范本，练习拟定建设工程施工合同，附录 C 部分提供了合同协议书模板。

实训要求：

某教学楼工程，位于某大学城内，框架结构，总建筑面积 13000m^2。工程招标时实行清单报价，即总价固定方式。某建筑工程公司以 1980 万元人民币中标。承包范围包括教学楼设计图纸全部内容，包工包料。合同工期为 2016 年 4 月 15 日开工至 2016 年 11 月 15 日竣工，交付优良工程。合同约定工程款支付按月进度完成工程量的 70%每月拨付，竣工验收结束一周内支付剩余的 25%，其余 3%留作质保金，保修期满后退回。特别约定，在工程量变更超出总量的 3%以上时，施工单位有权对其单价进行重新核定。

依据以上内容，结合《建设工程施工合同（示范文本）》的主要条款，起草一份施工合同。

合同主要条款如下。

1. 工程概况	2. 承包范围	3. 合同工期
4. 质量标准	5. 合同价款	6. 资金拨付方式
7. 变更	8. 风险与责任	9. 索赔与争议的处理方式
10. 违约责任	11. 工程保修	……

第8章 政府采购

教学目标

本章介绍政府采购的相关知识。通过本章的学习，学生应了解《中华人民共和国政府采购法》《中华人民共和国政府采购法实施条例》的相关法律法规知识，重点掌握政府采购的采购方式与适用情形，熟悉政府采购中公开招标方式的主要工作内容，并能根据项目实际需求正确选用采购方式和相应流程完成政府采购任务。

思维导图

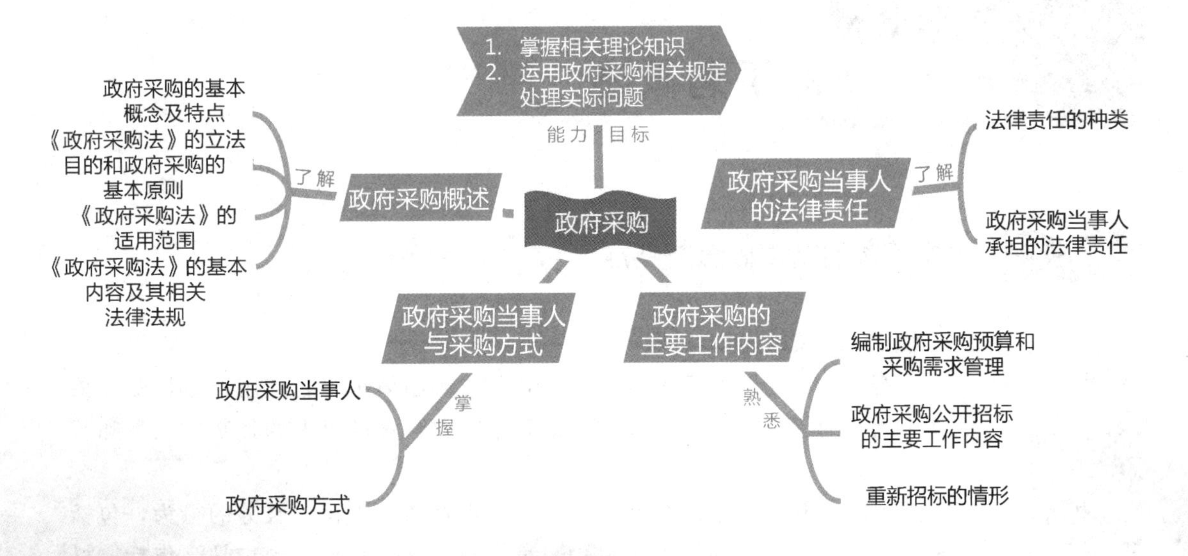

引例

某采购人（单位）委托G招标公司，就“某医疗救治体系采购项目”进行公开招标，采购预算2000万元。本项目于某年10月29日在中国政府采购网发布招标公告，11月20日进行开标、评标，后经评标委员会评审，推荐C公司为中标候选人，G招标公司经采购人确认，于12月1日在中国政府采购网发布中标公告。

投标人A公司在中标公告发布后，向采购人及G招标公司提出质疑，称：根据《政府采购货物和服务招标投标管理办法》（财政部令第87号）的规定，中标供应商确定后，中标结果应当在财政部门指定的政府采购信息发布媒体上公告。中标结果公告内容应当包括采购人及其委托的采购代理机构的名称、地址、联系方式，项目名称和项目编号，中标人名称、地址和中标金额，主要中标标的的名称、规格型号、数量、单价、服务要求，中标公告期限及评审专家名单。而本项目中标公告中未包括评标委员会成员名单。G招标公司在质疑回复中称，本项目是某医疗救治体系建设项目的一部分，遵循《招标投标法》的相关规定进行招标活动，无须按照《政府采购货物和服务招标投标管理办法》公告评标委员会成员名单。A公司对此质疑答复不满，向财政部门提出了投诉。

经财政部门调查发现，就本次“某医疗救治体系采购项目”采购人向财政部门申请了专项资金，并且已经取得了相应的批复文件。但是在采购人委托G招标公司进行公开招标采购时，并未向代理机构提供上级财政主管部门的批复文件，G招标公司也未向采购人确认资金性质。

思考：该项目采购活动应该遵循《中华人民共和国政府采购法》（简称《政府采购法》）还是《招标投标法》的法律规定？

8.1 政府采购概述

8.1.1 政府采购的基本概念及特点

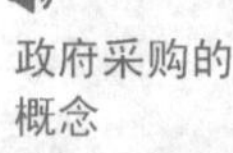
政府采购的概念

1. 政府采购的基本概念

政府采购，是各级国家机关、事业单位和团体组织，使用财政性资金采购依法制定的集中采购目录以内的或者采购限额标准以上的货物、工程和服务的行为。

其中的采购，是指以合同方式有偿取得货物、工程和服务的行为，包括购买、租赁、委托、雇用等。货物，是指各种形态和种类的物品，包括原材料、燃料、设备、产品等；工程，是指建设工程，包括建筑物和构筑物的新建、改建、扩建、装修、拆除、修缮等；服务，是指除货物和工程以外的其他政府采购对象，即包括政府自身需要的服务和政府向社会公众提供的公共服务。

特别提示

政府采购工程及与工程建设有关的货物、服务，采用招标方式采购的，适用《招标投标法》及其实施条例；采用其他方式采购的，适用《政府采购法》及本条例。

这里的工程，是指建设工程，包括建筑物和构筑物的新建、改建、扩建、装修、拆除、修缮等；所称与工程建设有关的货物，是指构成工程不可分割的组成部分，且为实现工程基本功能所必需的设备、材料等；所称与工程建设有关的服务，是指为完成工程所需的勘察、设计、监理等服务。

2. 政府采购的特点

（1）采购主体的特定性。

我国政府采购的主体是各级国家机关、事业单位和团体组织，是指行使有关国家权力或从事某种公共职能的国家机关、事业单位和社会团体。

（2）采购资金的公共性。

政府采购所使用的资金为财政性资金时才属于政府采购的范畴，因此政府采购是以资金性质来界定的。财政性资金是指纳入预算管理的资金，包括预算资金、政府性基金和预算外资金，最终来源为纳税人缴纳的税收和政府公共服务收费。

特别提示

预算资金是指财政预算安排的资金，包括预算执行中追加的资金。预算外资金是指按规定缴入财政专户和经财政部门批准留用的未纳入财政预算收入管理的财政性资金。政府性基金是指各级人民政府及其所属部门根据法律、行政法规和中共中央、国务院有关文件的规定，为支持某项事业发展，按照国家规定程序批准，向公民、法人和其他组织征收的具有专项用途的资金，包括各种基金、资金、附加和专项收费。

国家机关、事业单位和团体组织的采购项目既使用财政性资金又使用非财政性资金的，使用财政性资金采购的部分，视为政府采购；财政性资金与非财政性资金无法分割采购的，统一适用政府采购。以财政性资金作为还款来源的借贷资金，视同财政性资金。

（3）政府采购对象的广泛性。

政府采购的对象包罗万象，涉及各行各业。政府采购范围广，规模大，所涉的资金数额大。按照国际惯例可以将政府采购的对象按其性质分为三大类：货物、工程和服务。

（4）采购过程的规范性、法制性。

政府采购要严格按照有关政府采购的法律、法规，采用法定的采购方式和程序组织采购，使采购活动规范运作，体现公开、竞争、透明、法制的原则，并接受社会监督。

(5) 采购目标的政策性。

政府采购不同于商业性采购，不是为卖而买，而是通过买为政府部门提供消费品或向社会提供公共利益。政府采购必须符合国家经济和社会的要求，因此，政府采购在节约能源、保护环境、扶持不发达地区和少数民族地区、促进中小企业发展，以及采购本土货物、工程和服务等方面做出了明确规定。

8.1.2 《政府采购法》的立法目的和政府采购的基本原则

1.《政府采购法》的立法目的

(1) 规范政府采购行为。

规范政府采购行为是建立我国社会主义市场经济体制和依法行政机制的需要。市场经济的基本特征之一是公平竞争，以实现资源的合理配置和依法行政。将规范政府采购行为作为立法的首要目标，是要求政府采购主体必须按照本法制定的规则，即政府采购应当遵循的基本原则、采购方式、采购程序等开展采购活动。实行政府采购的法制化和规范化管理，可以保护政府采购当事人的合法权益，有效解决或抑制现行采购中存在的各种问题和弊端，维护正常的市场秩序。

(2) 提高政府采购资金的使用效益。

政府采购资金主要是指财政性资金。推行政府采购制度，保证政府采购资金按预算目标使用，做到少花钱、多办事、办好事，从而降低采购成本，提高财政资金的使用效益。国际经验表明，实行政府采购后，采购资金的节约率一般都在10%以上，其中工程项目的节支幅度最高，有的项目达到了50%。我国政府采购的潜力非常大，建立健全政府采购法制，可以充分发挥政府采购的积极效应，提高财政资金的使用效益。

(3) 维护国家利益和社会公共利益。

政府采购的一个重要特征，就是不同于企业和个人采购，也不同于一般商业采购活动。政府采购要体现国家利益，更要不断推动国家和谐健康发展。为促进我国中小企业发展壮大，推动自主创新产品成长，节约能源，保护环境，政府采购相关的法律法规对此做出了明确的政策性规定。通过政府采购制度的实施，发挥宏观调控作用，维护和保障国家和社会公共长远利益的不断发展。

(4) 维护政府采购当事人的合法权益。

政府采购的当事人包括各级政府的国家机关、事业单位、团体组织、供应商及采购代理机构（集中采购机构、招标代理公司等社会中介机构）。政府采购活动在进入采购交易时，政府和供应商都是市场参与者，采购代理机构为交易双方提供中介服务。各方当事人之间是平等的。但是，由于采购人是政府采购单位，容易出现政府采购人将政府行为和行政权限带到交易活动中，造成事实上的不平等。因此，《政府采购法》本着公开透明、公平竞争、公正和诚实信用原则，建立政府采购各当事人之间平等互利的关系和按规定的权利和义务参加政府采购活动的规则；还特别赋予供应商对采购机构和采购活动投诉的权利，加强监督和制约，在保护采购机构合法权益的同时，也保护了供应商和中介机构的合法权益。

政府采购严把关

（5）促进廉政建设。

实行政府采购制度，使政府采购成为“阳光下的交易”，能够有效地抑制政府采购中各种腐败现象的滋生，净化交易环境，促进廉政建设。同时，为惩处腐败提供了法律依据和手段。

2. 政府采购的基本原则

政府采购应当遵循公开透明、公平竞争、公正和诚实信用原则。

8.1.3 《政府采购法》的适用范围

1. 地域范围

《政府采购法》第二条规定：“在中华人民共和国境内进行的政府采购适用本法。”

2. 主体范围

《政府采购法》中明确了政府采购的主体是各级国家机关、事业单位和团体组织。

国家机关，是指从事国家管理和行使国家权力的机关。国家机关依法享有国家赋予的行政权力，具有独立法人地位。根据我国现行的预算管理制度，可以将国家机关分为五级：一是中央；二是省、自治区、直辖市；三是设区的市、自治州；四是县、自治县、不设区的市、市辖区；五是乡、民族乡、镇。事业单位，是指由国家机关或者其他组织利用国有资产举办的，从事教育、科技、文化、卫生等活动的社会服务组织。团体组织，是指公民自愿组成，为实现会员共同意愿，按照其章程开展活动的非营利性的社会组织。

3. 资金范围和规模

只有使用的资金为财政性资金时才属于《政府采购法》的调整范围，而具体的调整对象是政府集中采购目录或者采购限额标准以上的货物、工程和服务。

集中采购目录包括集中采购机构采购项目和部门集中采购项目。技术、服务等标准统一，采购人普遍使用的项目，列为集中采购机构采购项目；采购人本部门、本系统基于业务需要有特殊要求，可以统一采购的项目，列为部门集中采购项目。纳入集中采购目录的项目，应当实行集中采购。

特别提示

政府采购法中的集中采购，是指采购人将列入集中采购目录的项目委托集中采购机构代理采购或者进行部门集中采购的行为。分散采购，是指采购人将采购限额标准以上的未列入集中采购目录的项目自行采购或者委托采购代理机构代理采购的行为。

4. 例外情形

根据《政府采购法》附则的规定，项目虽然属于政府采购范围，因其特殊性，可以不适用本法的情形如下。

(1) 使用国际组织和外国政府贷款进行的政府采购，贷款方、资金提供方与中方达成的协议对采购的具体条件另有规定的，可以适用其规定，但不得损害国家利益和社会公共利益。

(2) 对因严重自然灾害和其他不可抗力事件所实施的紧急采购和涉及国家安全和秘密的采购，不适用本法。

(3) 军事采购法规由中央军事委员会另行制定。

8.1.4 《政府采购法》的基本内容及其相关法律法规

1.《政府采购法》的基本内容

《政府采购法》自2003年1月1日实施以来，对推动政府采购健康发展，使政府采购工作步入法制化轨道具有重要意义。

《政府采购法》共九章88条。第一章总则共13条，包括了立法目的、适用范围、采购原则、组织形式、政府采购的一般政策性规定等内容。第二章政府采购当事人共12条，包括了政府采购当事人的范围和含义、集中采购机构的设立、供应商资格条件等内容。第三章政府采购方式共7条，包括了政府采购的方式、适用情形和相关要求等内容。第四章政府采购程序共10条，包括了政府采购预算编制、采购的方式及其采购程序等内容。第五章政府采购合同共8条，规定了政府采购合同适用的法律，合同形式，合同的基本内容及合同订立、履行、变更和终止等内容。第六章质疑与投诉共8条，规定了供应商就政府采购事项进行询问、质疑、投诉的方式、程序，以及申请行政复议和诉讼的权利，采购人或采购招标代理机构、政府采购监督机构管理部门进行答复、处理的相关内容。第七章监督检查共12条，规定了政府采购监督部门、审计、监察机关等部门的职责。第八章法律责任共13条，规定了政府采购当事人及其他相关机构和部门的违约行为和应当承担的法律责任。第九章附则共5条，规定了《政府采购法》的例外适用情形及生效日期。

2.《政府采购法实施条例》

《政府采购法》自2003年1月1日实施以来，对规范政府采购行为，提高财政资金使用效益，促进廉政建设发挥了重要作用。随着政府采购工作的不断推进，政府采购工作中也出现了采购质量不高、效率低下等问题。因此，为进一步促进政府采购规范化、法制化，构建更加完善的政府采购工作机制，自2015年3月1日起正式实施了《中华人民共和国政府采购法实施条例》(简称《政府采购法实施条例》)。

《政府采购法实施条例》是政府采购法律制度的配套行政法规，细化了法律规定，充实完善了政府采购制度。《政府采购法实施条例》具体就以下几个方面对《政府采购法》进行了充实和完善：①为进一步防止暗箱操作，遏制权力寻租，保证政府采购公开、公平、公正，《政府采购法实施条例》将公开透明原则贯穿采购全过程，对采购信息发布、中标结果公示、投诉处理等关键环节做出了具体规定；②为实现政府采购的政策性功能，《政府采购法实施条例》对采购标准、预留采购份额、价格评审优惠、优先采购等政策提出了更具体的要求，进一步顺应了国家经济和社会发展政策的需求，增强了政府采购的调控作用；③为保证政府采购评审的公平、公正，《政府采购法实施条例》对评审专家的入库、抽取、评审、处罚、退出等环节做出了全面规定，并对评审专家实施动态管理，强化评审专家的法律责任，评审专家的诚信记录也纳入统一的信用信息平台；④《政府采购法实施条例》对采购当事人的违法情形及法律责任进行细化，明确了政府采购活动中各当事人应承担的责任，使追究违法行为责任明确，有法可依。另外，《政府采购法实施条例》还明确了如果采购公共服务，应当向社会公众征求意见，并在验收时邀请服务对象参与等内容。

《政府采购法实施条例》的实施，有利于进一步促进政府采购的规范化、法制化，构建规范透明、公平竞争、监督到位、严格问责的政府采购工作机制。

3.《政府采购货物和服务招标投标管理办法》(财政部令第87号)

随着《政府采购法实施条例》的正式施行，作为《政府采购法实施条例》配套的部门规章《政府采购货物和服务招标投标管理办法》(财政部令第18号)，关于招标采购程序、评标方法、交易规则等方面的规定已经滞后。因此，财政部对《政府采购货物和服务招标投标管理办法》(财政部令第18号）进行了修订，修订后的《政府采购货物和服务招标投标管理办法》(财政部令第87号)，自2017年10月1日起施行。

《政府采购货物和服务招标投标管理办法》(财政部令第87号）有以下亮点：一是明确采购项目应当按照财政部制定的《政府采购品目分类目录》确定采购项目属性，方便采购人采购；二是为保证采购当事人的权益，保证公平、公正性，取消六项对投标人的限制及评审因素，对样品使用提出了要求，明确仅凭书面方式不能准确描述采购需求或者需要对样品进行主观判断以确认是否满足采购需求等特殊情况外，采购人、采购代理机构一般不得要求投标人提供样品，同时，还提出必须公告所有投标人的得分与排序；三是为进一步强化主体责任、明确活动权责、健全内控制度，该法规进一步强化了采购人的主体责任，删除“招标采购单位”的提法，明确“主管预算单位”的定义，规范采购人、采购代理机构在招标采购活动中的权责；四是依据预算金额，配备评审人员，对评标委员会成员人数和构成有明确要求。

4. 其他相关政策法规

除了上述法律法规外，为规范政府采购活动，相关部门还实施了一系列政府采购制度和规定：关于政府采购制度的综合性规定，如《政府采购信息公告管理办法》《政府采购非招标采购方式管理办法》《政府采购竞争性磋商采购方式管理暂行办法》《中央预算单位变更政府采购方式审批管理办法》等；关于政府采购节能环保产品制度的规定，如《国务院办公厅关于建立政府强制采购节能产品制度的通知》《关于环境标志产品政府采购实施的意见》；关于采购进口产品的规定，如《政府采购进口产品管理办法》《财政部办公厅关于政府采购进口产品管理有关问题的通知》等。这些相关法规政策对构建更加完善合理的政府采购法律法规体系起着重要作用。

8.2 政府采购当事人与采购方式

8.2.1 政府采购当事人

政府绿色采购

政府采购当事人是指在政府采购中享有权利和承担义务的各类主体，包括采购人、供应商和政府采购代理机构。

1. 采购人

采购人是指依法进行政府采购的国家机关、事业单位、团体组织。

2. 供应商

供应商是指向采购人提供货物、工程或者服务的法人、其他组织或者自然人。

供应商参加政府采购活动应当具备下列条件：①具有独立承担民事责任的能力；②具有良好的商业信誉和健全的财务会计制度；③具有履行合同所必需的设备和专业技术能力；④有依法缴纳税收和社会保障资金的良好记录；⑤参加政府采购活动前三年内，在经营活动中没有重大违法记录；⑥法律、行政法规规定的其他条件。采购人可以根据采购项目的特殊要求，规定供应商的特定条件，但不得以不合理的条件对供应商实行差别待遇或者歧视待遇。单位负责人为同一人或者存在直接控股、管理关系的不同供应商不得参加同一合同项下的政府采购活动。

两个以上的自然人、法人或者其他组织可以组成一个联合体，以一个供应商的身份共同参加政府采购。联合体中有同类资质的供应商按照联合体分工承担相同工作的，应当按照资质等级较低的供应商确定资质等级。采购人或者采购代理机构应当根据采购项目的实施要求，在招标公告、资格预审公告或者投标邀请书中载明是否接受联合体投标。如未载明，不得拒绝联合体投标。

以联合体形式进行政府采购的，参加联合体的供应商均应当具备上述六项条件，并应当向采购人提交联合协议，载明联合体各方承担的工作和义务。联合体各方应当共同与采购人签订采购合同，就采购合同约定的事项对采购人承担连带责任。以联合体形式参加政府采购活动的，联合体各方不得再单独参加或者与其他供应商另外组成联合体参加同一合同项下的政府采购活动。

应用案例 8-1

【案例概况】

某年 5 月 10 日，采购人委托 A 公司就“某系统采购项目”进行公开招标，5 月 12 日在中国政府采购网发布招标公告。6 月 29 日开标，7 月 1 日发布中标公告，中标人为 B 公司。

7 月 29 日，举报人 D 公司向财政部门来函反映，称：投标人 B 公司与 C 公司在本项目投标活动中有串通投标行为，两家供应商的股东、发起人均为甲，存在实际的关联关系，属于《政府采购法实施条例》第七十四条第（四）项规定的串通投标的情形。同时，B 公司和 C 公司的投标文件可能由同一家公司制作。

【调查情况】

本案争议的焦点是，B 公司与 C 公司之间的关联关系是否足以认定其构成串通投标？因此，财政部门调取了本项目的招标文件、投标文件和评标报告等资料。

调查发现，全国企业信用信息公示系统网站显示："B 公司的法定代表人为甲，股东为甲、乙；C 公司的法定代表人为乙，股东为乙。"而招标文件第一章 3.2 条规定："法定代表人为同一人的两个及两个以上法人，母公司及其全资子公司、控股公司，不得同时参加本招标项目投标。"

全国企业信用信息公示系统显示："B 公司注册资本为 3000 万元，其中甲的出资为 1530 万元，乙的出资为 1470 万元；C 公司注册资本为 500 万元，出资人为乙。"

【案例评析】

本案反映了政府采购实践中，如何认定串通投标的问题。串通投标属于法定情形，只有符合政府采购相关法律法规规定的情形才能认定为串通投标。

首先，《政府采购法实施条例》第十八条第一款规定：单位负责人为同一人或者存在直接控股、管理关系的不同供应商，不得参加同一合同项下的政府采购活动。

本案中，虽然 C 公司的法定代表人与 B 公司的股东为同一人，但是 B 公司与 C 公司的负责人不属于同一人，也不存在直接控股、管理关系。故 B 公司与 C 公司不属于《政府采购法实施条例》第十八条及招标文件第一章 3.2 条规定的禁止参加同一合同项下的政府采购活动的情形。

其次，《政府采购法实施条例》第七十四条规定：有下列情形之一的，属于恶意串通，对供应商依照政府采购法第七十七条第一款的规定追究法律责任，对采购人、采购代理机构及其工作人员依照政府采购法第七十二条的规定追究法律责任。

（一）供应商直接或者间接从采购人或者采购代理机构处获得其他供应商的相关情况并修改其投标文件或者响应文件。

（二）供应商按照采购人或者采购代理机构的授意撤换、修改投标文件或者响应文件。

（三）供应商之间协商报价、技术方案等投标文件或者响应文件的实质性内容。

（四）属于同一集团、协会、商会等组织成员的供应商按照该组织要求协同参加政府采购活动。

（五）供应商之间事先约定由某一特定供应商中标、成交。

（六）供应商之间商定部分供应商放弃参加政府采购活动或者放弃中标、成交。

（七）供应商与采购人或者采购代理机构之间、供应商相互之间，为谋求特定供应商中标、成交或者排斥其他供应商的其他串通行为。

本案中，虽然 B 公司与 C 公司之间存在股东交叉的关系，但不属于《政府采购法实施条例》第七十四条规定的恶意串通的情形。禁止性行为是法律对自由的限制，必须在法律规定的范围内进行认定。因此，只有存在法定串通投标情形的才能认定构成串通投标，进而根据《政府采购法》第七十七条进行处理，而不能仅凭两个供应商之间存在股东交叉的关联关系就认定构成串通投标。

经调查，财政部门未发现有证据证明B公司与C公司存在《政府采购法实施条例》第七十四条规定的恶意串通的情形，也没有发现B公司与C公司的投标文件有雷同之处。

综上，财政部门做出的处理决定为：举报事项缺乏事实依据。

3. 政府采购代理机构

政府采购代理机构，是指经财政部门认定资格的，依法接受采购人委托，从事政府采购货物、工程和服务的招标、竞争性谈判、询价等采购代理业务，以及政府采购咨询、培训等相关专业服务（以下统称代理政府采购事宜）的社会中介机构。

(1) 政府设立的集中采购机构。

集中采购机构是设区的市级以上人民政府依法设立的非营利事业法人，是代理集中采购项目的执行机构。设区的市、自治州以上人民政府根据本级政府采购项目组织集中采购的需要设立集中采购机构。纳入集中采购目录属于通用的政府采购项目的，应当委托集中采购机构代理采购；属于本部门、本系统有特殊要求的项目，应当实行部门集中采购；属于本单位有特殊要求的项目，经省级以上人民政府批准，可以自行采购。

(2) 集中采购机构以外的采购代理机构。

集中采购机构以外的采购代理机构，是指集中采购机构以外、受采购人委托从事政府采购代理业务的社会中介机构。各级人民政府财政部门（简称财政部门）依法对代理机构从事政府采购代理业务进行监督管理。

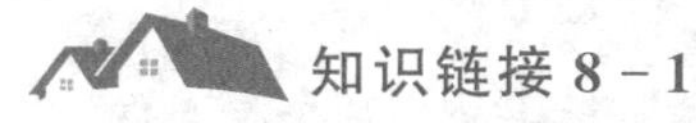

知识链接 8-1

代理机构代理政府采购业务应当具备以下条件。

(1) 具有独立承担民事责任的能力。

(2) 建立完善的政府采购内部监督管理制度。

(3) 拥有不少于5名熟悉政府采购法律法规、具备编制采购文件和组织采购活动等相应能力的专职从业人员。

(4) 具备独立办公场所和代理政府采购业务所必需的办公条件。

(5) 在自有场所组织评审工作的，应当具备必要的评审场地和录音录像等监控设备设施并符合省级人民政府规定的标准。

8.2.2 政府采购方式

《政府采购法》第二十六条规定，政府采购采用以下方式：①公开招标；②邀请招标；③竞争性谈判；④单一来源采购；⑤询价；⑥国务院政府采购监督管理部门认定的其他采购方式。公开招标应作为政府采购的主要采购方式。

特别提示

本章以下内容主要适用于开展政府采购货物和服务的招投标活动。

1. 公开招标

公开招标是指采购人依法以招标公告的方式邀请非特定的供应商参加投标的采购方式。

采购人采购货物或者服务应当采用公开招标方式的，其具体数额标准，属于中央预算的政府采购项目，由国务院规定；属于地方预算的政府采购项目，省、自治区、直辖市人民政府根据实际情况，可以确定分别适用于本行政区域省级、设区的市级、县级公开招标数额标准。因特殊情况需要采用公开招标以外的采购方式的，应当在采购活动开始前获得设区的市、自治州以上人民政府采购监督管理部门的批准。

采购人不得将应当以公开招标方式采购的货物或者服务化整为零或者以其他任何方式规避公开招标采购。在一个财政年度内，采购人将一个预算项目下的同一品目或者类别的货物、服务采用公开招标以外的方式多次采购，累计资金数额超过公开招标数额标准的，属于以化整为零方式规避公开招标，但项目预算调整或者经批准采用公开招标以外方式采购的除外。

特别提示

《中央预算单位政府集中采购目录及标准（2020年版）》中规定：政府采购货物或服务项目，单项采购金额达到200万元以上的，必须采用公开招标方式。政府采购工程以及与工程建设有关的货物、服务公开招标数额标准按照国务院有关规定执行。

2. 邀请招标

邀请招标是指采购人依法从符合相应资格条件的供应商中随机抽取3家以上供应商，并以投标邀请书的方式邀请其参加投标的采购方式。

符合下列情形之一的货物或者服务，可以依照《政府采购法》采用邀请招标方式采购：①具有特殊性，只能从有限范围的供应商处采购的；②采用公开招标方式的费用占政府采购项目总价值的比例过大的。

采用邀请招标方式的，采购人或者采购代理机构应当通过以下方式产生符合资格条件的供应商名单，并从中随机抽取3家以上供应商向其发出投标邀请书：①发布资格预审公告征集；②从省级以上人民政府财政部门（以下简称财政部门）建立的供应商库中选取；③采购人书面推荐。

采用第①项方式产生符合资格条件供应商名单的，采购人或者采购代理机构应当按照资格预审文件载明的标准和方法，对潜在投标人进行资格预审。采用第②项或者第③项方式产生符合资格条件供应商名单的，备选的符合资格条件供应商总数不得少于拟随机抽取供应商总数的两倍。

随机抽取是指通过抽签等能够保证所有符合资格条件供应商机会均等的方式选定供应商。随机抽取供应商时，应当有不少于两名采购人工作人员在场监督，并形成书面记录，随采购文件一并存档。

3. 竞争性谈判

竞争性谈判是指谈判小组与符合资格条件的供应商就采购货物、工程和服务事宜进行谈判，供应商按照谈判文件的要求提交响应文件和最后报价，采购人从谈判小组提出的成交候选人中确定成交供应商的采购方式。

符合下列情形之一的货物或者服务，可以依照《政府采购法》采用竞争性谈判方式采购：①招标后没有供应商投标或者没有合格标的或者重新招标未能成立的；②技术复杂或者性质特殊，不能确定详细规格或者具体要求的；③采用招标所需时间不能满足用户紧急需要的；④不能事先计算出价格总额的。

公开招标的货物或服务采购项目，招标过程中提交投标文件或者经评审实质性响应招标文件要求的供应商只有两家时，采购人或者采购代理机构经本级财政部门批准后可以与该两家供应商进行竞争性谈判采购。

4. 单一来源采购

单一来源采购是指采购人从某一特定供应商处采购货物、工程和服务的采购方式。符合下列情形之一的货物或者服务，可以依照《政府采购法》采用单一来源采购方式采购：①只能从唯一供应商处采购的；②发生了不可预见的紧急情况不能从其他供应商处采购的；③必须保证原有采购项目一致性或者服务配套的要求，需要继续从原供应商处添购，且添购资金总额不超过原合同采购金额百分之十的。

5. 询价

询价是指询价小组向符合资格条件的供应商发出采购货物询价通知书，要求供应商一次报出不得更改的价格，采购人从询价小组提出的成交候选人中确定成交供应商的采购方式。询价适用于采购的货物规格、标准统一，现货货源充足且价格变化幅度小的政府采购项目。

采取询价方式采购的，应当遵循下列程序。

(1) 成立询价小组。询价小组由采购人的代表和有关专家共 3 人以上的单数组成，其中专家的人数不得少于成员总数的 2/3。

(2) 确定被询价的供应商名单。询价小组根据采购需求，从符合相应资格条件的供应商名单中确定不少于 3 家的供应商，并向其发出询价通知书让其报价。

(3) 询价。询价小组要求被询价的供应商一次报出不得更改的价格。

(4) 确定成交供应商。采购人根据符合采购需求、质量和服务相等且报价最低的原则确定成交供应商，并将结果通知所有被询价的未成交的供应商。

知识链接 8-2

非招标采购方式，是指竞争性谈判、单一来源采购和询价方式，以及国务院政府采购监督管理部门认定的其他采购方式，如竞争性磋商和框架协议采购。

《政府采购非招标采购方式管理办法》中规定：采购人、采购代理机构采购以下货物、工程和服务之一的，可以采用竞争性谈判、单一来源采购方式采购；采购货物的，还可以采用询价方式采购。

(1) 依法制定的集中采购目录以内，且未达到公开招标数额标准的货物、服务。

(2) 依法制定的集中采购目录以外、采购限额标准以上，且未达到公开招标数额标准的货物、服务。

(3) 达到公开招标数额标准、经批准采用非公开招标方式的货物、服务。

(4) 按照《招标投标法》及其实施条例必须进行招标的工程建设项目以外的政府采购工程。

根据《政府采购框架协议采购方式暂行办法》(财政部令第110号)，框架协议采购是指集中采购机构对技术、服务等标准明确、统一，需要多次重复采购的货物和服务，通过公开征集程序，确定第一阶段入围供应商并订立框架协议，采购人或者服务对象按照框架协议约定规则，在入围供应商范围内确定第二阶段成交供应商并订立采购合同的采购方式。

8.3 政府采购的主要工作内容

采购人应当按照行政事业单位内部控制规范要求，在政府采购过程中，编制政府采购预算和实施计划，确定采购需求，组织采购活动，履约验收，答复询问质疑，并配合投诉处理及监督检查等重点环节的工作。

8.3.1 编制政府采购预算和采购需求管理

1. 编制政府采购预算

负有编制部门预算职责的部门在编制下一财政年度部门预算时，应当将该财政年度政府采购的项目及资金预算列出，报本级财政部门汇总。部门预算的审批，按预算管理权限和程序进行。采购人应当根据集中采购目录、采购限额标准和已批复的部门预算编制政府采购实施计划，报本级人民政府财政部门备案。采购人或者采购代理机构应当在招标文件、谈判文件、询价通知书中公开采购项目预算金额。

2. 采购需求管理

采购需求管理，是指采购人组织确定采购需求和编制采购实施计划，并实施相关风险控制管理的活动。

(1) 采购需求的含义。

依据《政府采购需求管理办法》的相关规定，采购需求是指采购人为实现项目目标，拟采购的标的及其需要满足的技术、商务要求。技术要求是指对采购标的的功能和质量要求，包括性能、材料、结构、外观、安全，或者服务内容和标准等。商务要求是指取得采购标的的时间、地点、财务和服务要求，包括交付(实施)的时间(期限)和地点(范围)、付款条件(进度和方式)、包装和运输、售后服务、保险等。

(2) 确定采购需求的依据。

依据《政府采购需求管理办法》的相关规定，采购需求应当依据部门预算(工程项目概预算)确定。采购需求应当符合法律法规、政府采购政策和国家有关规定，符合国家强制性标准，遵循预算、资产和财务等相关管理制度规定，符合采购项目特点和实际需要。

(3) 确定采购需求的调查标准。

依据《政府采购需求管理办法》的相关规定，对于下列采购项目，应当开展需求调查：①1000万元以上的货物、服务采购项目，3000万元以上的工程采购项目；②涉及公共利益、社会关注度较高的采购项目，包括政府向社会公众提供的公共服务项目等；③技术复杂、专业性较强的项目，包括需定制开发的信息化建设项目、采购进口产品的项目等；④主管预算单位或者采购人认为需要开展需求调查的其他采购项目。编制采购需求前一年内，采购人已就相关采购标的开展过需求调查的可以不再重复开展。按照法律法规的规定，对采购项目开展可行性研究等前期工作，已包含本办法规定的需求调查内容的，可以不再重复调查；对在可行性研究等前期工作中未涉及的部分，应当按照本办法的规定开展需求调查。

(4) 编制采购实施计划。

依据《政府采购需求管理办法》的相关规定，采购实施计划，是指采购人围绕实现采购需求，对合同的订立和管理所做的安排。

采购实施计划主要包括以下内容：①合同订立安排，包括采购项目预（概）算、最高限价，开展采购活动的时间安排，采购组织形式和委托代理安排，采购包划分与合同分包，供应商资格条件，采购方式、竞争范围和评审规则等；②合同管理安排，包括合同类型、定价方式、合同文本的主要条款、履约验收方案、风险管控措施等。

8.3.2 政府采购公开招标的主要工作内容

1. 发布招标公告（资格预审公告）的主要内容及相关规定

招标公告应当包括以下主要内容：①采购人及其委托的采购代理机构的名称、地址和联系方法；②采购项目的名称、预算金额，设定最高限价的，还应当公开最高限价；③采购人的采购需求；④投标人的资格要求；⑤获取招标文件的时间期限、地点、方式及招标文件售价；⑥公告期限；⑦投标截止时间、开标时间及地点；⑧采购项目联系人姓名和电话。

资格预审公告应当包括除上述招标公告的①～④、⑥和⑧项内容外，还包括获取资格预审文件的时间期限、地点、方式；提交资格预审申请文件的截止时间、地点及资格预审日期。

招标公告、资格预审公告的公告期限为5个工作日。公告内容应当以省级以上财政部门指定媒体发布的公告为准。公告期限自省级以上财政部门指定媒体最先发布公告之日起算。公开招标进行资格预审的，招标公告和资格预审公告可以合并发布。

中国政府采购网（www.ccgp.gov.cn）是财政部依法指定的、向世界贸易组织秘书处备案的唯一全国性政府采购信息发布网络媒体，中国政府采购网地方分网（以下简称地方分网）是其有机组成部分。

2. 发售（发出）招标文件（资格预审文件）的主要内容及相关规定

(1) 招标文件的主要内容。

采购人或者采购代理机构应当根据采购项目的特点和采购需求编制招标文件。招标文件应当包括以下主要内容。

① 投标邀请。

② 投标人须知（包括投标文件的密封、签署、盖章要求等）。

③ 投标人应当提交的资格、资信证明文件。

④ 为落实政府采购政策，采购标的需满足的要求，以及投标人须提供的证明材料。

⑤ 投标文件编制要求、投标报价要求和投标保证金交纳、退还方式及不予退还投标保证金的情形。

⑥ 采购项目预算金额，设定最高限价的，还应当公开最高限价。

⑦ 采购项目的技术规格、数量、服务标准、验收等要求，包括附件、图纸等。

⑧ 拟签订的合同文本。

⑨ 货物、服务提供的时间、地点、方式。

⑩ 采购资金的支付方式、时间、条件。

⑪ 评标方法、评标标准和投标无效情形。

⑫ 投标有效期。

⑬ 投标截止时间、开标时间及地点。

⑭ 采购代理机构代理费用的收取标准和方式。

⑮ 投标人信用信息查询渠道及截止时点、信用信息查询记录和证据留存的具体方式、信用信息的使用规则等。

⑯ 省级以上财政部门规定的其他事项。

（2）资格预审文件的主要内容。

① 资格预审邀请。

② 申请人须知。

③ 申请人的资格要求。

④ 资格审核标准和方法。

⑤ 申请人应当提供的资格预审申请文件的内容和格式。

⑥ 提交资格预审申请文件的方式、截止时间、地点及资格审核日期。

⑦ 申请人信用信息查询渠道及截止时点、信用信息查询记录和证据留存的具体方式、信用信息的使用规则等内容。

⑧ 省级以上财政部门规定的其他事项。

（3）招标文件（资格预审文件）的相关规定。

① 关于内容的相关规定。

对于不允许偏离的实质性要求和条件，采购人或者采购代理机构应当在招标文件中规定，并以醒目的方式标明。招标文件、资格预审文件的内容不得违反法律、行政法规、强制性标准、政府采购政策，或者违反公开透明、公平竞争、公正和诚实信用原则。

有以上情形，影响潜在投标人投标或者资格预审结果的，采购人或者采购代理机构应当修改招标文件或者资格预审文件后重新招标。

应用案例 8－2

【案例背景】

Z招标公司接受某学院采购人委托，就该单位关于购买一批计算机及相关设备组织公开招标工作。该项目的招标工作进展顺利，最后经评审，评标委员会推荐C公司为项目第

一中标候选人。随后，采购人确认评标结果，招标公司发布了中标公告。中标公告发布后，投标人S公司向Z招标公司提出质疑，称：C公司的中标产品没有实质性响应招标文件关于“实配网口”的要求，该条目为“★关键指标项”，不满足则废标，中标无效。Z招标公司答复称：评标委员会依据招标文件和评标文件进行评审，各投标人对其所提供招标文件的真实性承担法律责任。

S公司对质疑答复不满，向财政部门提出投诉。财政部门调取了本项目的招标文件、投标文件和评标报告等资料。调查发现，本项目招标文件规定“实配网口”为“★关键指标项”。C公司在投标文件中的应答为以“USB口＋USB网卡集成器”的方式提供网口。

C公司认为，中标产品虽未配置网口，但是采用了“USB口＋USB网卡集成器”的具体实现方式，可以满足招标文件对“实配网口”的要求。评标报告显示，7位评审专家均未发现C公司投标文件未实质性响应招标文件的实质性条款，并且在评分标准（技术指标）中给了C公司40分满分。

【问题】

（1）你认为C公司的中标产品是否满足招标文件的实质性要求?

（2）评标委员会的评审是否正确?

【案例评析】

《政府采购货物和服务招标投标管理办法》（财政部令第87号）中规定：对于不允许偏离的实质性要求和条件，采购人或者采购代理机构应当在招标文件中规定，并以醒目的方式标明。投标人应当按照招标文件的要求编制投标文件。投标文件应当对招标文件提出的要求和条件做出明确响应。本案中，C公司主观认为采用“USB口＋USB网卡集成器”的实现方式可以替代“实配网口”。实际上，C公司未实质性响应招标文件关于“实配网口”的要求，可能产生额外的故障点，影响采购人的采购效果。

评标委员会在本次评审中也未严格按照招标文件进行评审。评审专家要熟悉和理解招标文件，认真阅读所有供应商的投标文件，逐一进行符合性检查。评标委员会认为投标文件的相关事项需要做进一步澄清的，应当给供应商时间进行反馈。本案中，评标委员会没有认真阅读并准确理解招标文件对于实质性条款的要求，导致C公司的投标文件中采用“USB口＋USB网卡集成器”的实现方式替代“实配网口”，没有引起评标委员会的足够重视，做出了错误判断。

特别提示

《政府采购法实施条例》第二十条规定：采购人或者采购代理机构有下列情形之一的，属于以不合理的条件对供应商实行差别待遇或者歧视待遇。

（一）就同一采购项目向供应商提供有差别的项目信息。

（二）设定的资格、技术、商务条件与采购项目的具体特点和实际需要不相适应或者与合同履行无关。

（三）采购需求中的技术、服务等要求指向特定供应商、特定产品。

（四）以特定行政区域或者特定行业的业绩、奖项作为加分条件或者中标、成交条件。

（五）对供应商采取不同的资格审查或者评审标准。

（六）限定或者指定特定的专利、商标、品牌或者供应商。

（七）非法限定供应商的所有制形式、组织形式或者所在地。

（八）以其他不合理条件限制或者排斥潜在供应商。

《政府采购货物和服务招标投标管理办法》（财政部令第 87 号）第十七条规定：采购人、采购代理机构不得将投标人的注册资本、资产总额、营业收入、从业人员、利润、纳税额等规模条件作为资格要求或者评审因素，也不得通过将除进口货物以外的生产厂家授权、承诺、证明、背书等作为资格要求，对投标人实行差别待遇或者歧视待遇。

② 关于时间的相关规定。

采购人或者采购代理机构应当按照招标公告、资格预审公告或者投标邀请书规定的时间、地点提供招标文件或者资格预审文件，提供期限自招标公告、资格预审公告发布之日起计算不得少于 5 个工作日。提供期限届满后，获取招标文件或者资格预审文件的潜在投标人不足 3 家的，可以顺延提供期限，并予公告。招标文件应当向所有通过资格预审的供应商提供。

招标文件售价应当按照弥补制作、邮寄成本的原则确定，不得以营利为目的，不得以招标采购金额作为确定招标文件售价的依据。资格预审文件应当免费提供。

③ 对发出文件进行修改、澄清的规定。

采购人或者采购代理机构可以对已发出的招标文件、资格预审文件、投标邀请书进行必要的澄清或者修改，但不得改变采购标的和资格条件。澄清或者修改应当在原公告发布媒体上发布澄清公告。澄清或者修改的内容为招标文件、资格预审文件、投标邀请书的组成部分。澄清或者修改的内容可能影响资格预审申请文件编制的，采购人或者采购代理机构应当在提交资格预审申请文件截止时间至少 3 日前，以书面形式通知所有获取资格预审文件的潜在投标人；不足 3 日的，采购人或者采购代理机构应当顺延提交资格预审申请文件的截止时间。

澄清或者修改的内容可能影响投标文件编制的，采购人或者采购代理机构应当在投标截止时间至少 15 日前，以书面形式通知所有获取招标文件的潜在投标人；不足 15 日的，采购人或者采购代理机构应当顺延提交投标文件的截止时间。

3. 组织潜在投标人现场考察或者召开开标前答疑会

采购人或者采购代理机构可以在招标文件提供期限截止后，组织已获取招标文件的潜在投标人现场考察或者召开开标前答疑会。组织现场考察或者召开答疑会的，应当在招标文件中载明，或者在招标文件提供期限截止后以书面形式通知所有获取招标文件的潜在投标人。

4. 投标

（1）投标文件的编制。

投标人应当按照招标文件的要求编制投标文件。投标文件应当对招标文件提出的要求和条件做出明确响应。

投标人根据招标文件的规定和采购项目的实际情况，拟在中标后将中标项目的非主体、非关键性工作分包的，应当在投标文件中载明分包承担主体，分包承担主体应当具备相应资质条件且不得再次分包。

(2) 投标文件的递交与接收。

投标人应当在招标文件要求提交投标文件的截止时间前，将投标文件密封送达投标地点。采购人或者采购代理机构收到投标文件后，应当如实记载投标文件的送达时间和密封情况，签收保存，并向投标人出具签收回执。任何单位和个人不得在开标前开启投标文件。

逾期送达或者未按照招标文件要求密封的投标文件，采购人、采购代理机构应当拒收。

(3) 投标文件的修改、撤回。

投标人在投标截止时间前，可以对所递交的投标文件进行补充、修改或者撤回，并书面通知采购人或者采购代理机构。补充、修改的内容应当按照招标文件的要求签署、盖章、密封后，作为投标文件的组成部分。

投标人在投标截止时间前撤回已提交的投标文件的，采购人或者采购代理机构应当自收到投标人书面撤回通知之日起5个工作日内，退还已收取的投标保证金，但因投标人自身原因导致无法及时退还的除外。

(4) 投标保证金的提交。

招标文件要求投标人提交投标保证金的，投标保证金不得超过采购项目预算金额的2%。投标保证金应当以支票、汇票、本票或者金融机构、担保机构出具的保函等非现金形式提交。投标人未按照招标文件要求提交投标保证金的，投标无效。

采购人或者采购代理机构应当自中标通知书发出之日起5个工作日内退还未中标人的投标保证金，自采购合同签订之日起5个工作日内退还中标人的投标保证金或者转为中标人的履约保证金。

采购人或者采购代理机构逾期退还投标保证金的，除应当退还投标保证金本金外，还应当按中国人民银行同期贷款基准利率上浮20%后的利率支付超期资金占用费，但因投标人自身原因导致无法及时退还的除外。

5. 开标

开标应当在招标文件确定的提交投标文件截止时间的同一时间进行。开标地点应当为招标文件中预先确定的地点。开标由采购人或者采购代理机构主持，邀请投标人参加。投标人未参加开标的，视同认可开标结果。

开标时，应当由投标人或者其推选的代表检查投标文件的密封情况；经确认无误后，由采购人或者采购代理机构工作人员当众拆封，宣布投标人名称、投标价格和招标文件规定的需要宣布的其他内容。采购人或者采购代理机构应当对开标、评标现场活动进行全程录音录像。录音录像应当清晰可辨，音像资料作为采购文件一并存档。采购人、采购代理机构对政府采购项目每项采购活动的采购文件应当妥善保存，不得伪造、变造、隐匿或者销毁。采购文件的保存期限为从采购结束之日起至少保存15年。

投标人不足3家的，不得开标。

6. 评标

（1）评标委员会。

评标委员会由采购人代表和评审专家组成，成员人数应当为5人以上单数，其中评审专家不得少于成员总数的2/3。评标委员会成员名单在评标结果公告前应当保密。

采购项目符合下列情形之一的，评标委员会成员人数应当为7人以上单数：①采购预算金额在1000万元以上；②技术复杂；③社会影响较大。

评审专家对本单位的采购项目一般只能作为采购人代表参与评标。采购代理机构工作人员不得参加由本机构代理的政府采购项目的评标。

采购人或者采购代理机构应当从省级以上人民政府财政部门设立的政府采购评审专家库中，通过随机方式抽取评审专家。对技术复杂、专业性强的采购项目，通过随机方式难以确定合适评审专家的，经主管预算单位同意，采购人可以自行选定相应专业领域的评审专家。

（2）评标的主要工作内容。

① 投标文件初审，包括资格性审查和符合性审查。

资格性审查，是指公开招标采购项目开标结束后，采购人或者采购代理机构负责组织评标工作，采购人或者采购代理机构应当依法对投标人的资格进行审查。合格投标人不足3家的，不得评标。

符合性审查，是指评标委员会应当对符合资格的投标人的投标文件进行审查，以确定其是否满足招标文件的实质性要求。对于投标文件中含义不明确、同类问题表述不一致或者有明显文字和计算错误的内容，评标委员会应当以书面形式要求投标人做出必要的澄清、说明或者补正。投标人的澄清、说明或者补正应当采用书面形式，并加盖公章，或者由法定代表人或其授权的代表签字。投标人的澄清、说明或者补正不得超出投标文件的范围或者改变投标文件的实质性内容。

投标文件报价出现前后不一致的，除招标文件另有规定外，按照下列规定修正。

a. 投标文件中开标一览表（报价表）内容与投标文件中相应内容不一致的，以开标一览表（报价表）为准。

b. 大写金额和小写金额不一致的，以大写金额为准。

c. 单价金额小数点或者百分比有明显错位的，以开标一览表的总价为准，并修改单价。

d. 总价金额与按单价汇总金额不一致的，以单价金额计算结果为准。

同时出现两种以上不一致的，按照以上规定的顺序修正。修正后的报价经投标人确认后产生约束力，投标人不确认的，其投标无效。评标委员会认为投标人的报价明显低于其他通过符合性审查投标人的报价，有可能影响产品质量或者不能诚信履约的，应当要求其在评标现场合理的时间内提供书面说明，必要时提交相关证明材料；投标人不能证明其报价合理性的，评标委员会应当将其作为无效投标处理。

② 投标文件的综合比较与评价。

评标委员会应当按照招标文件中规定的评标方法和标准，对符合性审查合格的投标文件进行商务和技术评估，综合比较与评价。具体的评标方法分为最低评标价法和综合评分法。

a. 最低评标价法。最低评标价法是指投标文件满足招标文件全部实质性要求，且投标报价最低的投标人为中标候选人的评标方法。技术、服务等标准统一的货物、服务项目，应当采用最低评标价法。采用最低评标价法评标时，除算术修正和落实政府采购政策需进行的价格扣除外，不能对投标人的投标价格进行任何调整。

采用最低评标价法的，评标结果按投标报价由低到高的顺序排列。投标报价相同的并列。投标文件满足招标文件全部实质性要求且投标报价最低的投标人为排名第一的中标候选人。

b. 综合评分法。综合评分法是指投标文件满足招标文件全部实质性要求，且按照评审因素的量化指标评审得分最高的投标人为中标候选人的评标方法。

评审因素的设定应当与投标人所提供货物、服务的质量相关，包括投标报价、技术或者服务水平、履约能力、售后服务等。资格条件不得作为评审因素。评审因素应当在招标文件中规定。评审因素应当细化和量化，且与相应的商务条件和采购需求对应。评标时，评标委员会各成员应当独立对每个投标人的投标文件进行评价，并汇总每个投标人的得分。

货物项目的价格分值占总分值的比重不得低于30%；服务项目的价格分值占总分值的比重不得低于10%。执行国家统一定价标准和采用固定价格采购的项目，其价格不列为评审因素。

价格分应当采用低价优先法计算，即满足招标文件要求且投标价格最低的投标报价为评标基准价，其价格分为满分。其他投标人的价格分统一按照下列公式计算。

$$投标报价得分=(评标基准价/投标报价)\times 100$$

$$评标总得分=F_1\times A_1+F_2\times A_2+\cdots+F_n\times A_n$$

式中，F_1、F_2、…、F_n——分别为各项评审因素的得分；

A_1、A_2、…、A_n——分别为各项评审因素所占的权重（$A_1+A_2+\cdots+A_n=1$）。

评标过程中，不得去掉报价中的最高报价和最低报价。

因落实政府采购政策进行价格调整的，以调整后的价格计算评标基准价和投标报价。采用综合评分法的，评标结果按评审后得分由高到低的顺序排列。得分相同的，按投标报价由低到高的顺序排列。得分且投标报价相同的并列。投标文件满足招标文件全部实质性要求，且按照评审因素的量化指标评审得分最高的投标人为排名第一的中标候选人。

应用案例 8-3

【案例概况】

2017年8月，某采购中心接受采购人某局的委托，就该局“设备采购项目”组织公开招标工作。按照规定完成了招标采购任务，采购人对评标结果进行确认后，采购中心于9月28日发布了中标公告，公布B公司为中标人。

中标公告发布后，参加本次投标的A公司向采购人提出质疑，称其投标价格最低却未中标，中标结果公布后未在中标结果公告中公布得分情况，使其对评标结果的合法性无法核实与确认。采购人答复称：本项目采用综合评分法进行评标，价格只是其中的一项因素，并不是报价最低就能中标；各投标人得分情况依法保密。A公司对此质疑答复不满，向财政部门提出投诉。

财政部门调取了本项目的招标文件、评标报告等资料。调查发现：招标文件第二章“投标人须知21.1”规定：“公开开标后，直至向中标的投标人授予合同时止，凡是与审查、澄清、评价和比较投标的有关资料及授标建议等，采购人、评委、采购中心均不得向投标人或与评标无关的其他人员透露。”“投标人须知21.5”规定：“采购中心和评标委员会不得向落标的投标人解释未中标原因，也不公布评标过程中的相关细节。”本项目招标文件第四章“评标方法与定标原则”规定：“本项目评标采用综合评分法，总分为100分，按评审后得分由高到低的顺序排列，得分相同的，按投标报价由低到高的顺序排列，得分且投标报价相同的，按技术指标优劣的顺序排列。”“评分因素”规定：“服务10分”“价格40分”“管理10分”“技术40分”，且分别有具体的评分指标。

【问题】

(1) 政府采购时投标价格最低就应当中标吗？为什么？

(2) 政府采购项目所有信息都应当公开吗？

【案例评析】

本案例反映了在政府采购活动中，供应商对政府采购评标方法的误解，认为投标价格最低就应当中标。同时供应商对政府采购项目信息公开的规定也存在误区，不了解采购人和采购代理机构可以公开哪些政府采购项目信息。

第一，投标价格最低不意味着必然中标。

根据《政府采购货物和服务招标投标管理办法》(财政部令第87号)第五十五条的规定，综合评分法是指投标文件满足招标文件全部实质性要求，且按照评审因素的量化指标评审得分最高的投标人为中标候选人的评标方法。综合评分的主要因素包括投标报价、技术或者服务水平、履约能力、售后服务等。可见，价格只是评标因素之一。评标委员会要根据招标文件规定的评标标准，对供应商进行综合评价，合格供应商中，报价最低的，价格得分最高，但汇总其他评审因素的综合得分不一定最高。

第二，哪些政府采购项目信息可以公开。

根据《政府采购信息发布管理办法》(财政部令第101号)、《财政部关于做好政府采购信息公开工作的通知》(财库〔2015〕135号)的规定，除涉及国家秘密、供应商的商业秘密，以及法律、行政法规规定应予保密的政府采购信息以外，可以公开的政府采购项目信息为：采购项目公告、采购文件、采购项目预算金额、采购结果、更正事项等。《政府采购货物和服务招标投标管理办法》(财政部令第87号)第六十九条规定的中标结果公告应当包括：采购人和采购代理机构名称、地址、联系方式；项目名称和项目编号；中标人名称、地址和中标金额；主要中标标的的名称、规格型号、数量、单价、服务要求，中标公告期限及评审专家名单等。采用综合评分法评审的，还应当告知未中标本人的评审得分与排序。本案例中，投诉人认为应公布的各投标人得分情况，不属于依法应当公开的内容。

因此，财政部门认为：本项目评标采用综合评分法，评标委员会根据具体评标标准综合评审价格只是其中的一项因素。各投标人得分情况不属于依法应当公开的内容。

综上，财政部门做出处理决定如下：根据《政府采购质疑和投诉办法》（财政部令第94号）第二十九条第（二）项的规定，投诉事项缺乏事实依据，投诉事项不成立。

③ 编写评审报告。

评标委员会根据全体评标成员签字的原始评标记录和评标结果编写评标报告。评标报告应当包括以下内容。

a. 招标公告刊登的媒体名称、开标日期和地点。

b. 投标人名单和评标委员会成员名单。

c. 评标方法和标准。

d. 开标记录和评标情况及说明，包括无效投标人名单及原因。

e. 评标结果，确定的中标候选人名单或者经采购人委托直接确定的中标人。

f. 其他需要说明的情况，包括评标过程中投标人根据评标委员会要求进行的澄清、说明或者补正，评标委员会成员的更换等。

(3) 废标和投标无效的情形。

① 在招标采购中，出现下列情形之一的，应予废标。

a. 符合专业条件的供应商或者对招标文件做实质响应的供应商不足3家的。

b. 出现影响采购公正的违法、违规行为的。

c. 投标人的报价均超过了采购预算，采购人不能支付的。

d. 因重大变故，采购任务取消的。

废标后，采购人应当将废标理由通知所有投标人。《政府采购法》将否决所有投标称之为“废标”。

② 投标人存在下列情况之一的，投标无效。

a. 未按照招标文件的规定提交投标保证金的。

b. 投标文件未按招标文件要求签署、盖章的。

c. 不具备招标文件中规定的资格要求的。

d. 报价超过招标文件中规定的预算金额或者最高限价的。

e. 投标文件含有采购人不能接受的附加条件的。

f. 法律、法规和招标文件规定的其他无效情形。

7. 中标和签订合同

采购代理机构应当在评标结束后2个工作日内将评标报告发送采购人。

(1) 确定中标人。

采购人应当自收到评标报告之日起5个工作日内，在评标报告确定的中标候选人名单中按顺序确定中标人。中标候选人并列的，由采购人或者采购人委托评标委员会按照招标文件规定的方式确定中标人；招标文件未规定的，采取随机抽取的方式确定。

采购人自行组织招标的，应当在评标结束后5个工作日内确定中标人。采购人在收到评标报告5个工作日内未按评标报告推荐的中标候选人顺序确定中标人，又不能说明合法理由的，视同按评标报告推荐的顺序确定排名第一的中标候选人为中标人。

(2) 中标结果公示。

采购人或者采购代理机构应当自中标人确定之日起2个工作日内，在省级以上财政部门指定的媒体上公告中标结果，招标文件应当随中标结果同时公告。

中标结果公告内容应当包括采购人及其委托的采购代理机构的名称、地址、联系方式，项目名称和项目编号，中标人名称、地址和中标金额，主要中标标的的名称、规格型号、数量、单价、服务要求，中标公告期限及评审专家名单。中标公告期限为1个工作日。

邀请招标采购人采用书面推荐方式产生符合资格条件的潜在投标人的，还应当将所有被推荐供应商名单和推荐理由随中标结果同时公告。

（3）发出中标通知书。

在公告中标结果的同时，采购人或者采购代理机构应当向中标人发出中标通知书；对未通过资格审查的投标人，应当告知其未通过的原因；采用综合评分法评审的，还应当告知未中标人本人的评审得分与排序。中标通知书发出后，采购人不得违法改变中标结果，中标人无正当理由不得放弃中标。

（4）签订合同。

采购人应当自中标通知书发出之日起30日内，按照招标文件和中标人投标文件的规定，与中标人签订书面合同。政府采购合同应当包括采购人与中标人的名称和住所、标的、数量、质量、价款或者报酬、履行期限及地点和方式、验收要求、违约责任、解决争议的方法等内容。所签订的合同不得对招标文件确定的事项和中标人投标文件做实质性修改。采购人不得向中标人提出任何不合理的要求作为签订合同的条件。

政府采购合同的履行、违约责任和解决争议的方法等适用《民法典》。

应用案例8-4

【案例概况】

某年2月20日，A采购人委托M招标公司就该单位"PC服务器采购项目"进行公开招标。2月22日，M招标公司在中国政府采购网发布招标公告并发售招标文件。标书发售期间，共有7家供应商购买了招标文件。3月20日投标截止，有4家供应商按时提交了投标文件。开标仪式结束后，M招标公司组织了评标工作，由1名采购人代表和4名随机抽取的专家组成的评审委员会共同完成了评标，按次序推荐B公司为第一中标候选人。3月21日，M招标公司向A采购人发送了评审报告。4月11日，M招标公司发布中标人为第二中标候选人D公司的中标公告，并向D公司发送了中标通知书。4月14日，A采购人与D公司签订采购合同。

4月17日，投标人B公司向财政部门来函反映：A采购人未经评审委员会评审直接决定其他候选人为中标人的行为违法。A采购人答复：B公司投标文件中业绩部分存在造假，涉嫌提供虚假材料谋取中标，由于M招标公司未按要求组织复审，本项目又急需采购PC服务器，A采购人只能自行确认第二中标候选人D公司为中标供应商。

【调查情况】

本案争议的焦点是，在A采购人认为第一中标候选人B公司投标业绩涉嫌造假的情形下，是否可以不按照评审委员会推荐的中标候选人顺序确定中标人并与其签订采购合同。因此，财政部门调取了本项目的招标文件、投标文件、评标报告及评标录像等资料。

调查发现：3月21日，M招标公司向A采购人发送了评审报告，按次序推荐B公司为第一中标候选人。随后，A采购人对B公司进行了公开调查，认为其投标业绩造假，于4月7日要求M招标公司进行复审。由于M招标公司未组织复审，A采购人于4月10日以其有权确定中标人为由，自行确认第二中标候选人D公司为中标供应商。4月11日，M招标公司按照A采购人的要求，发布中标人为D公司的中标公告，并向D公司发送了中标通知书。4月14日，A采购人与D公司签订采购合同。

关于A采购人认为B公司业绩造假的问题，经审查，B公司提供的业绩材料符合招标文件要求，不存在提供虚假材料谋取中标的情形。

【案例评析】

本案反映了政府采购活动中出现的几个相关问题。

一是采购人未在5个工作日之内在评审报告推荐的中标候选人中按顺序确定中标供应商。本案中，M招标公司于3月21日向A采购人发送了评审报告，按次序推荐B公司为第一中标候选人，截至3月29日5个工作日期限届满，A采购人未确认采购结果，该行为违反了《政府采购法实施条例》第四十三条第一款的规定。

二是采购人不得要求评审委员会违法重新评审。根据《财政部关于进一步规范政府采购评审工作有关问题的通知》(财库〔2012〕69号)规定，评审结果汇总完成后，采购人、采购代理机构和评审委员会均不得修改评审结果或者要求重新评审，但资格性检查认定错误、分值汇总计算错误、分项评分超出评分标准范围、客观分评分不一致、经评审委员会一致认定评分畸高、畸低的情形除外。本案中，第一中标候选人B公司业绩可能造假不属于重新评审的法定情形，A采购人以此要求M招标公司组织重新评审的做法违反了该规定。

三是采购人不得自行改变评审委员会推荐的中标候选人顺序选择中标人。如果采购人发现第一中标候选人存在违法行为的，根据《政府采购法实施条例》第四十四条的规定，应当书面向本级人民政府财政部门反映。本案中，A采购人自行确认第二中标候选人为中标供应商的行为违反了该规定。

四是采购人应按照法律及招标文件的相关规定签订采购合同。根据《政府采购法》第四十六条规定，采购人与中标、成交供应商应当在中标、成交通知书发出之日起30日内，按照采购文件确定的事项签订政府采购合同。实践中，采购人、采购代理机构往往通过隐瞒政府采购信息、改变采购方式、不按采购文件确定事项签订采购合同等手段，达到虚假采购或者让内定供应商中标的目的。因此，采购人应当依照采购文件所确认的标的、数量、单价等与中标供应商签订采购合同。

综上，财政部门做出处理决定如下：根据《政府采购法》第四十六条、《政府采购法实施条例》第四十三条的规定，责令A采购人进行整改，督促其签订采购合同。

(5) 投标保证金的退还。

采购人或者采购代理机构应当自中标通知书发出之日起5个工作日内退还未中标人的投标保证金，自采购合同签订之日起5个工作日内退还中标人的投标保证金或者转为中标人的履约保证金。

采购人或者采购代理机构逾期退还投标保证金的，除应当退还投标保证金本金外，还应当按中国人民银行同期贷款基准利率上浮20%后的利率支付超期资金占用费，但因投标人自身原因导致无法及时退还的除外。

8.3.3 重新招标的情形

公开招标数额标准以上的采购项目，投标截止后投标人不足3家或者通过资格审查或符合性审查的投标人不足3家的，除采购任务取消情形外，按照以下方式处理。

（1）招标文件存在不合理条款或者招标程序不符合规定的，如招标文件、资格预审文件的内容违反法律、行政法规、强制性标准、政府采购政策；或者违反公开透明、公平竞争、公正和诚实信用原则，采购人、采购代理机构改正后依法重新招标。

（2）招标文件没有不合理条款、招标程序符合规定，需要采用其他采购方式采购的，采购人应当依法报财政部门批准。

8.4 政府采购当事人的法律责任

8.4.1 法律责任的种类

法律责任是指法律关系中行为人因违反法律规定或合同约定义务而应当强制性承担的某种不利法律后果。《招标投标法》《政府采购法》《政府采购法实施条例》等相关法律法规对招投标活动中当事人违法行为的法律责任做出了规定。依照当事人承担的法律责任不同，其法律责任可以分为民事法律责任、行政法律责任和刑事法律责任。

1. 民事法律责任

民事法律责任简称民事责任，是指招投标活动中主体因违反合同或者不履行其他义务，侵害国家或者集体财产，侵害他人财产、人身，而依法应当承担的民事法律后果。承担民事责任的具体形式包括财产责任形式和非财产责任形式两类。《民法典》第一百七十九条规定，承担民事责任的方式主要有以下10种：停止侵害；排除妨碍；消除危险；返还财产；恢复原状；修理、重做、更换；赔偿损失；支付违约金；消除影响、恢复名誉；赔礼道歉。除此之外，如丧失或加倍返还定金、民事罚款、收缴非法所得、强制收购等，也是承担民事责任的方式。以上方式既可以单独适用，也可以合并适用。这必须根据违法行为的具体性质、情节、违反民事义务的情况及民事责任方式的特点等予以确定。

招投标活动中，招投标的不同主体在从事招投标活动中，因不履行法定义务或者违反合同约定依法应当承担的相应民事法律后果，主要包括恢复原状、返还财产、赔偿损失和支付违约金等方式。

2. 行政法律责任

行政法律责任简称行政责任，是指因招投标活动中主体实施违反行政法律规定的，所

必须承担的法律后果。追究行政责任的形式有两种：一种是行政处分，一种是行政处罚。

行政处分的适用对象只适用于国家工作人员，不适用于社会上一般的公民；行政处分适用的是一般的行政违法失职行为，尚不构成犯罪，给予的一种制裁性处理，属于内部行政行为，如被处分人不予履行，行政主体可以强制执行。行政处分不受司法审查，当事人对行政处分不服的，可以在接到处分决定之日起30日内向原处分机关申请行政复议，或者向行政监察机关行政申诉解决，但不可以提起行政诉讼。违反行政纪律，依法应当给予警告、记过、降级、降职、撤职、开除六种行政处分形式。

行政处罚则适用于所有的公民、法人或其他组织，是指国家行政机关及其他依法可以实施行政处罚权的组织，对违反行政法律、法规规章，但尚不构成犯罪的一种制裁行为。行政处罚的种类包括警告、罚款、没收违法所得、没收非法财物、责令停产停业、暂扣或者吊销许可证、行政拘留、法律法规规定的其他行政处罚。行政处罚的救济渠道为行政复议和行政诉讼，当事人对行政处罚不服的，可以向该行政机关的上级行政机关申请行政复议，也可以向人民法院就行政机关的行政处罚行为提起行政诉讼。

招投标活动当事人的相关法律法规对于当事人的行政责任规定较多，当事人承担的行政责任主要形式有以下几种。

（1）责令限期改正。责令限期改正是指相关监督部门对于违反相关法律法规的当事人要求在一定时期内对其行为予以纠正。

（2）罚款。罚款是行政机关对行政违法行为人强制收取一定数量金钱，剥夺一定财产权利的制裁方法，适用于对多种行政违法行为的制裁，也是招投标活动中承担行政责任的最主要形式之一。

（3）行政处分。《政府采购法》第八十条规定，政府采购监督管理部门对供应商的投诉逾期未做处理的，给予直接负责的主管人员和其他直接责任人员行政处分。

（4）暂停或取消从事招投标活动资格。《政府采购法》第八十二条第二款规定，集中采购机构在政府采购监督管理部门考核中，虚报业绩，隐瞒真实情况的，处以两万元以上二十万元以下的罚款，并予以通报；情节严重的，取消其代理采购的资格。

3. 刑事法律责任

刑事法律责任简称刑事责任，是指当事人因实施了刑法规定的犯罪行为所应承担的刑事法律后果。承担刑事责任的方式是刑罚。根据我国刑法的规定，刑罚包括主刑和附加刑两种。主刑有管制、拘役、有期徒刑、无期徒刑和死刑；附加刑有罚金、剥夺政治权利和没收财产。附加刑也可以单独适用。

《中华人民共和国刑法》中对招投标活动相关主体承担刑事责任的刑罚罪名有串通投标罪、泄露国家秘密罪、行贿罪、受贿罪等。

8.4.2 政府采购当事人承担的法律责任

1. 采购人、采购代理机构承担的法律责任

（1）《政府采购法》中规定，采购人、采购代理机构有下列情形之一的，责令限期改正，给予警告，可以并处罚款，对直接负责的主管人员和其他直接责任人员，由其行政主管部门或者有关机关给予处分，并予通报。

① 应当采用公开招标方式而擅自采用其他方式采购的。

② 擅自提高采购标准的。

③ 以不合理的条件对供应商实行差别待遇或者歧视待遇的。

④ 在招标采购过程中与投标人进行协商谈判的。

⑤ 中标、成交通知书发出后不与中标、成交供应商签订采购合同的。

⑥ 拒绝有关部门依法实施监督检查的。

(2)《政府采购法》中规定，采购人、采购代理机构及其工作人员有下列情形之一，构成犯罪的，依法追究刑事责任；尚不构成犯罪的，处以罚款，有违法所得的，并处没收违法所得，属于国家机关工作人员的，依法给予行政处分。

① 与供应商或者采购代理机构恶意串通的。

② 在采购过程中接受贿赂或者获取其他不正当利益的。

③ 在有关部门依法实施的监督检查中提供虚假情况的。

④ 开标前泄露标底的。

(3)《政府采购法》中规定，有前两条违法行为之一影响中标、成交结果或者可能影响中标、成交结果的，按下列情况分别处理。

① 未确定中标、成交供应商的，终止采购活动。

② 中标、成交供应商已经确定但采购合同尚未履行的，撤销合同，从合格的中标、成交候选人中另行确定中标、成交供应商。

③ 采购合同已经履行的，给采购人、供应商造成损失的，由责任人承担赔偿责任。

(4)《政府采购法》中规定，采购人对应当实行集中采购的政府采购项目，不委托集中采购机构实行集中采购的，由政府采购监督管理部门责令改正；拒不改正的，停止按预算向其支付资金，由其上级行政主管部门或者有关机关依法给予其直接负责的主管人员和其他直接责任人员处分。采购人未依法公布政府采购项目的采购标准和采购结果的，责令改正，对直接负责的主管人员依法给予处分。

(5)《政府采购法》中规定，集中采购机构在政府采购监督管理部门考核中，虚报业绩，隐瞒真实情况的，处以两万元以上二十万元以下的罚款，并予以通报；情节严重的，取消其代理采购的资格。

(6)《政府采购法》中规定，采购人、采购代理机构违反本法规定隐匿、销毁应当保存的采购文件或者伪造、变造采购文件的，由政府采购监督管理部门处以两万元以上十万元以下的罚款，对其直接负责的主管人员和其他直接责任人员依法给予处分；构成犯罪的，依法追究刑事责任。

(7)《政府采购货物和服务招标投标管理办法》(财政部令第 87 号)中规定，采购人有下列情形之一的，由财政部门责令限期改正；情节严重的，给予警告，对直接负责的主管人员和其他直接责任人员由其行政主管部门或者有关机关依法给予处分，并予以通报；涉嫌犯罪的，移送司法机关处理。

① 未按照本办法的规定编制采购需求的。

② 违反本办法第六条第二款（采购人不得向供应商索要或者接受其给予的赠品、回扣或者与采购无关的其他商品、服务）规定的。

③ 未在规定时间内确定中标人的。

④ 向中标人提出不合理要求作为签订合同条件的。

(8)《政府采购货物和服务招标投标管理办法》(财政部令第 87 号)中规定,采购人、采购代理机构有下列情形之一的,由财政部门责令限期改正;情节严重的,给予警告,对直接负责的主管人员和其他直接责任人员,由其行政主管部门或者有关机关给予处分,并予通报;采购代理机构有违法所得的,没收违法所得,并可以处以不超过违法所得三倍、最高不超过三万元的罚款,没有违法所得的,可以处以一万元以下的罚款。

① 违反本办法第八条第二款(采购代理机构及其分支机构不得在所代理的采购项目中投标或者代理投标,不得为所代理的采购项目的投标人参加本项目提供投标咨询)规定的。

② 设定最低限价的。

③ 未按照规定进行资格预审或者资格审查的。

④ 违反本办法规定确定招标文件售价的。

⑤ 未按规定对开标、评标活动进行全程录音录像的。

⑥ 擅自终止招标活动的。

⑦ 未按照规定进行开标和组织评标的。

⑧ 未按照规定退还投标保证金的。

⑨ 违反本办法规定进行重新评审或者重新组建评标委员会进行评标的。

⑩ 开标前泄露已获取招标文件的潜在投标人的名称、数量或者其他可能影响公平竞争的有关招标投标情况的。

⑪ 未妥善保存采购文件的。

⑫ 其他违反本办法规定的情形。

(9)《政府采购法》中规定,采购代理机构在代理政府采购业务中有违法行为的,按照有关法律规定处以罚款,可以在一至三年内禁止其代理政府采购业务,构成犯罪的,依法追究刑事责任。

2. 供应商承担的法律责任

投标人应当遵循公平竞争的原则,不得恶意串通,不得妨碍其他投标人的竞争行为,不得损害采购人或者其他投标人的合法权益。

(1)《政府采购货物和服务招标投标管理办法》(财政部令第 87 号)中规定,有下列情形之一的,视为投标人串通投标,其投标无效。

① 不同投标人的投标文件由同一单位或者个人编制。

② 不同投标人委托同一单位或者个人办理投标事宜。

③ 不同投标人的投标文件载明的项目管理成员或者联系人员为同一人。

④ 不同投标人的投标文件异常一致或者投标报价呈规律性差异。

⑤ 不同投标人的投标文件相互混装。

⑥ 不同投标人的投标保证金从同一单位或者个人的账户转出。

(2)《政府采购法》中规定,供应商有下列情形之一的,处以采购金额千分之五以上千分之十以下的罚款,列入不良行为记录名单,在一至三年内禁止参加政府采购活动,有违法所得的,并处没收违法所得,情节严重的,由工商行政管理机关吊销营业执照;构成犯罪的，依法追究刑事责任。

① 提供虚假材料谋取中标、成交的。

② 采取不正当手段诋毁、排挤其他供应商的。

③ 与采购人、其他供应商或者采购代理机构恶意串通的。

④ 向采购人、采购代理机构行贿或者提供其他不正当利益的。

⑤ 在招标采购过程中与采购人进行协商谈判的。

⑥ 拒绝有关部门监督检查或者提供虚假情况的。

供应商有以上第①～⑤项情形之一的，中标、成交无效。

应用案例 8－5

【案例概况】

某招标公司受采购人 H 中心委托，为该中心“监测系统采购项目”进行招标。8 月 7 日发布招标公告后，共有 15 家供应商购买了招标文件。8 月 29 日投标截止，这 15 家投标人均按时提交了投标文件。经过评标专家评审，B 公司被确定为中标候选人。采购人 H 中心确认评标结果后，Z 招标公司发布了中标公告，B 公司中标。9 月 6 日，投标人 F 公司提出质疑，B 公司的产品数据不满足招标文件技术需求，存在提供虚假材料谋取中标的情形。后经调查发现：B 公司的投标文件显示其投标产品的技术参数符合招标文件要求，但产品运营商提供的材料证明投标产品的部分数据参数与招标文件不符。B 公司也承认投标文件中的技术参数与事实不符，但声称是由于标书制作审查不严而导致的笔误，投标产品在实质上完全满足招标文件的技术要求。招标公司通知 B 公司提交证明材料，B 公司未提供响应招标文件要求的相关技术参数的证明材料。最后，认定 B 公司在招标阶段提供了虚假材料，建议认定 B 公司中标无效。随后，采购人 H 中心也向财政部门提出举报。

【问题】

(1) B 公司此次投标过程中存在哪些问题?

(2) B 公司的中标还有效吗?

【案例分析】

(1) 供应商通过修改投标文件中的产品参数以达到招标要求的行为存在以下问题。

① 该行为构成了以虚假材料谋取中标的违法情形。本案中，供应商在明知投标产品不符合招标文件技术参数要求的情况下，通过修改投标文件中的产品参数，意图满足招标要求。该行为是典型的“提供虚假材料”。

② 该行为违背了《政府采购法》第三条规定的诚实信用原则。提供产品的真实数据参数是对供应商最基本的要求。产品的技术参数是产品性能的说明，直接决定着产品能否满足采购人的实际需求。该供应商凭借虚假数据获得了中标，一方面剥夺了其他投标人的中标机会，造成对其他投标人的不公；另一方面也使得采购人无法获得真正符合要求的产品，造成对其合法权益的侵害。

③ 供应商以“笔误”为由进行辩解的理由不能成立。首先，供应商对此辩解理由并未提供合法有效的证据；其次，供应商实际提供的产品确实不符合招标文件的要求。

(2) B 公司的中标无效。对于本次招标，财政部门做出处理决定如下：B 公司的行为构成提供虚假材料谋取中标，决定本项目中标无效，对B公司做出处以采购金额千分之五的罚款，列入不良行为记录名单，一年内禁止其参加政府采购活动的行政处罚。

3. 评标委员会承担的法律责任

(1)《政府采购货物和服务招标投标管理办法》(财政部令第87号)第八十一条规定，评标委员会成员有本办法第六十二条所列行为之一的，由财政部门责令限期改正；情节严重的，给予警告，并对其不良行为予以记录。

评标委员会或者其成员存在下列情形导致评标结果无效的，采购人、采购代理机构可以重新组建评标委员会进行评标，并书面报告本级财政部门，但采购合同已经履行的除外。

① 评标委员会组成不符合本办法规定的。

② 有本办法第六十二条第一至五项情形的。

③ 评标委员会及其成员独立评标受到非法干预的。

④ 有政府采购法实施条例第七十五条规定的违法行为的。

有违法违规行为的原评标委员会成员不得参加重新组建的评标委员会。

(2)《政府采购货物和服务招标投标管理办法》(财政部令第87号)第六十二条规定，评标委员会及其成员不得有下列行为。

① 确定参与评标至评标结束前私自接触投标人。

② 接受投标人提出的与投标文件不一致的澄清或者说明，本办法第五十一条规定的情形除外。

③ 违反评标纪律发表倾向性意见或者征询采购人的倾向性意见。

④ 对需要专业判断的主观评审因素协商评分。

⑤ 在评标过程中擅离职守，影响评标程序正常进行的。

⑥ 记录、复制或者带走任何评标资料。

⑦ 其他不遵守评标纪律的行为。

评标委员会成员有以上第①～⑤项行为之一的，其评审意见无效，并不得获取评审劳务报酬和报销异地评审差旅费。

4. 政府采购监督管理部门承担的法律责任

(1)《政府采购法》规定，政府采购监督管理部门的工作人员在实施监督检查中违反本法规定滥用职权，玩忽职守，徇私舞弊的，依法给予行政处分；构成犯罪的，依法追究刑事责任。政府采购监督管理部门对供应商的投诉逾期未做处理的，给予直接负责的主管人员和其他直接责任人员行政处分。政府采购监督管理部门对集中采购机构业绩的考核，有虚假陈述，隐瞒真实情况的，或者不做定期考核和公布考核结果的，应当及时纠正，由其上级机关或者监察机关对其负责人进行通报，并对直接负责的人员依法给予行政处分。

(2)《政府采购货物和服务招标投标管理办法》(财政部令第87号)规定，财政部门应当依法履行政府采购监督管理职责。财政部门及其工作人员在履行监督管理职责中存在懒政怠政、滥用职权、玩忽职守、徇私舞弊等违法违纪行为的，依照《政府采购法》《中华人民共和国公务员法》《中华人民共和国行政监察法》《政府采购法实施条例》等国家有关规定追究相应责任；涉嫌犯罪的，移送司法机关处理。

综合应用案例

【案例概况】

在一项“高防伪证书制作”服务项目的采购工作中，E单位委托F招标公司进行该项目的招标采购工作。E单位对此次新的证书制作服务采购工作高度重视，在采购开始前专门咨询了国内证书防伪领域的专家，并在专家指导下在采购需求中规定了较高的技术标准。F招标公司接受委托后，E单位要求F招标公司按照该单位前期确定的采购需求编制招标文件，并且提出为了保证采购的效果，要对投标人的资格提出较高的要求，一定要保证中标人是技术过硬、信誉良好、管理规范的大公司。

F招标公司按照E单位的要求，首先，编制完成了招标文件，并得到该单位的确认。其次，F招标公司依法开展该服务项目的招标工作。最后，评标委员会经过评审，推荐投标人D公司为排名第一的中标候选供应商。F招标公司在获得E单位对采购结果的确认后，发布了中标公告。后财政部门收到A公司的举报，举报称：此次采购存在不正当限制投标人的情形，采购结果有失公正，要求财政部门对此项目进行调查，并依法进行处理。

为此，财政部门调取了本项目的招标公告、招标文件等材料。调查发现招标公告及招标文件中对于投标人的资格要求存在如下内容：投标人“注册资金不低于2000万元”“投标前三年每年度营业收入不低于2000万元”“正式员工不得低于100人”等要求。财政部门根据文件中发现的问题又对E单位和F招标公司进行了询问。询问中E单位表示，他们只是要求中标人必须是技术过硬、信誉良好的大公司，至于具体标准，是由F招标公司确定的；F招标公司反映，为了能实现E单位提出的必须由证书制作行业内大公司中标的要求，F招标公司通过市场调研，确定了比较合理的资格标准，对投标人的注册资金、营业收入和公司规模等提出了一定的要求。

【问题】

(1) 你认为采购人及采购代理机构确定的招标条件是否合理？为什么？

(2) 如果该招标活动存在问题，相关当事人应承担哪些法律责任？

【案例评析】

(1) 在本案中，采购人和采购代理机构确实存在不当之处，即对投标人进行了不正当限制。政府采购的一项基本原则是公平、公正，即在采购中，要公平、公正地对待所有投标人，不得对某些投标人进行歧视，也不得对某些投标人进行特殊照顾。本案中，招标文件中对投标人做出“注册资金不低于2000万元”“投标前三年每年度营业收入不低于2000万元”“正式员工不得低于100人”等要求，明显是对注册资本较少、营业收入较低、从业人员不多的中小企业进行了限制，不符合政府采购公平、公正的原则，有违政府采购促进中小企业发展的政策，是对中小企业的歧视。

根据《政府采购法》第二十二条第二款的规定：“采购人可以根据采购项目的特殊要求，规定供应商的特定条件，但不得以不合理的条件对供应商实行差别待遇或者歧视待遇。”《政府采购货物和服务招标投标管理办法》(财政部令第87号)第十七条规定：“采购人、采购代理机构不得将投标人的注册资本、资产总额、营业收入、从业人员、利润、纳税额等规模条件作为资格要求或者评审因素，也不得通过将除进口货物以外的生产厂家授权、承诺、证明、背书等作为资格要求，对投标人实行差别待遇或者歧视待遇。”《政府采购促进中小企业发展管理办法》（财库〔2020〕46号）第三条规定：“采购人在政府采购活动中应当合理确定采购项目的采购需求，不得以注册资本、资产总额、营业收入、从业人员、利润、纳税额等规模条件和财务指标为供应商的资格要求或者评审因素，不得在企业股权结构、经营年限等方面对中小企业实行差别待遇或者歧视待遇。”本案中招标公告和招标文件中关于投标人资格的要求，明显违反了上述规定。

(2)《政府采购法》第七十一条规定：“采购人、采购代理机构有下列情形之一的，责令限期改正，给予警告，可以并处罚款，对直接负责的主管人员和其他直接责任人员，由其行政主管部门或者有关机关给予处分，并予通报：……（三）以不合理的条件对供应商实行差别待遇或者歧视待遇的。”

综上，财政部门对本案做出处理决定，该采购活动违法，并对采购人和采购代理机构给予了警告的行政处罚。

能力拓展

【案例概况】

某社会团体采用财政资金采购80套木质办公座椅和30套书柜，合同估算价为40万元，在该省政府集中采购目录中包括“家具”一项，其限额标准为“单项或批量金额在15万元以上”。经该省财政部门批准，本次采购由该社会团体采用竞争性谈判方式，确定了4家供应商参加谈判。

【问题】

(1) 针对本次采购，设置一个完整的竞争性谈判程序。

(2) 怎样判断本项目是否为政府采购？

本章小结

随着我国经济飞速发展，深入推进政府采购工作，使政府采购工作更科学、更高效、更透明，成为我国招投标领域的重点任务之一。

政府采购主要适用的法律法规为《政府采购法》和《政府采购法实施条例》等。政府采购的当事人包括采购人、供应商和政府采购代理机构。政府采购的方式主要包括公开招标、邀请招标、竞争性谈判、单一来源采购和询价等。在政府采购过程中，编制政府采购预算、确定采购需求、组织采购活动、履约验收、答复询问质疑、配合投诉处理及监督检查等是其工作的重点环节。

为进一步加强政府采购工作的监督管理，对政府采购当事人的法律责任有明确的规定。当事人如违反规定，不仅要承担相应的民事责任，还要承担行政责任及刑事责任。

习 题

一、单选题

1. 规范政府采购行为的目的是维护（　　），保护政府采购当事人的合法权益，促进廉政建设。

A. 国家利益和消费者利益　　B. 国家利益和政府利益

C. 国家利益和社会公共利益　　D. 国家利益和行业利益

2. 政府采购，是指（　　）使用财政性资金采购货物、工程和服务的行为。

A. 各级国家机关、企事业单位和社会组织

B. 各级国家机关、事业单位和团体组织

C. 各级国家机关、事业单位和国有企业

D. 各级国家机关、事业单位和社会组织

3. 政府采购是指使用财政性资金采购依法制定的（　　）货物、工程和服务。

A. 集中采购目录以内的或者采购限额标准以上的

B. 集中采购目录以内的或者采购限额标准以下的

C. 集中采购目录以外的或者采购限额标准以上的

D. 集中采购目录以外的或者采购限额标准以下的

4. 政府采购应该严格按照批准的（　　）执行。

A. 财务决算　　B. 预算　　C. 利润分配方案　　D. 经济目标任务

5. 纳入集中采购目录的政府采购项目，应当实行（　　）。

A. 分散采购　　B. 集中采购

C. 集中采购为主，分散采购为辅　　D. 集中采购与分散采购相结合

6. 政府采购当事人是指在政府采购活动中享有权利和承担义务的各类主体，包括（　　）等。

A. 各级国家机关、供应商和采购代理机构

B. 采购人、供应商和采购代理机构

C. 各级企事业组织、政府部门和供应商

D. 供应商和潜在供应商

7. 在政府采购活动中，（　　）与供应商有利害关系的，必须回避。

A. 采购人员及相关人员　　B. 采购监督管理部门负责人

C. 审计机关　　D. 采购人员

8. （　　）应作为政府采购的主要采购方式。

A. 竞争性谈判　　B. 邀请招标　　C. 询价　　D. 公开招标

9. 与原有采购项目一致，需要从原供应商处添购，且添购资金总额不超过原合同采购金额（　　）的，可以采用单一来源方式采购。

A. 5%　　B. 20%　　C. 10%　　D. 50%

10. 货物和服务项目实行招标方式采购的，自招标文件开始发出之日起至投标人提交投标文件截止之日止，不得少于（　　）。

A. 10日　　B. 15日　　C. 20日　　D. 30日

11. 在招标采购中，符合专业条件的供应商或者对招标文件做实质响应的供应商不足（　　）家的，应予废标。

A. 5　　B. 7　　C. 10　　D. 3

12. 甲省某政府部门采用公开招标方式采购一批办公用品，因采购工作人员张某舞弊被举报后废标。如该采购任务未取消，则此时甲省某政府部门应当（　　）。

A. 重新组织招标

B. 减少采购金额

C. 以上次招标时的投标人为对象邀请招标

D. 在上次投标人中选取3家以上开展竞争性谈判

13. 甲省A市某政府部门通过竞争性谈判方式采购一批安保用品，谈判小组共9名成员，则其中专家人数至少应当达到（　　）名。

A. 6　　B. 5　　C. 4　　D. 3

14. 采取询价方式采购的应当遵循（　　）程序。

A. 成立询价小组→询价→确定被询价的供应商名单→确定成交供应商

B. 确定被询价的供应商名单→成立询价小组→制定询价方案→询价→确定成交供应商

C. 成立询价小组→确定被询价的供应商名单→询价→确定成交供应商

D. 成立询价小组→制定询价方案→询价→确定成交供应商

15. 采购文件的保存期限为从采购结束之日起至少保存（　　）。

A. 5年　　B. 10年　　C. 15年　　D. 20年

二、判断题

1. 任何单位和个人不得采用任何方式，阻挠和限制供应商自由进入本地区和本行业的政府采购市场。（　　）

2. 政府采购原则上应当严格按照批准的预算执行，特殊情况下可以适当超出批准的预算执行。（　　）

3. 政府采购必须采购本国货物、工程和服务。（　　）

4. 政府采购的所有信息应当在相关部门指定的媒体上及时向社会公开发布。（　　）

5. 供应商以联合体形式进行政府采购的，联合体各方应当分别与采购人签订采购合同，就采购合同约定的事项对采购人承担连带责任。（　　）

6. 竞争性谈判应作为政府采购的主要采购方式。（　　）

7. 采用询价方式采购的，在询价时，供应商可以多次更改报出的价格。（　　）

8. 在招标采购中，因重大变故，采购人取消采购任务的，应予废标。（　　）

9. 政府采购项目的采购标准应当公开。（　　）

10. 供应商对政府采购活动事项有疑问的，可以向采购人提出疑问，采购人应当及时

做出答复，但是答复内容不得涉及商业秘密。 （ ）

三、案例题

1. 某中央直属事业单位建设的中心实验室已通过竣工验收，该项目需要立即上马，拟采用财政拨款采购其中心实验室的主要设备仪器，设备预算为220万元，该设备在国内外只有少数厂家生产。经该事业单位上级主管部门批准后，拟采用竞争性谈判的方式进行采购。

问题：

（1）该采购项目是否属于政府采购项目？为什么？

（2）政府采购项目的采购方式除竞争性谈判外，还包括哪些方式？政府采购的主要采购方式是什么？

（3）该采购项目采用竞争性谈判的方式进行采购是否妥当？请说明理由。

2. 某市事业单位拟采购30台计算机和2套正版办公软件，该项目合同估算价为16万元，全部使用财政性资金，在该市政府集中采购目录中包括“办公设备”一项，其限额标准为“单项或批量金额在10万元以上”。该项目采用公开招标方式采购，并在该省人民政府财政部门指定的政府采购信息媒体发布了招标公告，公布了投标人资格条件。根据项目估算价16万元，按0.5%计算，招标文件售价为80元。

问题：

（1）判断该项目是否为政府采购？

（2）上述招标公告发布及招标文件出售过程中存在哪些不正确行为？为什么？

四、实训题

实训目标：

通过模拟政府采购的货物公开招标全过程，进一步熟悉掌握《政府采购法》及相关法律法规、招标流程及相关标准文件。

实训要求：

（1）项目概况。

某省政府对其新建办公楼的8部电梯采购，计划采购预算金额为380万元。采用国内公开招标（含资格预审），现委托E招标代理公司负责招标，交货地点为招标人新建办公楼工地现场，其招标范围如下。

采购6部客梯、2部货梯，招标人应提供招标文件规定的电梯及附件和零配件，包括设计、生产、运输、安装、调试、验收、售后服务（含2年质保服务和3年维保服务），还包括但不限于电梯设备及辅助设施，电梯基坑、井道、机房的设备布置，以及整个电梯工程的竣工验收和负责取得运行许可证等。投标人还应提供正常适用情况下2年所需的易损件、备件等。

（2）任务。

① 拟定一份招标公告。

② 设计整个招标工程，包括每个阶段所应完成的工作及编制的相关文件。

第8章习题测试

参考文献

丛培经，2017. 工程项目管理［M］. 5版．北京：中国建筑工业出版社．

崔建远，2021. 合同法［M］. 4版．北京：北京大学出版社．

监理工程师执业资格考试命题研究中心，2015. 建设工程合同管理［M］. 3版．武汉：华中科技大学出版社．

林密，2013. 工程项目招投标与合同管理［M］. 3版．北京：中国建筑工业出版社．

刘力，钱雅丽，2007. 建设工程合同管理与索赔［M］. 2版．北京：机械工业出版社．

卢谦，2013. 建设工程项目招标投标和进度管理［M］. 北京：中国水利水电出版社．

宁素莹，2014. 建设工程造价管理［M］. 北京：知识产权出版社．

全国监理工程师执业资格考试试题分析小组，2013. 建设工程合同管理［M］. 北京：机械工业出版社．

全国招标师职业水平考试辅导教材指导委员会，2009. 招标采购案例分析［M］. 北京：中国计划出版社．

全国招标师职业水平考试辅导教材指导委员会，2012. 招标采购法律法规与政策［M］. 北京：中国计划出版社．

张正勤，2014.《建设工程施工合同（示范文本）》新旧对照·解读·应用［M］. 北京：中国建筑工业出版社．

郑云端，2021. 合同法学［M］. 4版．北京：北京大学出版社．

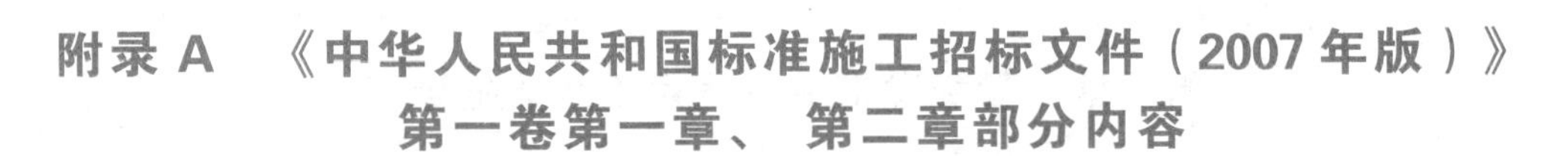

附录 A 《中华人民共和国标准施工招标文件（2007 年版）》第一卷第一章、第二章部分内容

第一章 招标公告（未进行资格预审）

________（项目名称）________标段施工招标公告

1. 招标条件

本招标项目________（项目名称）已由________（项目审批、核准或备案机关名称）以________（批文名称及编号）批准建设，项目业主为________，建设资金来自________（资金来源），项目出资比例为________，招标人为________。项目已具备招标条件，现对该项目的施工进行公开招标。

2. 项目概况与招标范围

________（说明本次招标项目的建设地点、规模、计划工期、招标范围、标段划分等）。

3. 投标人资格要求

3.1 本次招标要求投标人须具备________资质，________业绩，并在人员、设备、资金等方面具有相应的施工能力。

3.2 本次招标________（接受或不接受）联合体投标。联合体投标的，应满足下列要求：________________。

3.3 各投标人均可就上述标段中的________（具体数量）个标段投标。

4. 招标文件的获取

4.1 凡有意参加投标者，请于________年________月________日至________年________月________日（法定公休日、法定节假日除外），每日上午________时至________时，下午________时至________时（北京时间，下同），在________（详细地址）持单位介绍信购买招标文件。

4.2 招标文件每套售价________元，售后不退。图纸押金________元，在退还图纸时退还（不计利息）。

4.3 邮购招标文件的，需另加手续费（含邮费）________元。招标人在收到单位介绍信和邮购款（含手续费）后________日内寄送。

5. 投标文件的递交

5.1 投标文件递交的截止时间（投标截止时间，下同）为________年________月________日________时________分，地点为________。

5.2 逾期送达的或者未送达指定地点的投标文件，招标人不予受理。

6. 发布公告的媒介

本次招标公告同时在________（发布公告的媒介名称）上发布。

7. 联系方式

招标人：________	招标代理机构：________
地址：________	地址：________
邮编：________	邮编：________
联系人：________	联系人：________
电话：________	电话：________
传真：________	传真：________
电子邮件：________	电子邮件：________
网址：________	网址：________
开户银行：________	开户银行：________
账号：________	账号：________

________年________月________日

第一章　投标邀请书（适用于邀请招标）

____________（项目名称）____________标段施工投标邀请书

____________（被邀请单位名称）：

1. 招标条件

本招标项目________（项目名称）已由________（项目审批、核准或备案机关名称）以________（批文名称及编号）批准建设，项目业主为________，建设资金来自________（资金来源），出资比例为________，招标人为________。项目已具备招标条件，现邀请你单位参加________（项目名称）________标段施工投标。

2. 项目概况与招标范围

____________（说明本次招标项目的建设地点、规模、计划工期、招标范围、标段划分等）。

3. 投标人资格要求

3.1　本次招标要求投标人具备____________资质，____________业绩，并在人员、设备、资金等方面具有承担本标段施工的能力。

3.2　你单位________（可以或不可以）组成联合体投标。联合体投标的，应满足下列要求：____________。

4. 招标文件的获取

4.1　请于________年________月________日至________年月________日（法定公休日、法定节假日除外），每日上午________时至________时，下午________时至________时（北京时间，下同），在________（详细地址）持本投标邀请书购买招标文件。

4.2　招标文件每套售价________元，售后不退。图纸押金________元，在退还图纸时退还（不计利息）。

4.3　邮购招标文件的，需另加手续费（含邮费）________元。招标人在收到邮购款（含手续费）后________日内寄送。

5. 投标文件的递交

5.1　投标文件递交的截止时间（投标截止时间，下同）为________年________月________日________时________分，地点为____________。

5.2　逾期送达的或者未送达指定地点的投标文件，招标人不予受理。

6. 确认

你单位收到本投标邀请书后，请于________（具体时间）前以传真或快递方式予以确认。

7. 联系方式

招标人：____________	招标代理机构：____________
地址：____________	地址：____________
邮编：____________	邮编：____________
联系人：____________	联系人：____________
电话：____________	电话：____________
传真：____________	传真：____________
电子邮件：____________	电子邮件：____________
网址：____________	网址：____________
开户银行：____________	开户银行：____________
账号：____________	账号：____________

________年________月________日

第一章　投标邀请书（代资格预审通过通知书）

____________（项目名称）____________标段施工投标邀请书

____________（被邀请单位名称）：

你单位已通过资格预审，现邀请你单位按招标文件规定的内容，参加________（项目名称）________标段施工投标。

请你单位于________年________月________日至________年________月________日（法定公休日、法定节假日除外），每日上午________时至________时，下午________时至________时（北京时间，下同），在________（详细地址）持本投标邀请书购买招标文件。

招标文件每套售价为________元，售后不退。图纸押金________元，在退还图纸时退还（不计利息）。邮购招标文件的，需另加手续费（含邮费）________元。招标人在收到邮购款（含手续费）后________日内寄送。

递交投标文件的截止时间（投标截止时间，下同）为________年________月________日________时________分，地点为____________。

逾期送达或者未送达指定地点的投标文件，招标人不予受理。

你单位收到本投标邀请书后，请于________（具体时间）前以传真或快递方式予以确认。

招　标　人：____________	招标代理机构：____________
地　　　址：____________	地　　　址：____________
邮　　　编：____________	邮　　　编：____________
联　系　人：____________	联　系　人：____________
电　　　话：____________	电　　　话：____________
传　　　真：____________	传　　　真：____________
电子邮件：____________	电　子　邮　件：____________
网　　　址：____________	网　　　址：____________
开户银行：____________	开　户　银　行：____________
账　　　号：____________	账　　　号：____________

________年________月________日

投标人须知前附表

第二章　投标人须知

投标人须知前附表

条款号	条款名称	编列内容
1.1.2	招标人	名称： 地址： 联系人： 电话：
1.1.3	招标代理机构	名称： 地址： 联系人： 电话：
1.1.4	项目名称	
1.1.5	建设地点	
1.2.1	资金来源	
1.2.2	出资比例	
1.2.3	资金落实情况	
1.3.2	计划工期	计划工期：　　　日历天 计划开工日期：______年____月____日 计划竣工日期：______年____月____日
1.3.3	质量要求	
1.4.1	投标人资质条件、能力和信誉	资质条件： 财务要求： 业绩要求： 信誉要求： 项目经理（建造师，下同）资格： 其他要求：
1.4.2	是否接受联合体投标	□ 不接受 □ 接受，应满足下列要求：
1.9.1	踏勘现场	□ 不组织 □ 组织，踏勘时间： 踏勘集中地点：

续表

条款号	条款名称	编列内容
1.10.1	投标预备会	□ 不召开 □ 召开，召开时间： 召开地点：
1.10.2	投标人提出问题的截止时间	
1.10.3	招标人书面澄清的时间	
1.11	分包	□ 不允许 □ 允许，分包内容要求： 分包金额要求： 接受分包的第三人资质要求：
1.12	偏离	□ 不允许 □ 允许
2.1	构成招标文件的其他材料	
2.2.1	投标人要求澄清招标文件的截止时间	
2.2.2	投标截止时间	______年______月______日______时______分
2.2.3	投标人确认收到招标文件澄清的时间	
2.3.2	投标人确认收到招标文件修改的时间	
3.1.1	构成投标文件的其他材料	
3.3.1	投标有效期	
3.4.1	投标保证金	投标保证金的形式： 投标保证金的金额：
3.5.2	近年财务状况的年份要求	________年
3.5.3	近年完成的类似项目的年份要求	________年
3.5.5	近年发生的诉讼及仲裁情况的年份要求	________年
3.6	是否允许递交备选投标方案	□ 不允许 □ 允许
3.7.3	签字或盖章要求	
3.7.4	投标文件副本份数	份

续表

条款号	条款名称	编列内容
4.1.2	封套上写明	招标人的地址： 招标人名称： ________(项目名称) ________标段投标文件 在 ________ 年 ________ 月 ________ 日 ________时________分前不得开启
4.2.2	递交投标文件地点	
4.2.3	是否退还投标文件	□ 否 □ 是
5.1	开标时间和地点	开标时间：同投标截止时间 开标地点：
5.2	开标程序	密封情况检查： 开标顺序：
6.1.1	评标委员会的组建	评标委员会构成：________人，其中招标人代表________人，专家________人； 评标专家确定方式：
7.1	是否授权评标委员会确定中标人	□ 是 □ 否，推荐的中标候选人数：
7.3.1	履约担保	履约担保的形式： 履约担保的金额：
10	需要补充的其他内容	
……	……	
……	……	

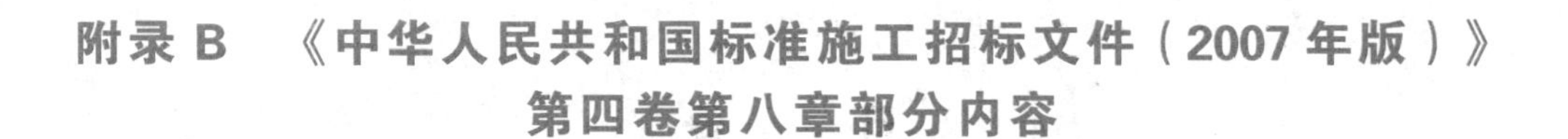

附录B 《中华人民共和国标准施工招标文件（2007年版）》第四卷第八章部分内容

____________________（项目名称）________________标段施工招标

投 标 文 件

投标人：____________________（盖单位章）

法定代表人或其委托代理人：________（签字）

________年________月________日

目　录

一、投标函及投标函附录
二、法定代表人身份证明或附有法定代表人身份证明的授权委托书
三、联合体协议书
四、投标保证金
五、已标价工程量清单
六、施工组织设计
七、项目管理机构
八、拟分包项目情况表
九、资格审查资料
十、其他材料

投标文件目录

一、投标函及投标函附录

（一）投标函

____________________（招标人名称）：

1. 我方已仔细研究了________（项目名称）________标段施工招标文件的全部内容，愿意以人民币（大写）________元（¥________）的投标总报价，工期________日历天，按合同约定实施和完成承包工程，修补工程中的任何缺陷，工程质量达到________。

2. 我方承诺在投标有效期内不修改、撤销投标文件。

3. 随同本投标函提交投标保证金一份，金额为人民币（大写）________元（¥________）。

4. 如我方中标：

（1）我方承诺在收到中标通知书后，在中标通知书规定的期限内与你方签订合同。

（2）随同本投标函递交的投标函附录属于合同文件的组成部分。

（3）我方承诺按照招标文件规定向你方递交履约担保。

（4）我方承诺在合同约定的期限内完成并移交全部合同工程。

5. 我方在此声明，所递交的投标文件及有关资料内容完整、真实和准确，且不存在第二章“投标人须知”第1.4.3项规定的任何一种情形。

6. ____（其他补充说明）。

投标人：________________________（盖单位章）

法定代表人或其委托代理人：__________（签字）

地址：____________________________________

网址：____________________________________

电话：____________________________________

传真：____________________________________

邮政编码：________________________________

________年________月________日

(二)投标函附录

序号	条款名称	合同条款号	约定内容	备注
1	项目经理	1.1.2.4	姓名：_______	
2	工期	1.1.4.3	天数：_____日历天	
3	缺陷责任期	1.1.4.5		
4	分包	4.3.4		
5	价格调整的差额计算	16.1.1	见价格指数权重表	
……	……	……	……	
……	……	……	……	

价格指数权重表

<table>
<tr><td colspan="2" rowspan="2">名　称</td><td colspan="2">基本价格指数</td><td colspan="3">权　重</td><td rowspan="2">价格指数来源</td></tr>
<tr><td>代号</td><td>指数值</td><td>代号</td><td>允许范围</td><td>投标人建议值</td></tr>
<tr><td colspan="2">定值部分</td><td></td><td></td><td>A</td><td></td><td></td><td></td></tr>
<tr><td rowspan="7">变值部分</td><td>人工费</td><td>F_{01}</td><td></td><td>B1</td><td>____至____</td><td></td><td></td></tr>
<tr><td>钢材</td><td>F_{02}</td><td></td><td>B2</td><td>____至____</td><td></td><td></td></tr>
<tr><td>水泥</td><td>F_{03}</td><td></td><td>B3</td><td>____至____</td><td></td><td></td></tr>
<tr><td>……</td><td>…</td><td></td><td>…</td><td>……</td><td></td><td></td></tr>
<tr><td></td><td></td><td></td><td></td><td></td><td></td><td></td></tr>
<tr><td></td><td></td><td></td><td></td><td></td><td></td><td></td></tr>
<tr><td colspan="7"></td></tr>
<tr><td colspan="6">合　计</td><td>1.00</td><td></td></tr>
</table>

二、法定代表人身份证明

投标人名称：________________________

单位性质：__________________________

地址：______________________________

成立时间：________年________月________日

经营期限：__________________________

姓名：________性别：________年龄：________职务：________

系________________________（投标人名称）的法定代表人。

特此证明。

投标人：________________（盖单位章）

________年________月________日

二、授权委托书

本人________（姓名）系________（投标人名称）的法定代表人，现委托________（姓名）为我方代理人。代理人根据授权，以我方名义签署、澄清、说明、补正、递交、撤回、修改_______________（项目名称）________________标段施工投标文件、签订合同和处理有关事宜，其法律后果由我方承担。

委托期限：____。

代理人无转委托权。

附：法定代表人身份证明

投标人：________________________（盖单位章）

法定代表人：________________________（签字）

身份证号码：________________________

委托代理人：________________________（签字）

身份证号码：________________________

________年________月________日

三、联合体协议书

________________（所有成员单位名称）自愿组成________________（联合体名称）联合体，共同参加________________（项目名称）________________标段施工投标。现就联合体投标事宜订立如下协议。

1. ________________（某成员单位名称）为________________（联合体名称）牵头人。

2. 联合体牵头人合法代表联合体各成员负责本招标项目投标文件编制和合同谈判活动，并代表联合体提交和接收相关的资料、信息及指示，并处理与之有关的一切事务，负责合同实施阶段的主办、组织和协调工作。

3. 联合体将严格按照招标文件的各项要求，递交投标文件，履行合同，并对外承担连带责任。

4. 联合体各成员单位内部的职责分工如下：

5. 本协议书自签署之日起生效，合同履行完毕后自动失效。

6. 本协议书一式________份，联合体成员和招标人各执一份。

注：本协议书由委托代理人签字的，应附法定代表人签字的授权委托书。

牵头人名称：__________________________________（盖单位章）

法定代表人或其委托代理人：________________________（签字）

成员一名称：__________________________________（盖单位章）

法定代表人或其委托代理人：________________________（签字）

成员二名称：__________________________________（盖单位章）

法定代表人或其委托代理人：________________________（签字）

……

________年________月________日

四、投标保证金

____________________（招标人名称）：

鉴于______________（投标人名称）（以下简称“投标人”）于______年______月______日参加______________（项目名称）______________标段施工的投标，______________（担保人名称，以下简称“我方”）无条件地、不可撤销地保证：投标人在规定的投标文件有效期内撤销或修改其投标文件的，或者投标人在收到中标通知书后无正当理由拒签合同或拒交规定履约担保的，我方承担保证责任。收到你方书面通知后，在7日内无条件向你方支付人民币（大写）______________元。

本保函在投标有效期内保持有效。要求我方承担保证责任的通知应在投标有效期内送达我方。

担保人名称：____________________（盖单位章）

法定代表人或其委托代理人：______________（签字）

地　　址：________________________

邮政编码：________________________

电　　话：________________________

传　　真：________________________

______年______月______日

五、已标价工程量清单（略）

六、施工组织设计

1. 投标人编制施工组织设计的要求：编制时应采用文字并结合图表形式说明施工方法；拟投入本标段的主要施工设备情况、拟配备本标段的试验和检测仪器设备情况、劳动力计划等；结合工程特点提出切实可行的工程质量、安全生产、文明施工、工程进度、技术组织措施，同时应对关键工序、复杂环节重点提出相应技术措施，如冬雨季施工技术、减少噪声、降低环境污染、地下管线及其他地上地下设施的保护加固措施等。

2. 施工组织设计除采用文字表述外可附下列图表，图表及格式要求附后。

附表一　拟投入本标段的主要施工设备表

附表二　拟配备本标段的试验和检测仪器设备表

附表三　劳动力计划表

附表四　计划开、竣工日期和施工进度网络图

附表五　施工总平面图

附表六　临时用地表

附表一：拟投入本标段的主要施工设备表

序号	设备名称	型号规格	数量	国别产地	制造年份	额定功率(kW)	生产能力	用于施工部位	备注
……	……	……	……	……	……	……	……	……	……

附表二：拟配备本标段的试验和检测仪器设备表

序号	仪器设备名称	型号规格	数量	国别产地	制造年份	已使用台时数	用途	备注
……	……	……	……	……	……	……	……	……

附表三：劳动力计划表

单位：人

工种	按工程施工阶段投入劳动力情况						
……	……	……	……	……	……	……	……

附表四：计划开、竣工日期和施工进度网络图

1. 投标人应递交施工进度网络图或施工进度表，说明按招标文件要求的计划工期进行施工的各个关键日期。

2. 施工进度表可采用网络图（或横道图）表示。

附表五：施工总平面图

投标人应递交一份施工总平面图，绘出现场临时设施布置图表并附文字说明，说明临时设施、加工车间、现场办公、设备及仓储、供电、供水、卫生、生活、道路、消防等设施的情况和布置。

附表六：临时用地表

用途	面积（m^2）	位置	需用时间
……	……	……	……

七、项目管理机构

（一）项目管理机构组成表

职务	姓名	职称	执业或职业资格证明					备注
			证书名称	级别	证号	专业	养老保险	
……	……	……	……	……	……	……	……	……

（二）主要人员简历表

“主要人员简历表”中的项目经理应附项目经理证、身份证、职称证、学历证、养老保险复印件，项目业绩须附合同协议书复印件；技术负责人应附身份证、职称证、学历证、养老保险复印件，项目业绩须附证明其所任技术职务的企业文件或用户证明；其他主要人员应附职称证（执业证或上岗证书）、养老保险复印件。

<table>
<tr><td>姓名</td><td></td><td>年龄</td><td></td><td>学历</td><td></td></tr>
<tr><td>职称</td><td></td><td>职务</td><td></td><td>拟在本合同任职</td><td></td></tr>
<tr><td>毕业学校</td><td colspan="5">年毕业于________________学校________________专业</td></tr>
<tr><td colspan="6">主要工作经历</td></tr>
<tr><td>时间</td><td colspan="2">参加过的类似项目</td><td colspan="2">担任职务</td><td>发包人及联系电话</td></tr>
<tr><td></td><td colspan="2"></td><td colspan="2"></td><td></td></tr>
<tr><td></td><td colspan="2"></td><td colspan="2"></td><td></td></tr>
<tr><td></td><td colspan="2"></td><td colspan="2"></td><td></td></tr>
<tr><td>……</td><td colspan="2">……</td><td colspan="2">……</td><td>……</td></tr>
</table>

八、拟分包项目情况表

<table>
<tr><td>分包人名称</td><td></td><td>地址</td><td></td></tr>
<tr><td>法定代表人</td><td></td><td>电话</td><td></td></tr>
<tr><td>营业执照号</td><td></td><td>资质等级</td><td></td></tr>
<tr><td>拟分包的工程项目</td><td>主要内容</td><td>预计造价/万元</td><td>已做过的类似工程</td></tr>
<tr><td></td><td></td><td></td><td rowspan="3"></td></tr>
<tr><td></td><td></td><td></td></tr>
<tr><td></td><td></td><td></td></tr>
</table>

九、资格审查资料

(一) 投标人基本情况表

<table>
<tr><td>投标人名称</td><td colspan="10"></td></tr>
<tr><td>注册地址</td><td colspan="4"></td><td colspan="2">邮政编码</td><td colspan="4"></td></tr>
<tr><td rowspan="2">联系方式</td><td>联系人</td><td colspan="3"></td><td colspan="2">电话</td><td colspan="4"></td></tr>
<tr><td>传真</td><td colspan="3"></td><td colspan="2">网址</td><td colspan="4"></td></tr>
<tr><td>组织结构</td><td colspan="10"></td></tr>
<tr><td>法定代表人</td><td>姓名</td><td></td><td colspan="3">技术职称</td><td colspan="3"></td><td>电话</td><td></td></tr>
<tr><td>技术负责人</td><td>姓名</td><td></td><td colspan="3">技术职称</td><td colspan="3"></td><td>电话</td><td></td></tr>
<tr><td>成立时间</td><td colspan="2"></td><td colspan="8">员工总人数：</td></tr>
<tr><td>企业资质等级</td><td colspan="2"></td><td rowspan="5">其中</td><td colspan="4">项目经理</td><td colspan="3"></td></tr>
<tr><td>营业执照号</td><td colspan="2"></td><td colspan="4">高级职称人员</td><td colspan="3"></td></tr>
<tr><td>注册资金</td><td colspan="2"></td><td colspan="4">中级职称人员</td><td colspan="3"></td></tr>
<tr><td>开户银行</td><td colspan="2"></td><td colspan="4">初级职称人员</td><td colspan="3"></td></tr>
<tr><td>账号</td><td colspan="2"></td><td colspan="4">技工</td><td colspan="3"></td></tr>
<tr><td>经营范围备注</td><td colspan="10"></td></tr>
</table>

(二) 近年财务状况表 (略)

(三) 近年完成的类似项目情况表

项目名称	
项目所在地	
发包人名称	
发包人地址	
发包人电话	
合同价格	
开工日期	
竣工日期	
承担的工作	
工程质量	
项目经理	
技术负责人	
总监理工程师及电话	
项目描述	
备注	

（四）正在施工的和新承接的项目情况表

项目名称	
项目所在地	
发包人名称	
发包人地址	
发包人电话	
签约合同价	
开工日期	
计划竣工日期	
承担的工作	
工程质量	
项目经理	
技术负责人	
总监理工程师及电话	
项目描述	
备注	

（五）近年发生的诉讼及仲裁情况

十、其他材料

附录C　合同协议书

第一部分　合同协议书

《建设工程施工合同（示范文本）》（GF—2017—0201）

发包人（全称）：______________________

承包人（全称）：______________________

根据《中华人民共和国合同法》《中华人民共和国建筑法》及有关法律规定，遵循平等、自愿、公平和诚实信用的原则，双方就______________________工程施工及有关事项协商一致，共同达成如下协议：

一、工程概况

1. 工程名称：______________________。

2. 工程地点：______________________。

3. 工程立项批准文号：______________________。

4. 资金来源：______________________。

5. 工程内容：______________________。

群体工程应附《承包人承揽工程项目一览表》（附件1）。

6. 工程承包范围：

____

____。

二、合同工期

计划开工日期：_______年_______月_______日。

计划竣工日期：_______年_______月_______日。

工期总日历天数：_______天。工期总日历天数与根据前述计划开竣工日期计算的工期天数不一致的，以工期总日历天数为准。

三、质量标准

工程质量符合______________________标准。

四、签约合同价与合同价格形式

1. 签约合同价为：

人民币（大写）_______（¥_______元）；

其中：

（1）安全文明施工费：

人民币（大写）_______（¥_______元）；

（2）材料和工程设备暂估价金额：

人民币（大写）_______（¥_______元）；

（3）专业工程暂估价金额：

人民币（大写）_______（¥_______元）；

（4）暂列金额：

人民币（大写）_______（¥_______元）；

2. 合同价格形式：＿＿＿＿＿＿＿＿＿＿＿＿＿＿。

五、项目经理

承包人项目经理：＿＿＿＿＿＿＿＿＿＿＿＿＿＿。

六、合同文件构成

本协议书与下列文件一起构成合同文件：

(1) 中标通知书；

(2) 投标函及其附录；

(3) 专用合同条款及其附件；

(4) 通用合同条款；

(5) 技术标准和要求；

(6) 图纸；

(7) 已标价工程量清单或预算书；

(8) 其他合同文件。

在合同订立及履行过程中形成的与合同有关的文件均构成合同文件组成部分。

上述各项合同文件包括合同当事人就该项合同文件所做出的补充和修改，属于同一类内容的文件，应以最新签署的为准。专用合同条款及其附件须经合同当事人签字或盖章。

七、承诺

1. 发包人承诺按照法律规定履行项目审批手续、筹集工程建设资金并按照合同约定的期限和方式支付合同价款。

2. 承包人承诺按照法律规定及合同约定组织完成工程施工，确保工程质量和安全，不进行转包及违法分包，并在缺陷责任期及保修期内承担相应的工程维修责任。

3. 发包人和承包人通过招投标形式签订合同的，双方理解并承诺不再就同一工程另行签订与合同实质性内容相背离的协议。

八、词语含义

本协议书中词语含义与第二部分通用合同条款中赋予的含义相同。

九、签订时间

本合同于＿＿＿＿年＿＿＿＿月＿＿＿＿日签订。

十、签订地点

本合同在＿＿＿＿＿＿＿＿＿＿＿＿签订。

十一、补充协议

合同未尽事宜，合同当事人另行签订补充协议，补充协议是合同的组成部分。

十二、合同生效

本合同自＿＿＿＿＿＿＿＿＿＿＿＿生效。

十三、合同份数

本合同一式＿＿＿＿份，均具有同等法律效力，发包人执＿＿＿＿份，承包人执＿＿＿＿份。

发包人：（公章）	承包人：（公章）
法定代表人或其委托代理人： （签字）	法定代表人或其委托代理人： （签字）
组织机构代码：______	组织机构代码：______
地　址：______	地　址：______
邮政编码：______	邮政编码：______
法定代表人：______	法定代表人：______
委托代理人：______	委托代理人：______
电　话：______	电　话：______
传　真：______	传　真：______
电子信箱：______	电子信箱：______
开户银行：______	开户银行：______
账　号：______	账　号：______